庐山艺术特训营快题系列之一

景观快题范例解析

Landscape Architecture Sketch Design

邓蒲兵◎主　编
孙大野　王　姜　魏　军◎副主编

辽宁科学技术出版社
沈阳

图书在版编目（CIP）数据

景观快题范例解析 / 邓蒲兵主编. —沈阳：辽宁科学技术出版社，2017.2（2019.12重印）
（庐山艺术特训营快题系列；1）
ISBN 978-7-5381-8169-2

Ⅰ.①景…　Ⅱ.①邓…　Ⅲ.①景观设计　Ⅳ.①TU986.2

中国版本图书馆CIP数据核字（2013）第164081号

出版发行：辽宁科学技术出版社
（地址：沈阳市和平区十一纬路25号　邮编：110003）
印 刷 者：辽宁新华印务有限公司
经 销 者：各地新华书店
幅面尺寸：284mm × 210mm
印　　张：11.25
字　　数：250千字
出版时间：2017 年 2 月第 1 版
印刷时间：2019 年 12 月第 2 次印刷
责任编辑：闻　通
封面设计：杜媛媛　舒丽君
版式设计：杜媛媛
责任校对：李　霞

书　　号：ISBN 978-7-5381-8169-2
定　　价：69.00元

联系编辑：024-23284740
邮购热线：024-23284502
投稿信箱：605807453@qq.com
http://www.lnkj.com.cn

作者简介

邓蒲兵，庐山艺术特训营副总裁兼教务处主任，2010年获中国环境空间艺术设计大赛手绘组金奖。出版专著《室内空间快题设计与表现》《室内快题范例解析》《景观设计手绘表现》《马克笔手绘表现进阶》及庐山艺术特训营手绘教材系列。

新浪微博：@邓蒲兵

目 录//Contents

景观快题范例解析 LANDSCAPE ARCHITECTURE SKETCH DESIGN

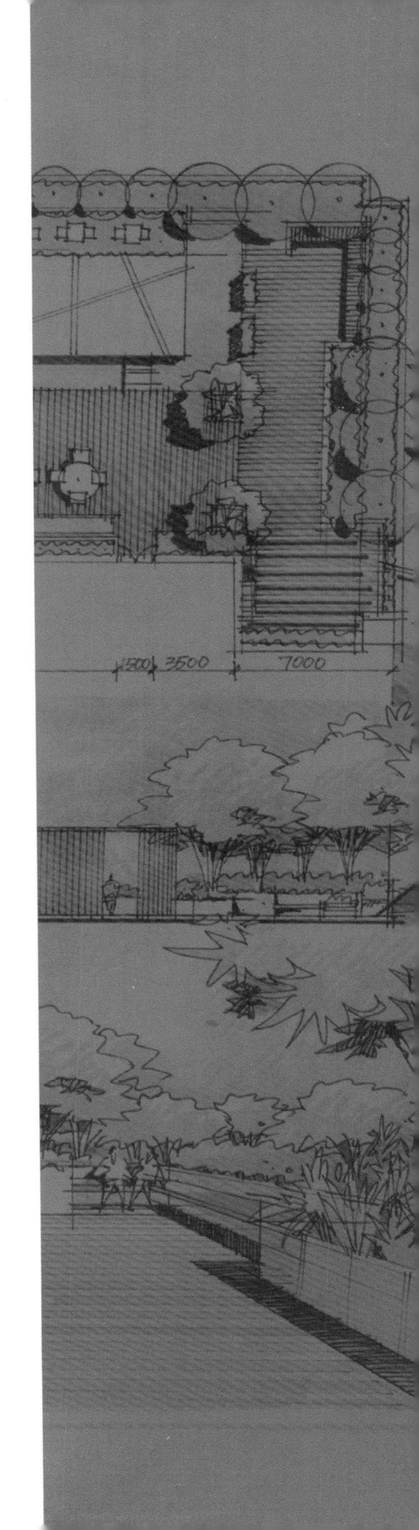

景 观

快 题 范 例 解 析

概述

LANDSCAPE ARCHITECTURE SKETCH DESIGN

1.1 什么是快题设计

快题设计是训练思维能力，提升设计素养的必要手段。在快题设计过程中，需要集中精力短时间内归纳出场地的主要矛盾与特征，并安排好相关各项内容，同时能够提出解决方案，完成设计图纸。快题设计是对设计基本素养的训练，也是提升设计思维能力的一种有效手段。它具有广泛的适用性，在实际工作中，往往需要在很短的时间内完成设计方案或者进行现场设计。在各大院校与设计单位的招生招聘中，快题设计往往用来检测应试者的综合专业素养，因此快题设计是训练设计思维有效的途径，也是一个成熟设计师的必备专业素养。

1.2 快题设计的类型与评判要点

考研在当代社会中十分热门，很多人在考研学习的过程中都意识到了快题设计在考试中的重要性，并开始学习快题设计。确实如此，在考研笔试过程中，招生院校都会通过快题设计来考查考生的专业能力素养，这已成为入学考试的一个重要手段。景观考研快题的时间为3～6小时，时间短，不仅便于安排，而且可以在短时间内考查应试者的应急能力，所以如何学习好快题设计就成为很多同学的当务之急，因此我们需要细致了解景观快题设计的类型与评判要点，以便在后期更好地学习快题设计。

1.2.1 景观快题设计的类型

从目前的大多数院校招生来看，主要命名为景观设计、环境艺术设计、园林景观设计，每个学校的专业名称各不相同，需要考生有针对性地进行深入了解。

从题目的类型来看，包括公园、广场、庭院、居住绿地、校园、街头绿地、主题性场地等。因为时间限制，一般以中小规模为主，涉及类型有全新的也有改造的项目，基本上以常见的场地为主，但近几年也出现了很多概念性的题目，以某个词语为主题进行设计创作，例如，某大学2010年的一个题目：自然是最好的老师，相对比较概念化、抽象化。考生需要对概念性题目进行针对性训练，还要分析报考院校的试题要求以及近年来的变化，平时的训练也需要尽可能熟悉不同场地，对不同的场地进行练习，并能够积极地进行总结，积累经验。

1.2.2 景观快题设计考试的特点与评判要点

快题设计要求设计者具备良好的心理素质，思路敏捷，并擅长快速草图表达。以考试的形式展开的快题设计限定的因素非常多，要求设计者在思维紧张的状态下仍然能够思维顺畅，具体而言，快题设计具备以下特点：

1. 时间紧，强度高

景观快题设计考试时间一般限定在3～6小时，要提交比较综合的设计成果，对应试者心理素质以及体力都是一个考验。快题考试一般都需要提交总平面图、立面图、剖面图、节点详细设计图以及鸟瞰图或者节点效果图，并且需要紧凑地排版在一张纸上，因此整个图纸的表达需要规范化，要有说服力与吸引力。

2. 独立完成，考查综合能力

快题设计与其他设计有所不同，考试中没有任何资料的参照，要求在有限的时间内独立完成，全部依靠平时学习过程之中的积累与应变能力。生搬硬套取巧的方法取得理想成绩的可能性不大，对于真正提高快速能力更是无从谈起。

从以上两点可以看出，要想做好快题设计，关键还是在于平时能够多下功夫，而且快题考试与平时的练习也有一些区别。那么怎样才能够更好地应对快题考试呢？设计没有唯一的答案，需要进行一些比较再进行定夺，但是在考试中并不允许你有太多的时间进行思维的停留与思考，必须尽快决策进而推进，因此没有太多的时间对方案进行非常充分与深入的推敲，而且快题考试考查的也是学生的综合能力，所以在考试过程中最理想的状态是以自己擅长的表现方式与设计手法进行表现，确保稳妥，考试只是考查基本功与综合能力，稳健的方案相对保险。

在实际的试卷改评过程中，基本上先进行分档，再进行精细的评分，一般不会对每一份试卷都花很长的时间进行查阅，也不可能像理论考试一样有标准答案进行打分。但是作为一个完整的方案设计，需要基本满足成果完整、设计思路清晰、整体效果与版式均好的要求，因此，我们的试卷要确保以下几点，才能够在考试中脱颖而出。

（1）成果完整。这个是基本的要求，如果缺项、漏项无疑会导致考试失败，再好的创意、再好的表现都无法弥补缺项带来的损伤。要避免明显的错误，如尺度明显错误与不合理；指北针、比例尺出错；在设计上对环境的理解错误；对场地条件限制的忽视；出入口的位置明显不合理等。

（2）设计思路清晰明确，整体设计安排得体。清晰的设计思路能够让阅卷老师清楚地感受到设计者的思维过程，也能够反映设计者在考试过程中的思维行云流水，容易取得高分。

（3）亮点突出，总平面图与透视图总体协调美观。空间尺度、氛围合理，合理的功能布局与平面设计都是打动阅卷老师的关键。

（4）整体效果好。整体的设计要通过一个完整的版式来呈现，版面的布局会直接影响到整体画面的效果，所以平时对于排版的训练必不可少，好的排版可以令人心情愉悦（图1–1）。

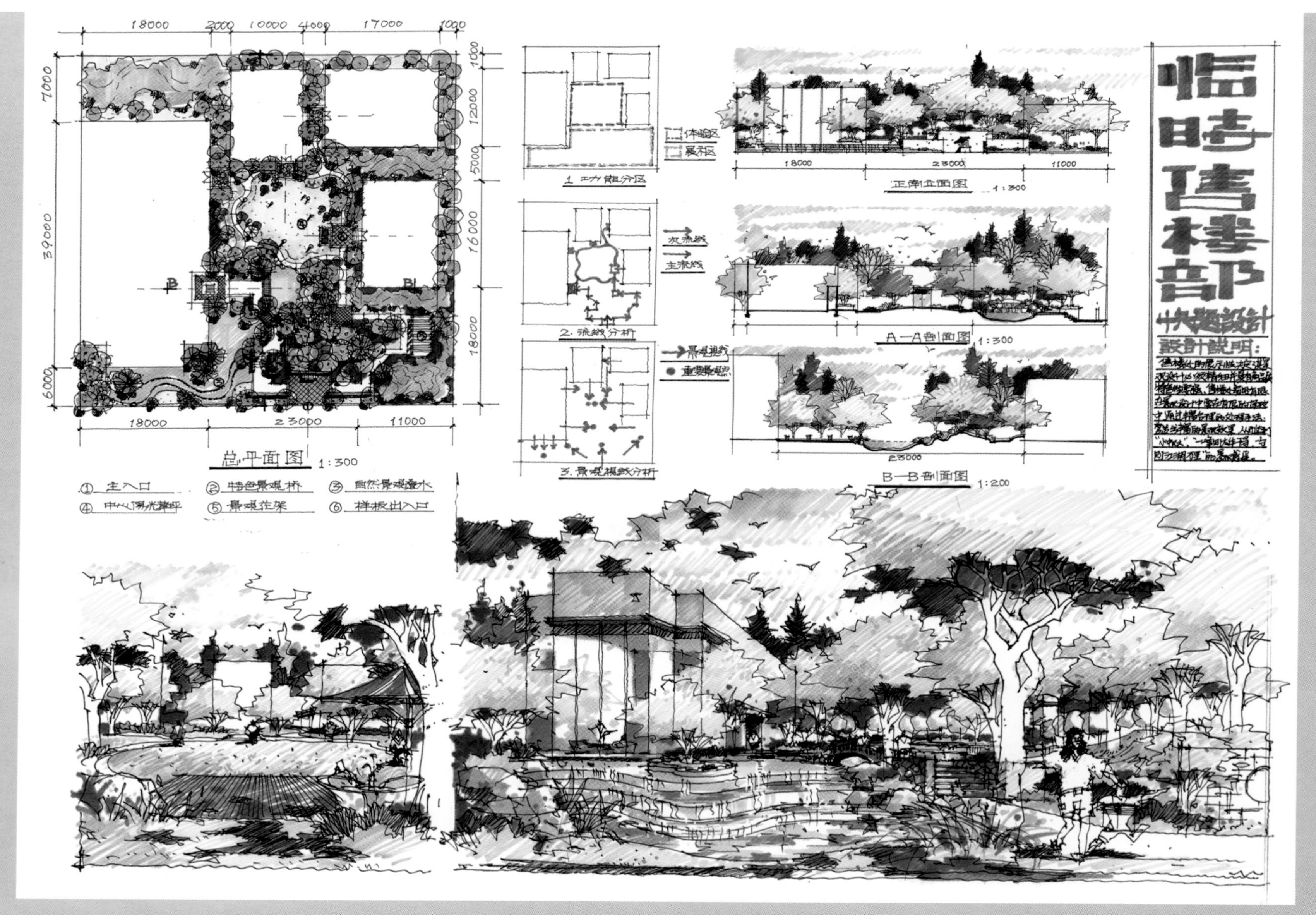

图纸完整、版式清晰整体，表现熟练概括

图1–1　临时售楼部快题设计　作者：柏影

1.3 做好快题设计的基本要求

在快题考试中，稳定的心理素质是关键，清晰的表达、合适的方案必不可少，如何快速地掌握应试方法，在考试中取得理想的成绩，还要从以下几个方面着手：

（1）掌握必要的景观专业知识，完善自己的知识结构，做到设计基本合理。

考试之前，必须准确掌握景观设计的基础知识，并经过一段时间的设计训练，才能够在短时间内进行快题设计。要完成高质量的快题设计方案必须从慢速设计开始，研究透彻，认真深入，进行循序渐进的训练。注重培养正确的设计思维方法，了解常规的设计处理手法，并积累一定的设计技巧，才能够在短时间内完成快题设计。在平时的学习过程中，要注重自身知识结构修养的提高，无论是在快题考试还是在以后工作中都大有裨益。方案设计的基本合理与对基本规范的掌握也是一个方案可行的底线，要保证符合规范，符合基本的行为习惯，使得方案合情合理，无明显破绽。

（2）发散型思维，收放自如。

打开设计思维，提升设计创意能力，对于节省考试时间会有很大的帮助，但是设计没有唯一的答案，同一个功能图解会有很多种设计形式（图1-2），需要在合适的时候做出决断，不可优柔寡断，迟迟不落笔。这就要求在平时多积累经验，准确地筛选出优秀的方案进行深化设计。

（3）熟悉常用景观元素的组合形式。

对于考研的同学来说，在短时间内完成一个好的设计方案难度很大。如果平时能多积累一些常见的平面元素组合形式，往往可以事半功倍。把这些组合形式熟练掌握，不仅能够做到应考时融会贯通，而且能节约大量的时间，让整个设计看起来更加完整而有深度。因此，平时要多画一些常见的组合形式，如树池花坛、水景形态、景观雕塑、景观亭等（图1-3）。

（4）表现简洁明快。

快题考试成果包括平面图、立面图、剖面图、鸟瞰图、分析图和文字说明等，除了要有好的构思理念，同时还需要有好的设计表现能力（图1-4）。总平面图、透视图、鸟瞰图最为重要。一般来说，透视图需要选择重要的节点来表达，起到画龙点睛的作用。表现能力与设计能力相辅相成，短时间能够提升表现能力，但是设计能力却需要很长一段时间来积累。

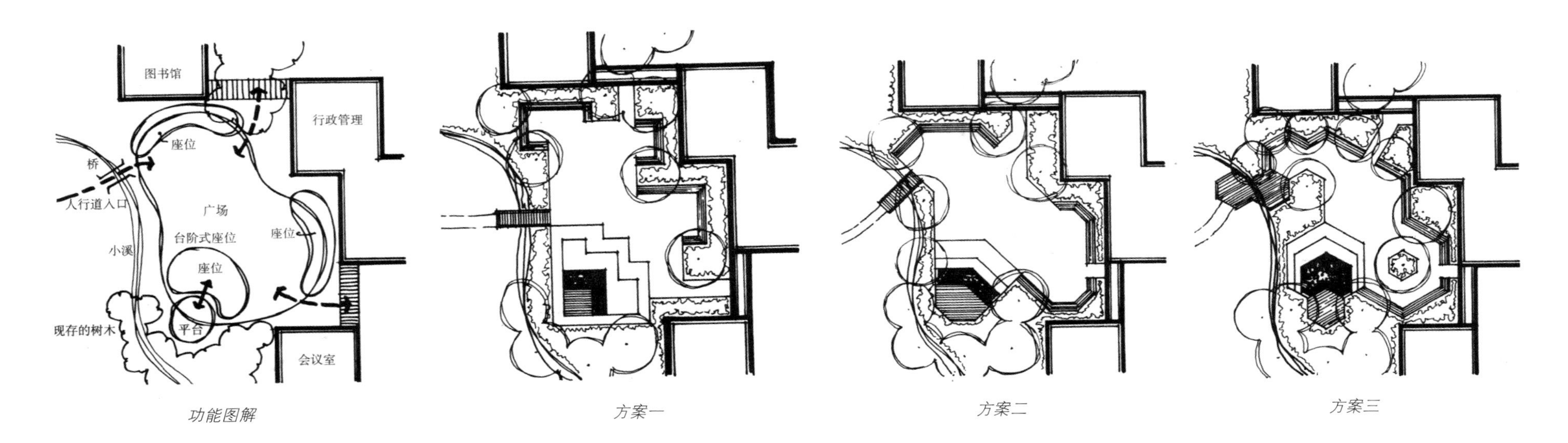

图1-2 基于同一个功能图解，产生多个不同的平面设计形式

图1-3　景观叠水与景观墙的组合形式　作者：柏影

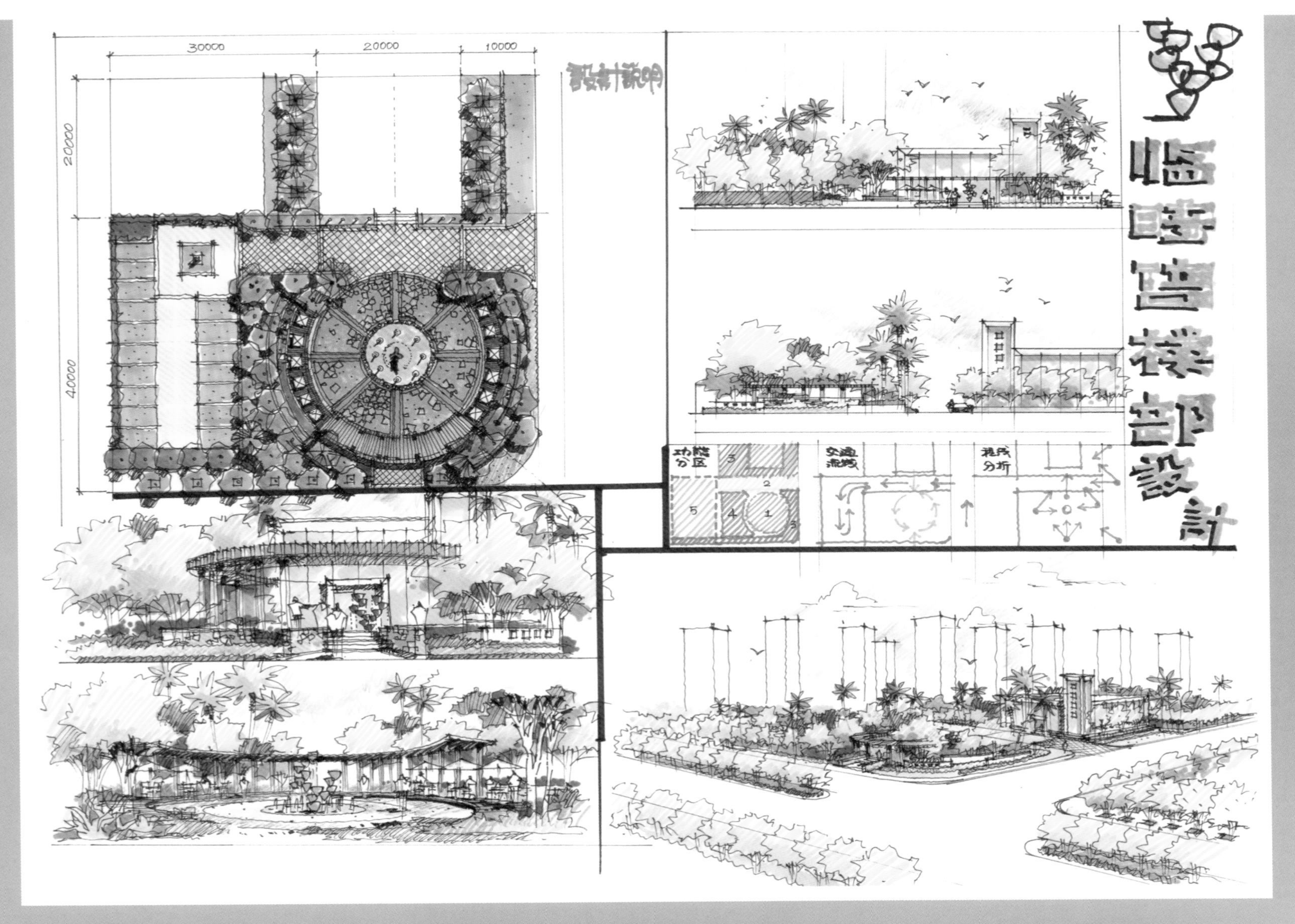

整个图纸表现简洁明快，突出主体；平面图配色简单协调，整体统一；剖面图表现突出竖向设计要点，一目了然；透视图简单概括，强调空间氛围与特色

图1–4　6小时临时售楼部快题设计范例　作者：柏影

（5）具备一定的美术基础以及良好的快速表现能力。

设计方案图是将我们的设计理念清晰地展示出来的一系列图纸，重点是图形表达。图示的语言展示了空间的结构、形式的特征。表现图是表现设计成果的重要手段，优美的图形表达会给人良好的印象，因此十分重要。

快题设计就是以徒手来表达设计的一个过程，没有一定的表现力，再好的设计构思也无法在图纸上表现出来。但设计草图并不等同于绘画，只是通过绘画的形式来把设计构思准确直观地表现出来。找到徒手表现的规律以及通过经验的积累，也能够在短时间内把快速草图掌握好，最终使方案设计得以全面展示。

由于快题设计的时间有限，需要找到快速高效的训练方法与表现形式，才能够在考试中如鱼得水。同时要合理地分配时间，不要在表现上耗费太久而导致方案设计不理想。平时应该注重快速实用的表现方法，并勤加练习，这一点对于快题设计十分重要。

1.3.1 快题设计的常见误区

1. 审题不清，偏离方向

快题设计由于有很强的时间限制，很多考生担心完不成，大致地浏览题目之后就开始着手构思作图。审题不清，看错红线范围，导致跑题、偏题（图1-5、图1-6），明确设计内容与忽略用地性质问题，对用地性质定位不准，明明是做绿地却有太多的硬质铺装而设计成广场等。拿到题目后一定要认真审题，掌握要点，并对整个设计过程有一个大致的安排，做到心中有数。

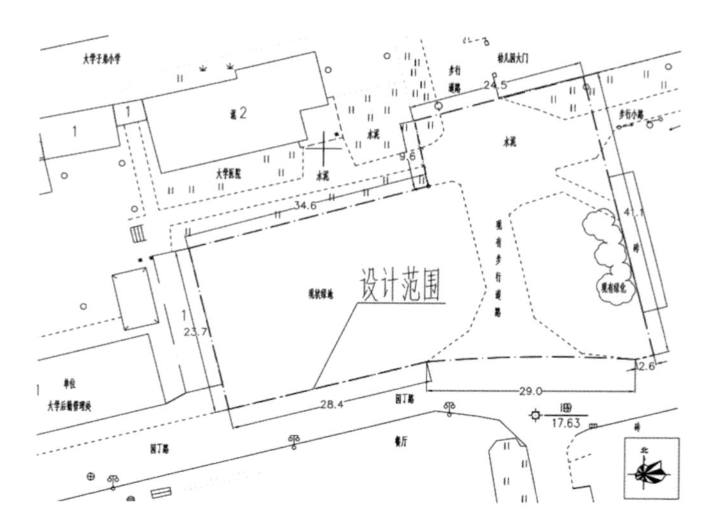

图1-5 原始平面图以及红线范围

2. 设计与表现不能合理地分配时间，缺乏全局意识

快题设计对于考生来说是很大的考验，如果没有全局把握的意识就很难完成整个方案的设计。设计与表现相辅相成、缺一不可，有考生一直在思考最佳的方案结果耗时太多导致表现无法完成；也有的考生注重表现效果，方案草草地完成，本末倒置。表现手法是设计思维的反映，需要合理地安排好相应的时间。同时，在设计的时候也需要有一个全局意识，短时间内重点不是考查对细节的处理，在满足功能的前提下，要理顺交通流线与景观结构，在设计深度上要有主次，毕竟时间有限，考查的是整体思维能力。

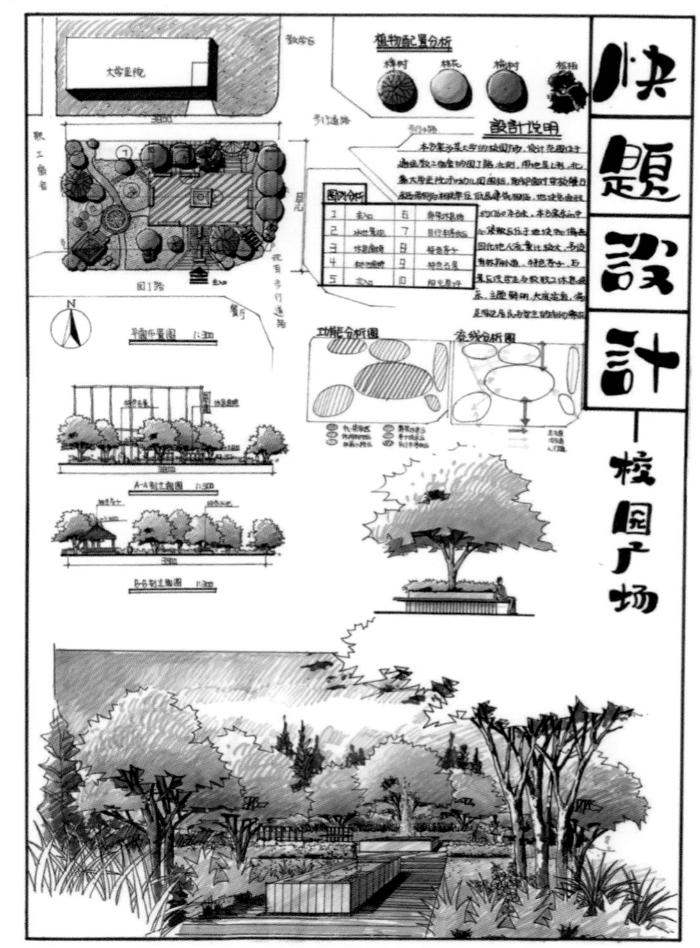

图1-6 审题不清导致看错设计范围

3. 生搬硬套与环境不符

很多同学陷入一个误区，即习惯准备方案进行套用。虽然考试需要准备，但不能完全地套用方案，毕竟设计与理论的考试有很大的差别，生搬硬套会导致与场地环境明显不符，准备一些方案是为了能够举一反三，归纳总结出一些好的方法，在考试场地进行适当的借鉴。死记硬背的模式往往会显得十分生硬，明显不合理，导致方案的质量低下。

4. 时间安排缺乏计划，平时训练不足

考试就是和时间赛跑，到了哪个阶段开始画哪个图在考试开始的时候就要有一个相对明确的计划，这样才能保证整体图纸的质量，而不是等到时间快结束时还有很多图没画完，匆匆赶图，质量无法保证，或者前期时间紧凑，后期发现时间还很充裕，这些都是由于平时训练不足，没有总结出适合自己的快题设计步骤以及时间分配方法。

1.3.2 快题设计的准备与学习方法

快题设计是一个十分艰辛的过程，需要长期的专业知识积累以及形成一套适合自己有效的设计思路与方法。

1. 平时注重知识的积累

注重基础知识的积累是做好快题设计的前提，没有弹药就很难打赢一场仗，没有良好的知识积累，快题设计就是一句空话。应该在平时培养正确的思维方法，积累一些常用的景观设计处理手法，学会分析优秀的设计案例，总结出一些常用的设计手法，掌握一些常用的设计套路。

学习是一个学法、守法、创法、变法的过程，前期需要进行大量的临摹与借鉴，通过一些经典案例的解析，去了解设计的方法，往往这些案例具有很强的代表性（图1–7）。在这个过程中，总结出不同场地的设计要点、不同场地的处理方式，对于设计素养的提升都有很大的帮助。

2. 量变到质变，熟能生巧

熟练才能在考试中游刃有余，所以平时进行针对性的模拟训练必不可少，可以通过大量的真题案例训练，慢慢地进行总结与归纳。在平时的练习中要尽可能地去了解不同的题型要求，反复练习。速度是我们完成试卷的根本保障，快速的设计表达可以节约宝贵的时间，只要经过一段时间正确的练习，相信大多数人都能够在短时间内掌握快速表现的技巧。

3. 良好的心态是关键

考试固然重要，但是过于在意往往会适得其反，所以调整好心态十分关键。

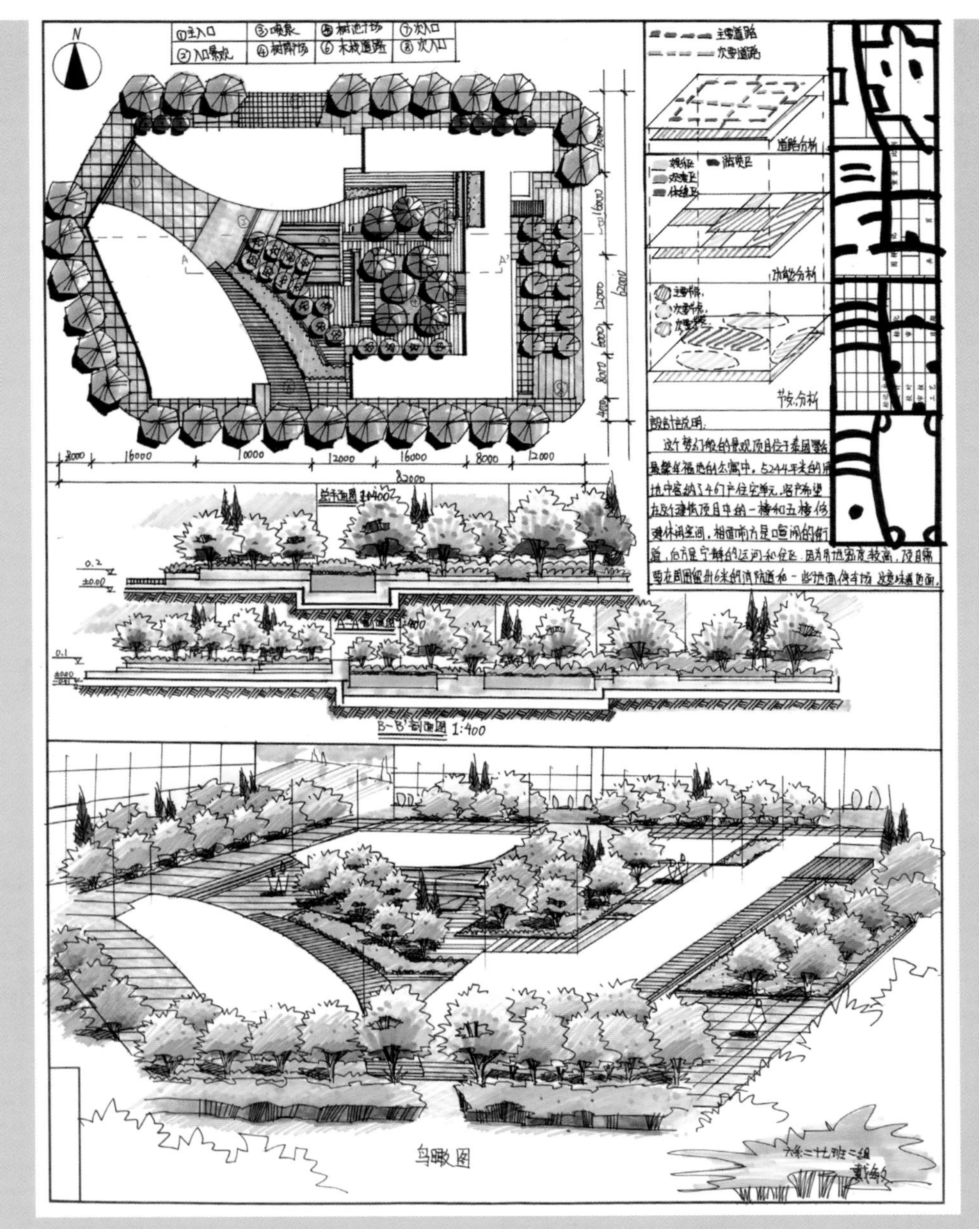

图1–7　经典案例手绘解析临摹　作者：特训学员　戴敏

景 观

快 题 范 例 解 析

景观快题设计基础与方法

LANDSCAPE ARCHITECTURE SKETCH DESIGN

2.1 设计基础与方法

景观设计是一项复杂的工作，涉及内容繁多，很多考生的知识结构与设计经验、动手能力都不相同。很多常识性的问题与知识是新方案生成的起点，比如功能布局、空间结构、平面形式、道路交通、文化内涵、植物设计、地形处理等，由于一些基础知识的欠缺，会导致方案不合理，内容空洞而缺少深度等。考试时需要考生在几个小时内完成整体方案设计很有难度，很多考生在拿到任务书的时候不知道如何下手，对于整体方案设计没有一个明确的思路。本章节将对一些快题设计中应当了解的基础知识进行简单的归纳，希望能帮助考生快速地提升设计水平与能力。

2.1.1 基地现状分析

基地现状分析即把握现状的特点，理解场地的结构过程，包括基地的地形特点、项目的背景环境、设计范围、设计对象等，这些都是可以直观地从任务书中了解到的信息。在设计的起始阶段，我们需要快速地把握场地的特征以及周边的环境关系，以图示化的语言符号简易表达，并能够充分分析出场地内部的各个要素与不利因素，为下一步构思与布局做铺垫（图2-1）。

详细了解基地与周边环境的关系，对于后期设计的交通组织关系影响很大，基地周边的构筑物对于基地出入口的设计也起到了决定性的作用。

一般在任务书中都会有一个明确的设计服务对象，是满足学生休闲活动还是商业广场休闲等，这些都可以通过任务书得到具体的信息，针对不同的设计服务对象，设计方法也会相应不同。

2.1.2 方案设计构思与形象定位

景观的设计构思与布局是通过系统地分析场地的现状特征，以及明确的场地用地性质、规模、功能等具体要求后，提出方案发展的目标与方向的过程。这个过程一般我们从以下几个方向进行思考：①梳理已知条件，掌握场地特征。②明确设计对象目标，把握设计方向。③确定使用功能内容，合理组织布局。④明确场所氛围，塑造空间系统。⑤提出景观设计构思创意，确定总体景观特征与结构。⑥根据实际内容，完成形式构成。

在快题设计题目中，一般来说试题已经明确地提出了场地应该满足的功能，我们需要完成的是，提出具体的设计目标与方案发展方向，在现有的地块上面创造性地解决矛盾和满足需求。在这一阶段包括：

（1）明确用地性质。用地性质决定了方案设计的目标以及发展方向。

（2）设计者需要根据场地特征、功能要求、底蕴文化等方面的内容，对地块提出创造性的设想。

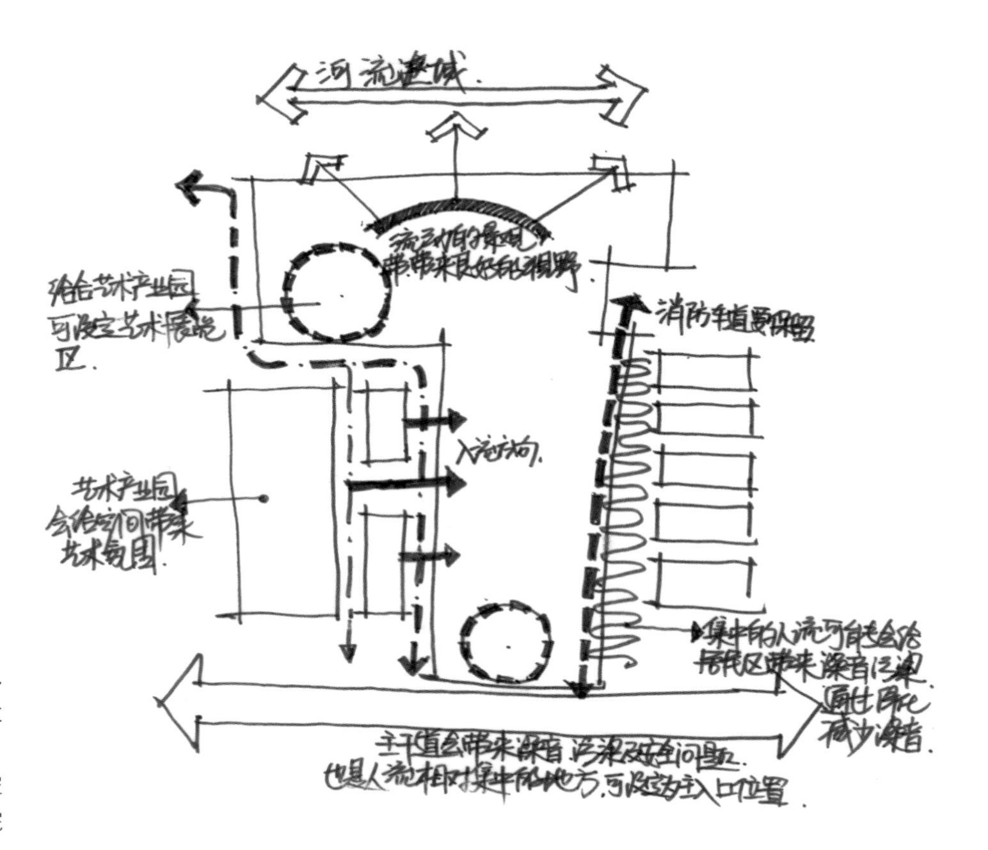

图2-1 城市开放绿地基地现状分析图

（3）功能是设计开展的前提，每一个项目都包含具体的功能需求。在构思阶段，需要明确场地的功能作用，并确定其发展规模展开方式、环境特征等。每一项功能内容都有一些常规性的解决方式，需要平时加以练习与积累。对于有特定功能的场地，需要考虑相应的设施、人性化的尺度、边界的交通等具体内容（图2-2、图2-3）。

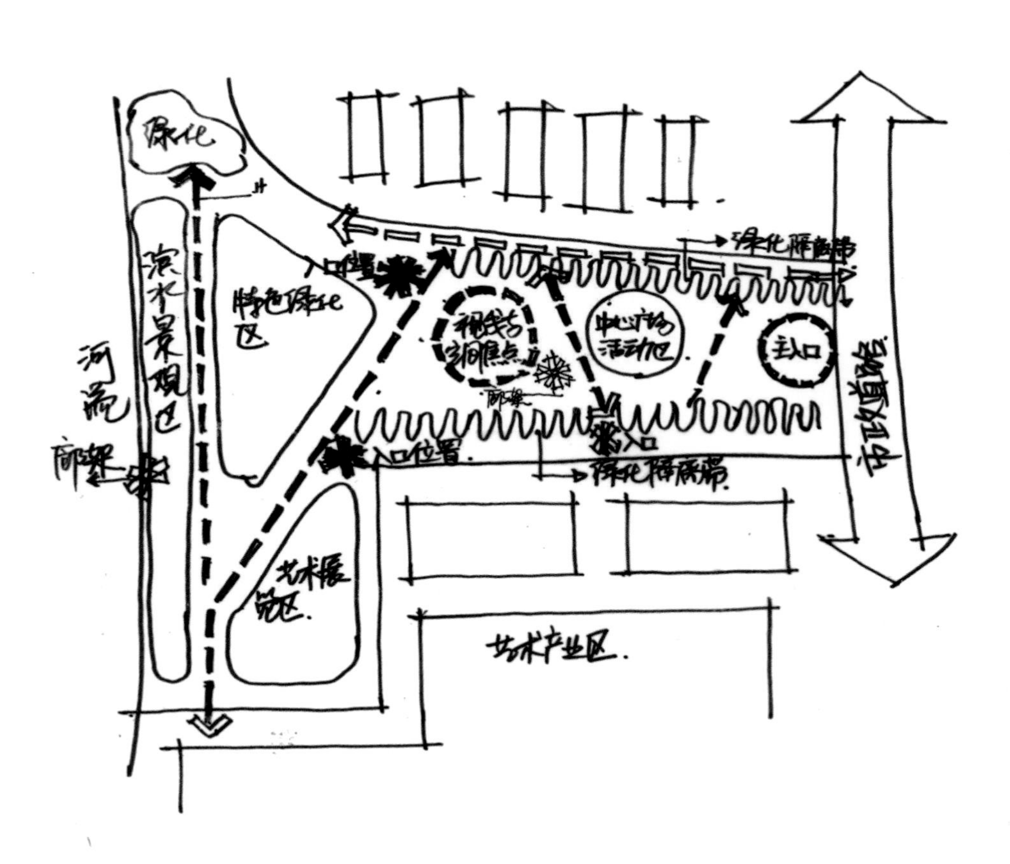

图2-2 城市开放绿地功能分析图

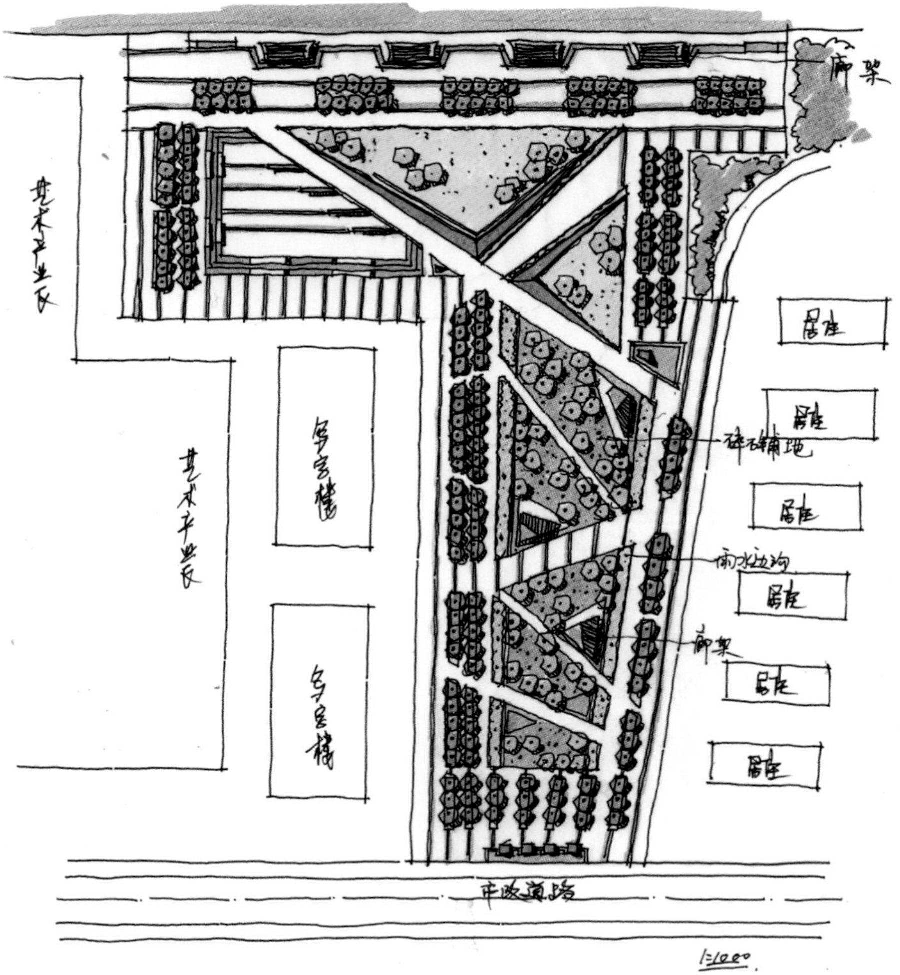

从功能布局到方案的深化，明确场地的功能需求环境特征，提出合理的解决方案

图2-3 城市开放绿地方案设计草图 作者：李劲柏

2.1.3 布局

布局是界定总体关系和结构关系的过程，包括不同类型的功能组团之间的位置关系以及相互关系；不同类型的空间组团之间的位置以及相互关系；不同类型的交通系统之间的位置关系以及功能、形式、交通、景观等要素之间的协调。这些需要在平时的训练过程中细致地推敲，提出完整的设想，并通过具体的设计方案加以落实与体现。

就布局而言，功能布局、景观结构、景观节点、景观轴线是设计基本内容，必须要得到良好的体现。

1. 功能布局

功能布局的意义在于通过全面考虑、整体协调、因地制宜地安排功能区，使得各个功能区之间布局合理。一般来说，功能布局要解决的问题包括：出入口位置的确定、分区规划、构筑物与园路的布置、地形的利用与改造等。在综合考虑用地特征和功能特点之后，还需要将具体的功能内容安排到具体的区域。功能常常是设计任务书提出的具体要求，必须得到保障，在快题设计中，从功能入手最容易把握。

现在以公园的设计分区规划为例，来分析功能分区与布局。

公园是多种功能的综合体，面向不同类型的使用者，所以公园往往具有多样性的功能，才可以开展多种活动，这些活动的多样复杂性，需要统一的组织与安排，才使得它们不相互干扰，便于统一管理。一个具体的场所，或者用于休闲活动、纪念性的展示，或者用于儿童游乐、聚会等，其目标是清晰的。我们在规划的时候，往往是结合设计任务书的要求进行功能分区，安排在合适的场地。常规的做法是相同类型的活动安排在相对集中的一个区域，使得各个功能分区布局合理，这一个过程为功能分区，最终形成一个功能分区图（图2-4）。

根据公园的性质与特点，可以有不同的分区形式，按照活动内容进行功能分区，如文化活动区、娱乐活动区、公园管理区等；也可以按照不同的服务对象进行分区，如儿童活动区、青少年活动区、中老年活动区等。功能分区的主要内容包括以下3个方面：活动设施的安排、区域规模的界定及交通的组织。恰当的设施选择、隔离的区域划分、边界的交通组织是评价功能布局的基本标准。

不同的绿地功能分区也不尽相同，根据基地设计的性质、主题的不同，功能分区的类型也多样化，常见的功能分区类型包括观赏游乐区、安静休息区、集会表演区、水上活动区、上台休闲区、文化娱乐教育区、中心活动区、儿童活动区等。在具体的实施过程中需要根据场地条件以及服务对象进行划分，赋予不同的功能职责，以图示化的形式进行开展表达功能布局，为设计的各种构想提出最基本的依据与框架。在完成功能分区后进一步明确不同场地的空间范围，确定绿地、交通、活动场地等内容的形式特征，通过美学原则将空间规划组织起来，最终能够整合出一个功能和人文景观兼顾的户外空间。

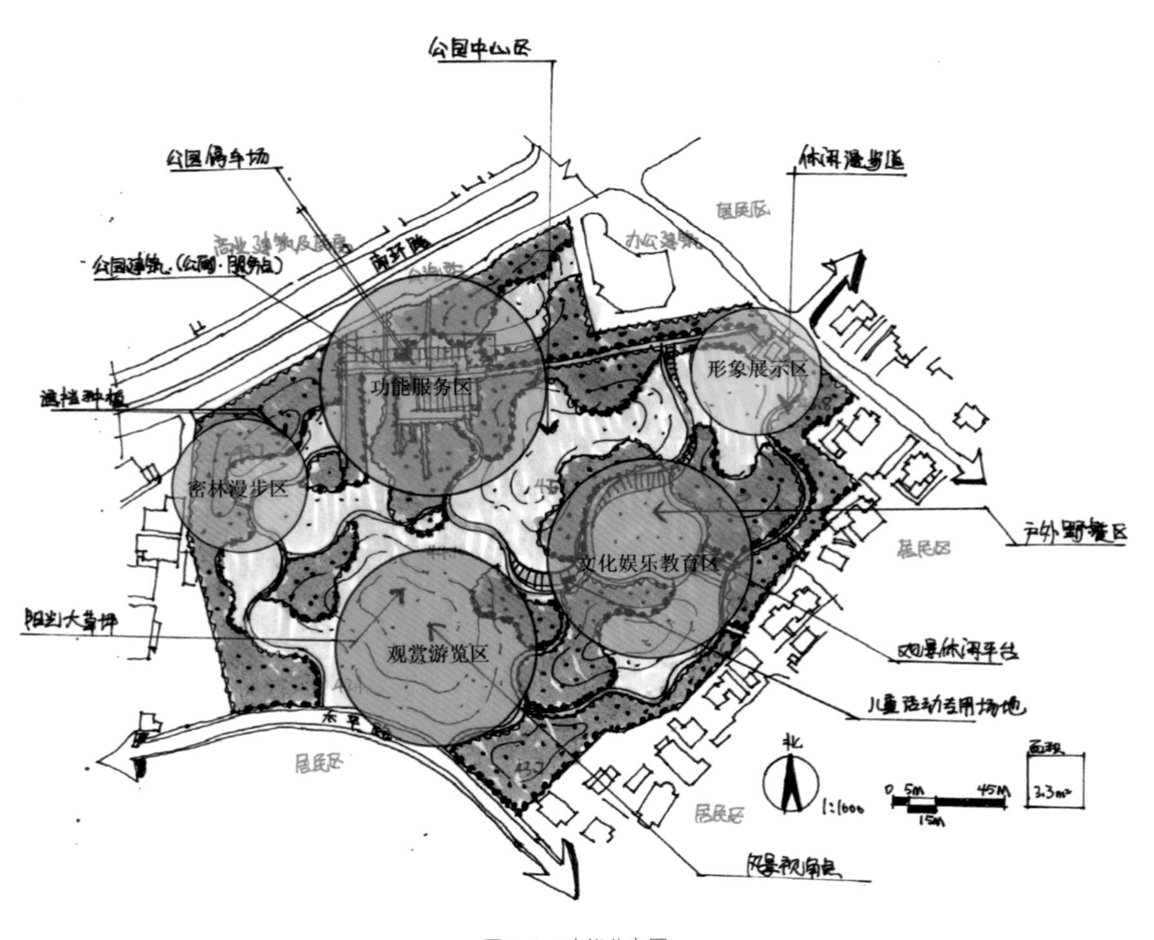

图2-4　功能分布图

2. 景观结构

一个场地有其内部自身的构成关系，外部则要求与环境相联系，两者共同确定了景观结构。景观结构由节点、景观轴线、景区、景观序列组成，是一个点、线、面相结合的布局系统（图2-5）。景观结构是景观设计的骨架，对整个图面起关键性的作用。好的景观结构是主体对整体景观关键的把握，不合理的景观结构往往会导致整个设计的失败。

常见的景观结构风格包括规则式、自然式、自然式与规则式相结合。

在整个设计中需要根据场地的情况，灵活选择合适的景观结构，一般常见的考试题目中自然式与规则式相结合的用法比较多，一个作为主导，一个作为辅助。

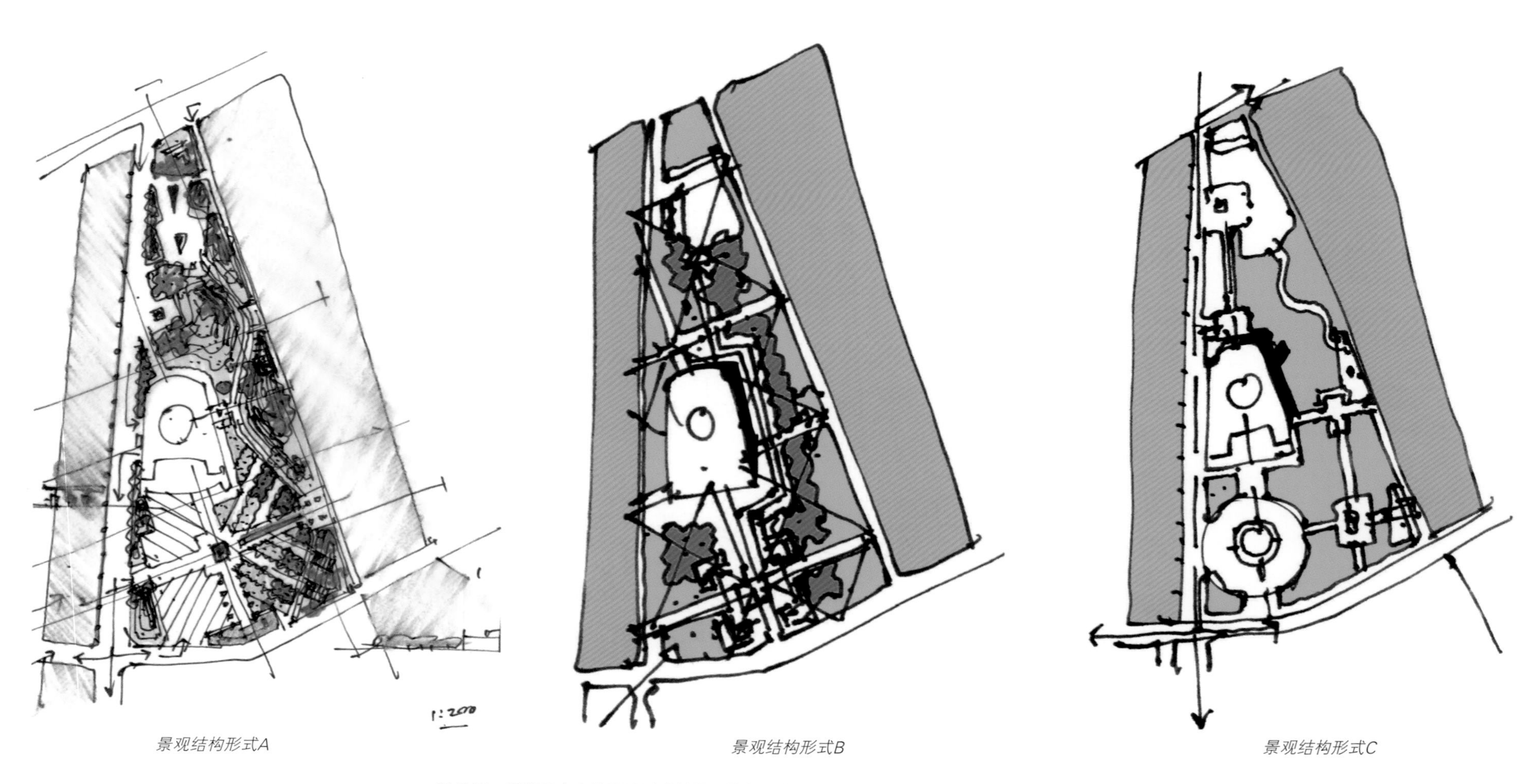

景观结构形式A　*景观结构形式B*　*景观结构形式C*

基于同一场地而产生的不同形式的景观结构，在前期构思阶段景观构架起到了关键性的作用

图2-5

（1）规则式构图。

规则式构图的主要特征体现为逻辑性强，以直线分割为主，重点突出，设计内容有序明晰，给人感觉刚性简洁，意料之中（图2-6）。

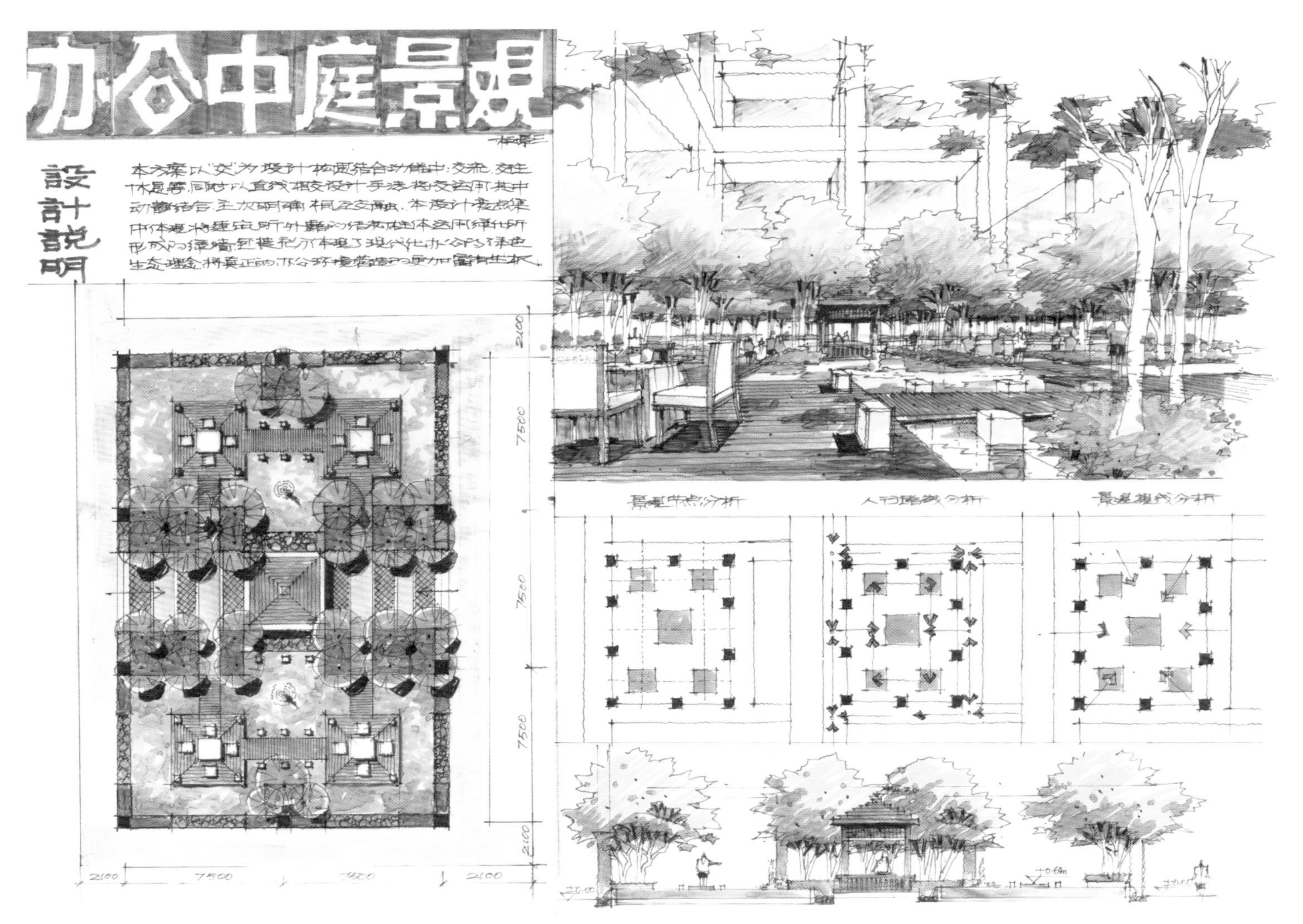

办公空间中庭景观设计，采用规则式布局，统一中求变化，内容有序简洁

图2-6　规则式构图景观快题设计案例　作者：柏影

（2）自然式构图。

自然式构图在景观设计中最为常用，也是应用最为广泛的形式之一，是景观设计的理想形式，主要特征体现在随意自然、流动柔软、平滑优雅（图2-7）。

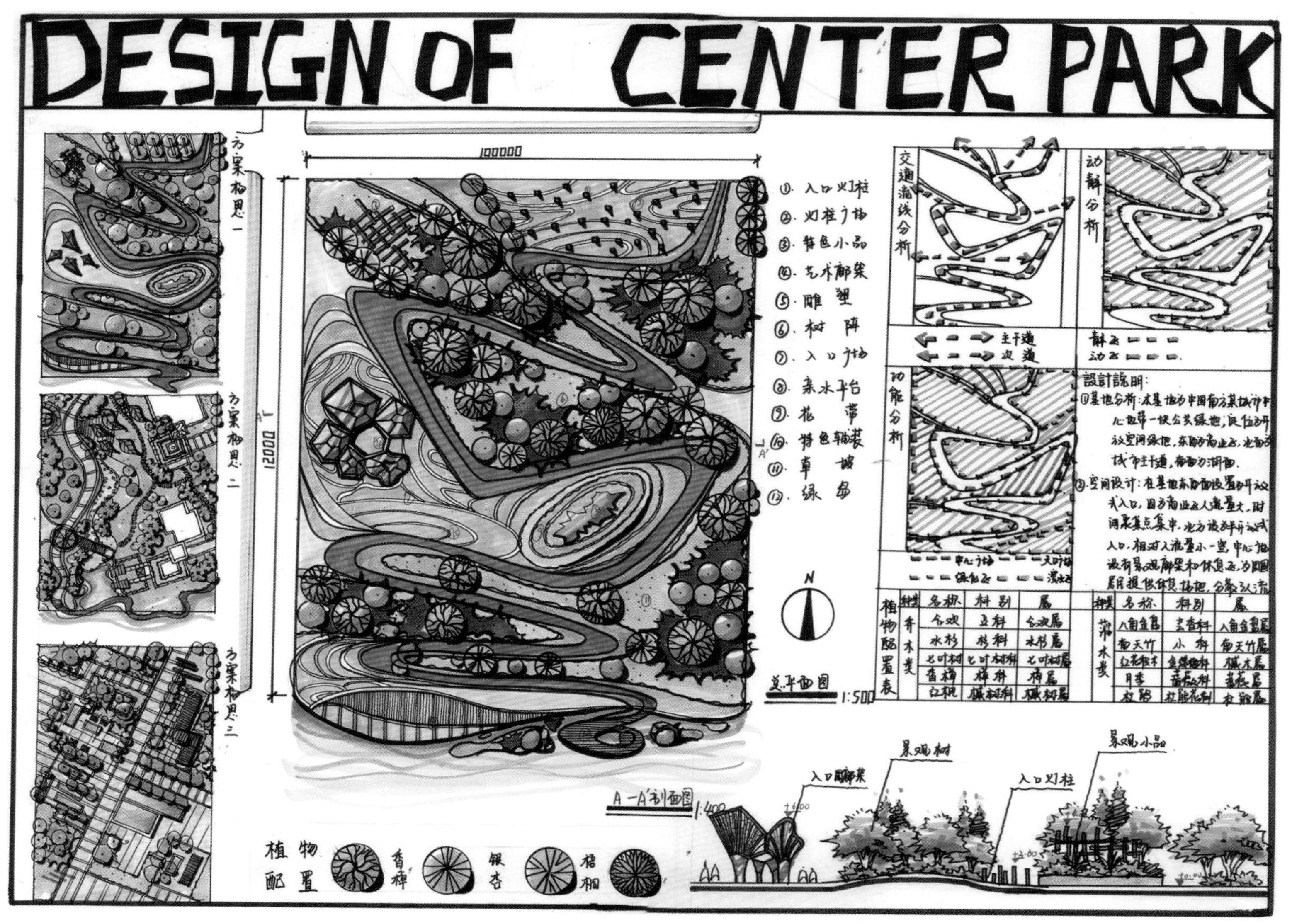

图2-7　自然式构图景观快题设计案例

（3）自然式与规则式相结合构图。

很多大场地都是采取两者结合的形式，当进行大型的场地设计时，一种形式的结构往往很难满足场地设计的需求，但是设计时往往会以一种形式为主，另一种形式为辅，有一定的侧重点（图2-8）。

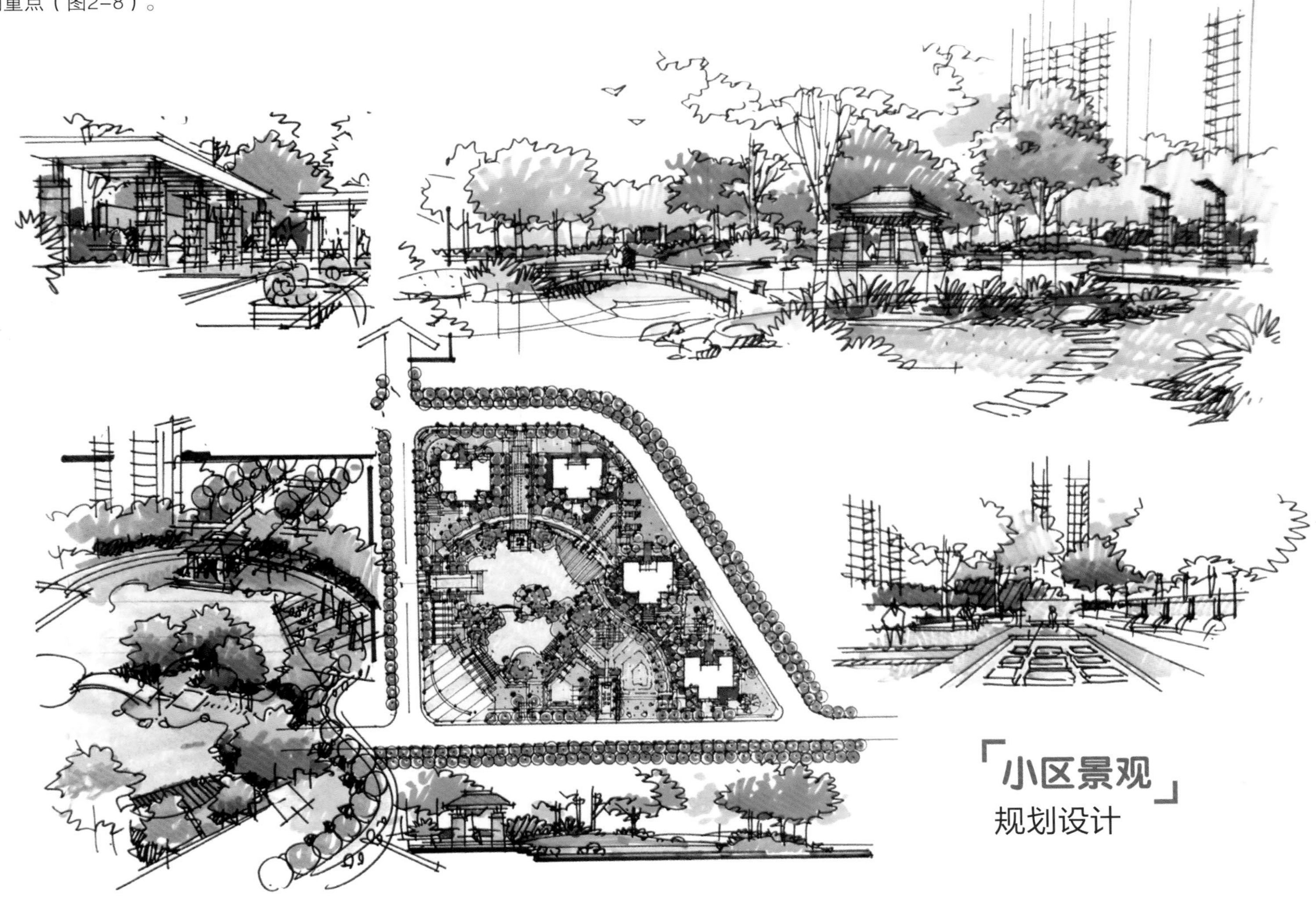

图2-8　自然式与规则式相结合构图景观设计范例　作者：王珂

3. 景观节点

场地中重要的景点构成了景观节点，用以体现该景区的主要景观特征，并具有控制作用。一般来说，景观节点是观赏者的兴奋点或者是集合地，节点既是焦点也是连接点。景观设计中常常通过景观节点的连接、过渡来实现景区的转换与联系（图2–9、图2–10），景观节点不同于标志物，它是一个场地概念，具有一定的区域与面积。景观节点设计一定要符合场地特征，同时各个节点之间应该存在一定的差异性。

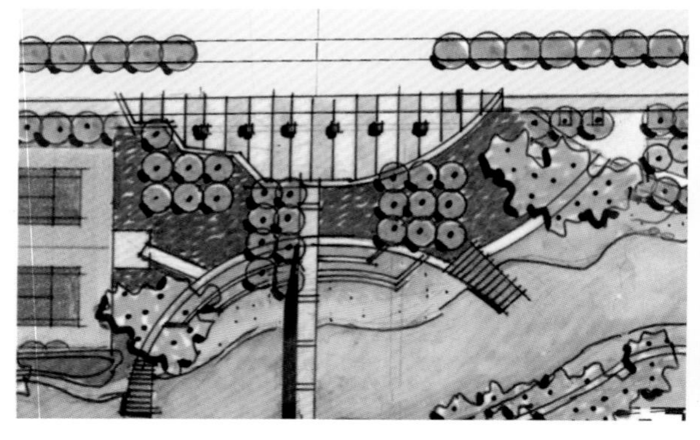

滨水入口景观节点

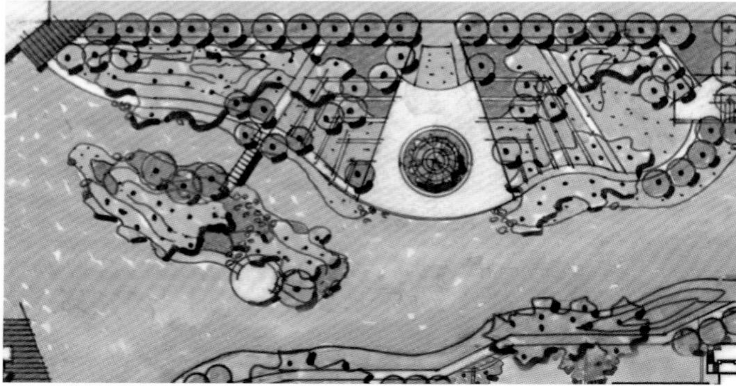

亲水平台景观节点

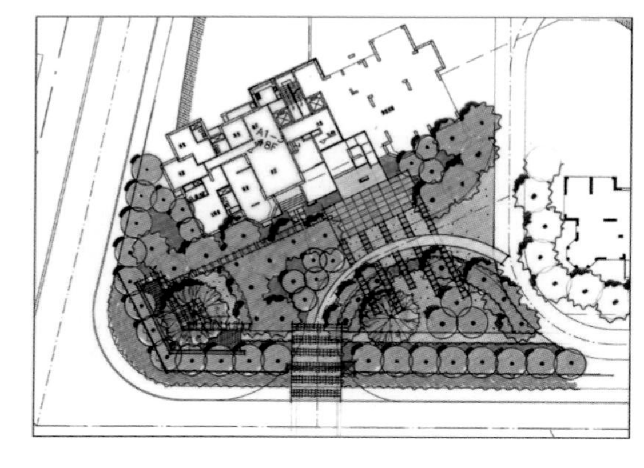

入口平面节点

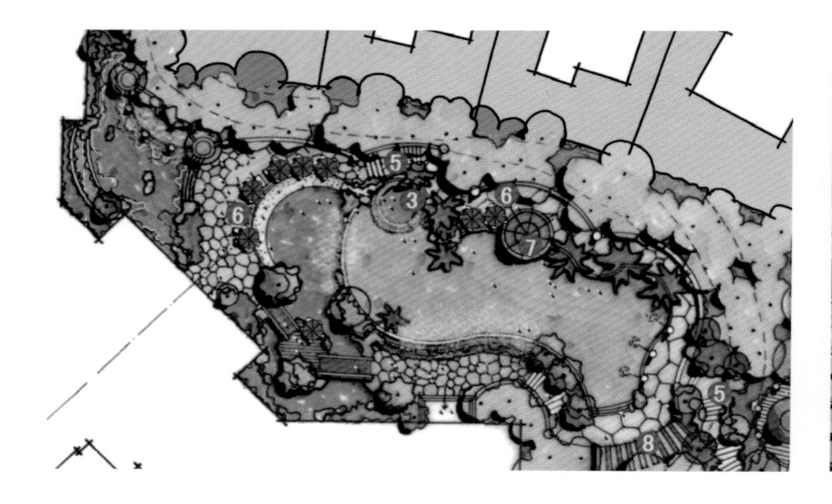

叠水景观节点设计

居住区中心景观节点

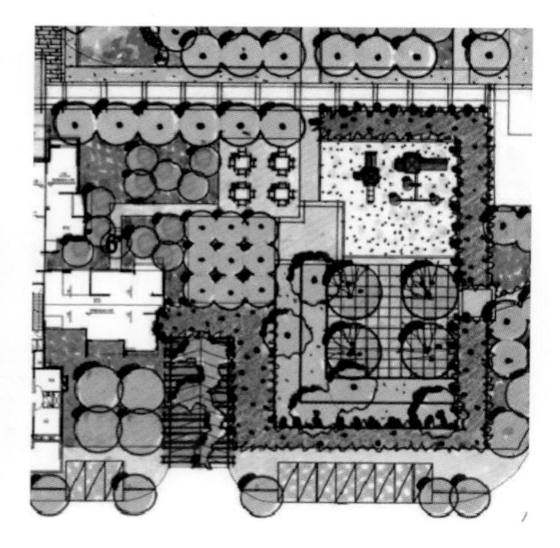

儿童游乐园景观节点

图2–9　不同类型景观节点设计之一

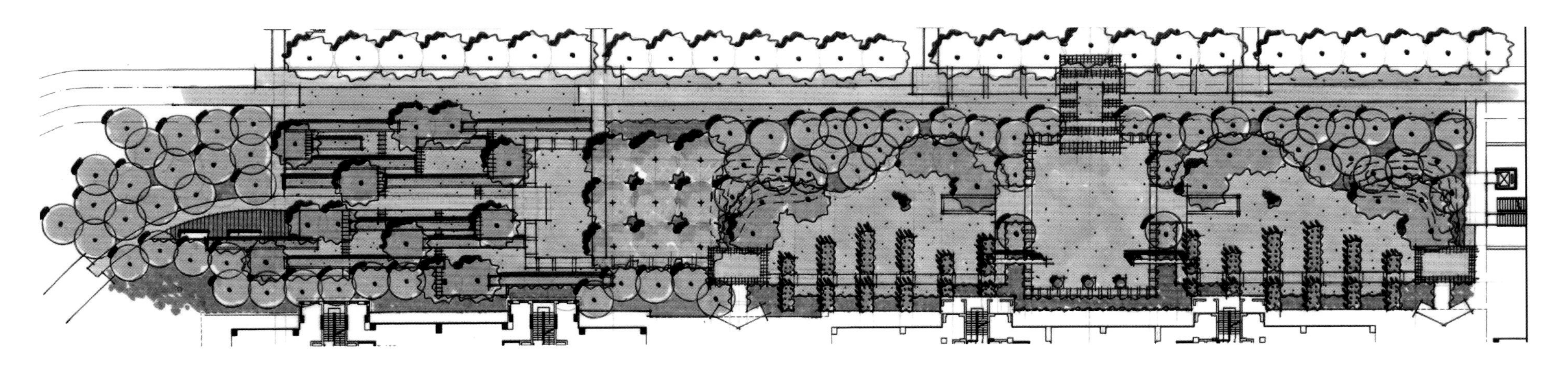

宅间绿地空间节点平面

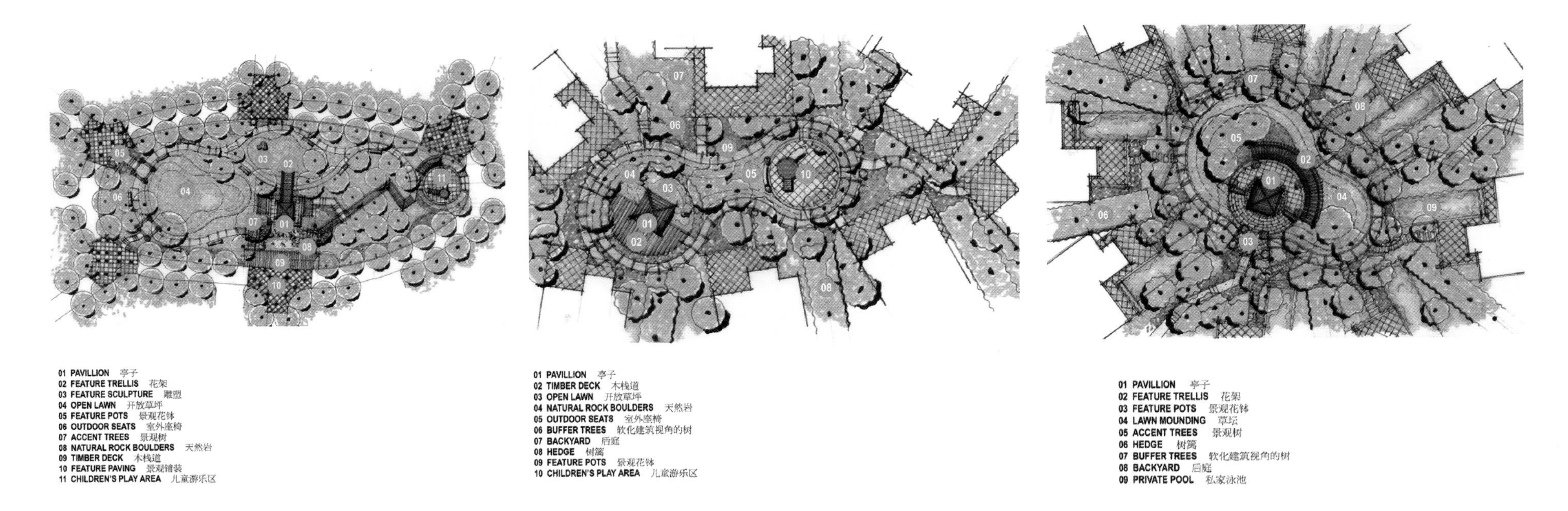
07
05
03
02
04
06
01
09
08
10
11
01 PAVILLION 亭子
02 FEATURE TRELLIS 花架
03 FEATURE SCULPTURE 雕塑
04 OPEN LAWN 开放草坪
05 FEATURE POTS 景观花钵
06 OUTDOOR SEATS 室外座椅
07 ACCENT TREES 景观树
08 NATURAL ROCK BOULDERS 天然岩
09 TIMBER DECK 木栈道
10 FEATURE PAVING 景观铺装
11 CHILDREN'S PLAY AREA 儿童游乐区
01 PAVILLION 亭子
02 TIMBER DECK 木栈道
03 OPEN LAWN 开放草坪
04 NATURAL ROCK BOULDERS 天然岩
05 OUTDOOR SEATS 室外座椅
06 BUFFER TREES 软化建筑视角的树
07 BACKYARD 后庭
08 HEDGE 树篱
09 FEATURE POTS 景观花钵
10 CHILDREN'S PLAY AREA 儿童游乐区
01 PAVILLION 亭子
02 FEATURE TRELLIS 花架
03 FEATURE POTS 景观花钵
04 LAWN MOUNDING 草坛
05 ACCENT TREES 景观树
06 HEDGE 树篱
07 BUFFER TREES 软化建筑视角的树
08 BACKYARD 后庭
09 PRIVATE POOL 私家泳池

居住区公共空间广场平面节点

图2-10　不同类型景观节点设计之二

4. 景观轴线

在快题设计中，要学会合理利用景观轴线，它是能够快速凸显景观结构的有效方法，对于控制整体结构很有帮助。景观轴线式是生成秩序的重要方法，轴线有对称与不对称之分。但不管是何种结构，两边都是均衡的形式结构。对称轴线具有强烈的视觉冲击力，各种环境要素以中轴为准分行排列，形成庄严大气的景观特征，适用于纪念性、主题性、庄重感强的场所（图2-11）。而不对称轴线主要是考虑景观单元的非对称性以及各个单元的景观元素的均衡布局，统一中有变化。相对而言，它轻松活泼，也具备大场景的景观效果（图2-12）。

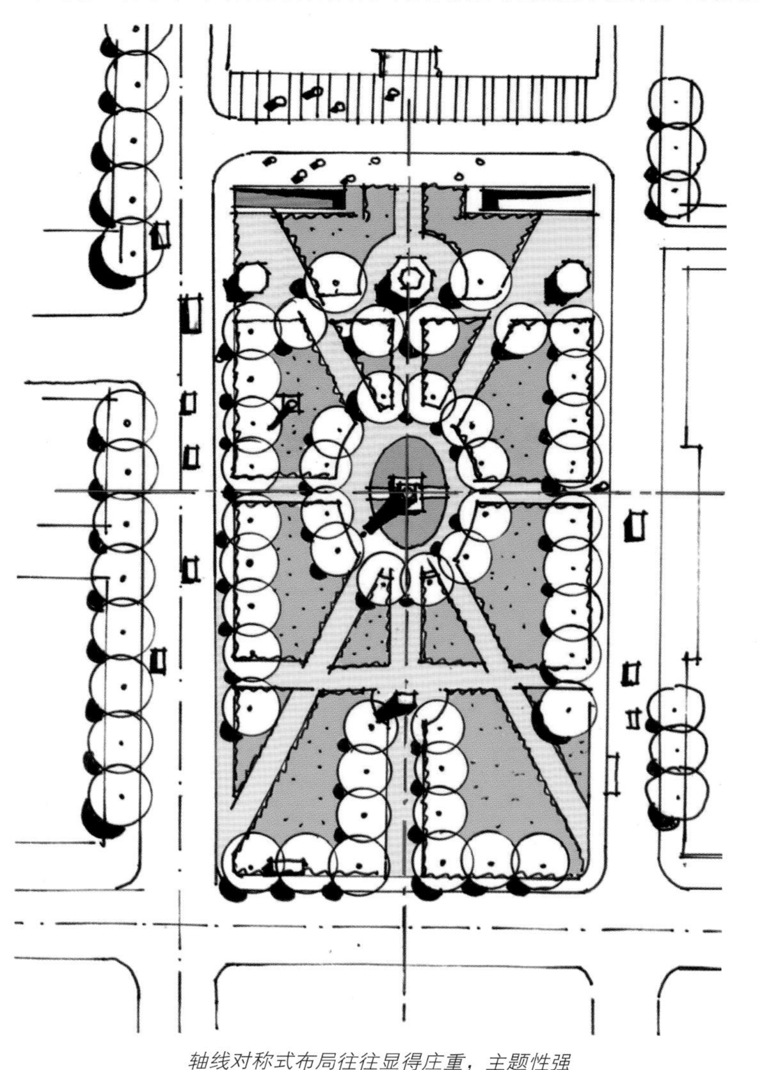

轴线对称式布局往往显得庄重，主题性强

图2-11　轴线对称式布局

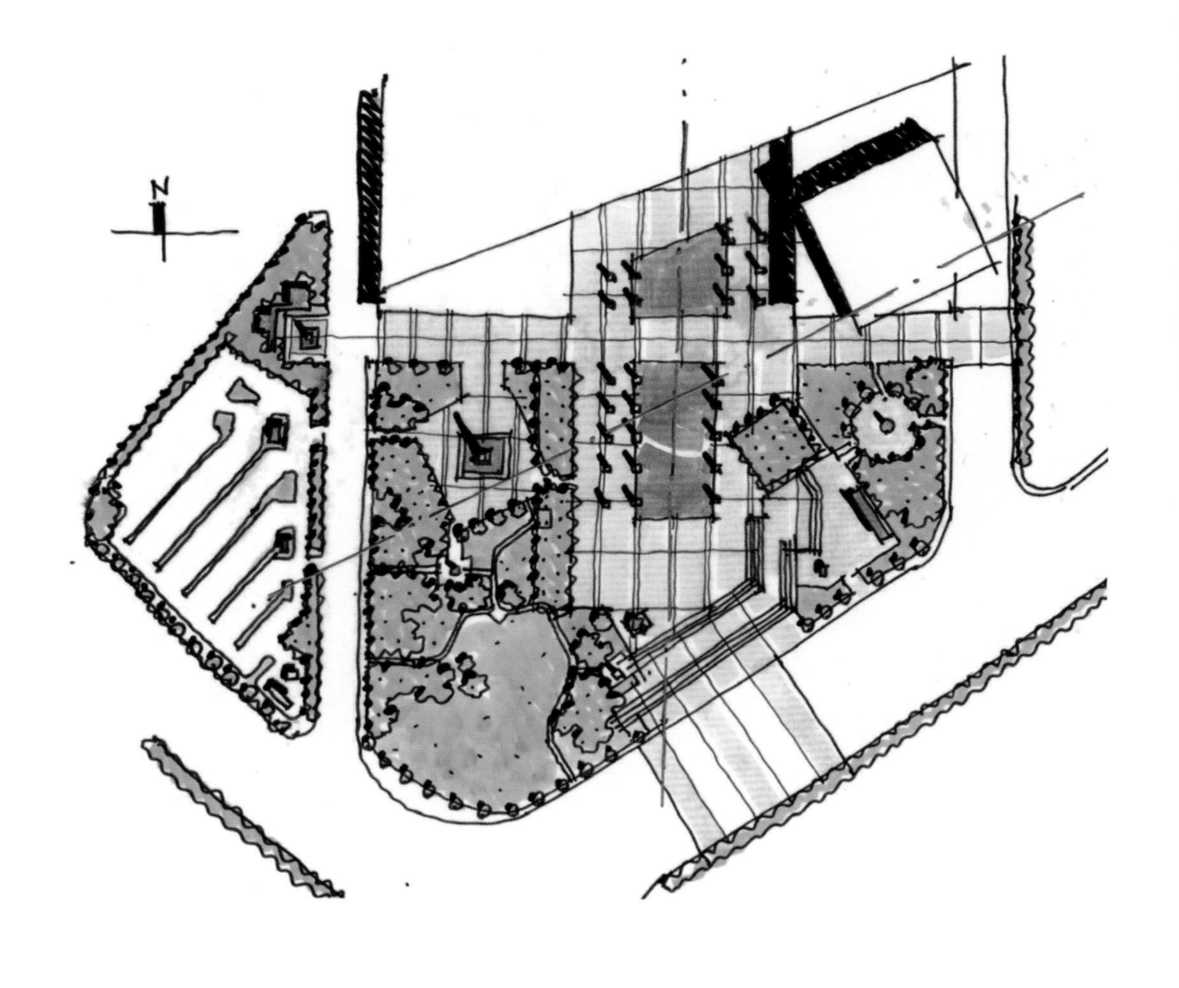

轴线不对称式布局轻松活泼，统一中有变化

图2-12　轴线不对称式布局

2.2 元素的设计与组合

构图与布局解决的是整体格局，一旦整体格局确定了，场地入口主要用地划分、景观意向和组团功能也基本上完成，随后需要考虑的是重要节点的位置、形态。这些重要节点的位置与形态也会影响到整体布局与形式，相辅相成。下面通过这些常见的景观元素形态来进行介绍，针对景观快题考试，重点介绍一些常见的形态。

2.2.1 入口设计

入口是场地与外界联系的纽带，也是作为使用者进入主景区的过渡地带，入口的形态完全受外界环境的约束，也是进行场地内部设计的前提，入口位置的选择除了考虑外部的交通干扰、主要的人流方向，还要顾及场地内部的布局与景观意向。入口的数量与大小需要根据场地的大小、功能来确定，入口也有主次之分，主入口的规模一般比较大、比较正式，为主要的人流方向。次入口的规模比较小，相对简单。

常见的类型包括居住区入口设计、广场入口设计、公园绿地入口设计等（图2–13～图2–15）。常见的入口设计手法包括以下两种：一是先抑后扬，入口多有对景或者障景；二是开门见山，在入口处即能看见一幅开朗的画面，可以直接从路中间进入。而现在开放式的绿地以及绿地广场越来越多，入口场地的形式更为开放，常常将内部场地与外部场地融为一体。

在设计入口时也需要考虑停车场地的设计（图2–16）。一般在方案设计阶段，轿车的停车位画成3mx6m即可，而停车场内部的车道宽为6m。停车场地的设计往往要注意以下几个方面的问题：

（1）考虑停车场与入口、道路的关系也就是外部环境对于场地的制约，停车场既要与道路相连接，又要避免相互干扰。

（2）停车场内部的流线要流畅，以保证出入的方便，车道、出入口以及回车的场地尺度要足够。

（3）停车位大小要合乎规范。

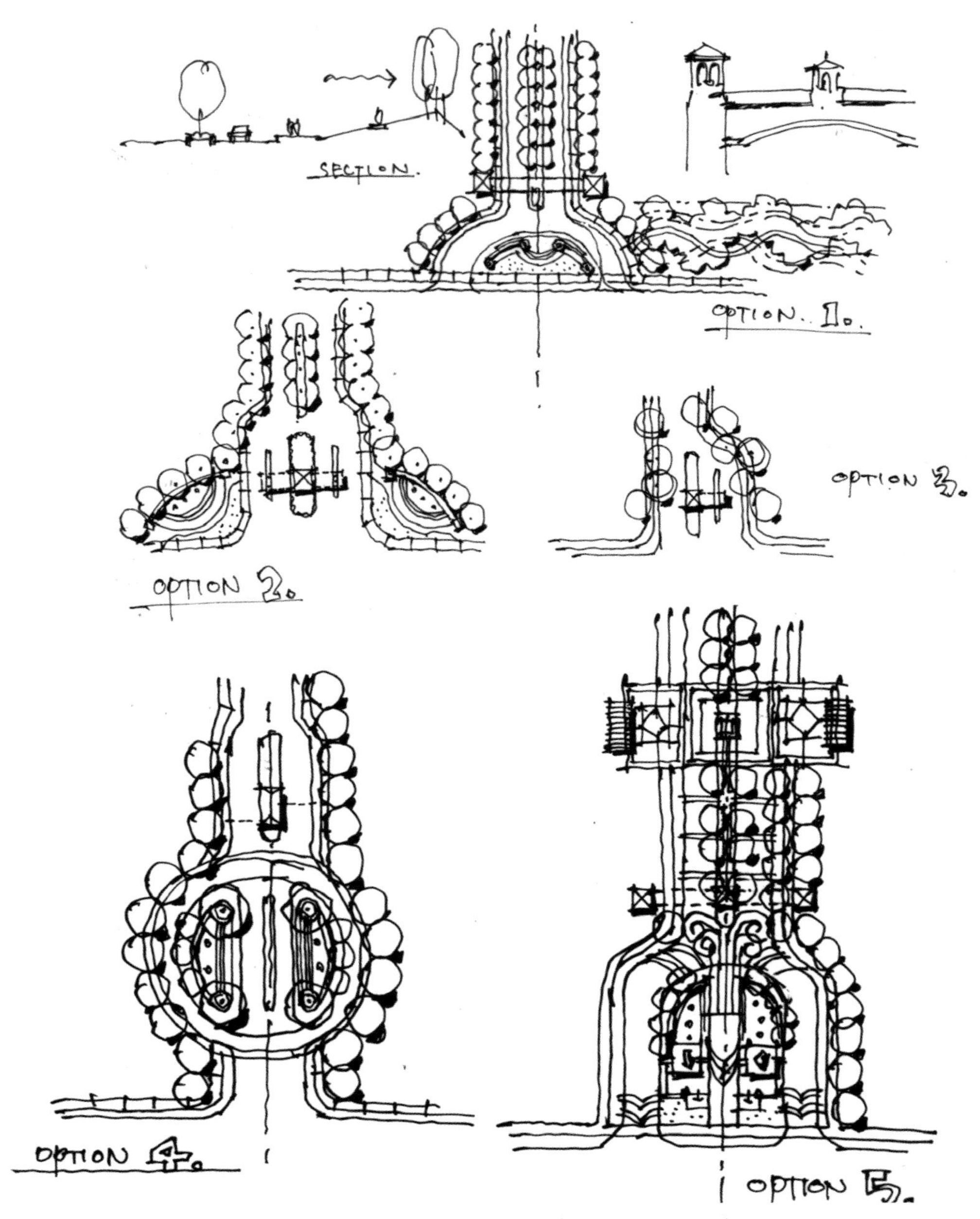

图2–13　几种居住区入口设计形式分析　作者：马晓晨

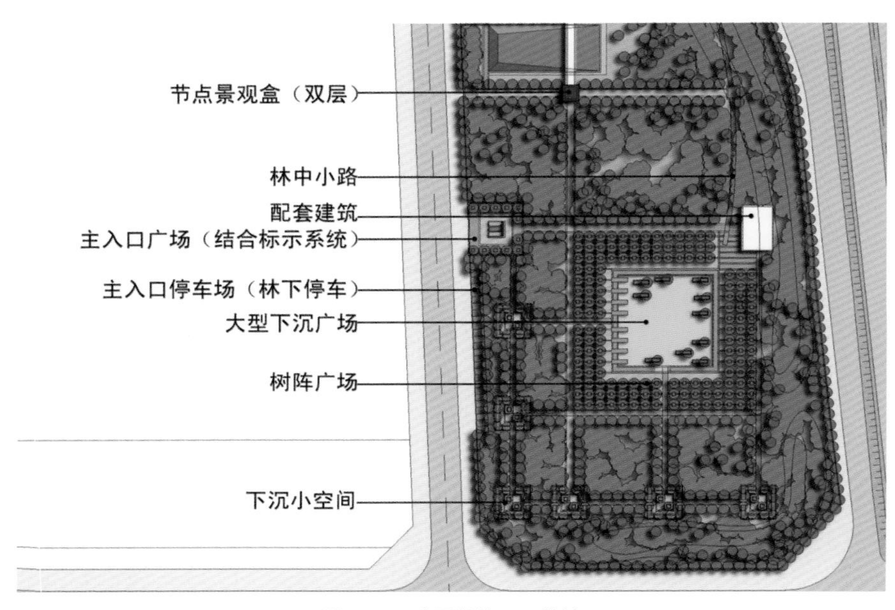

图2-14　公园绿地入口设计

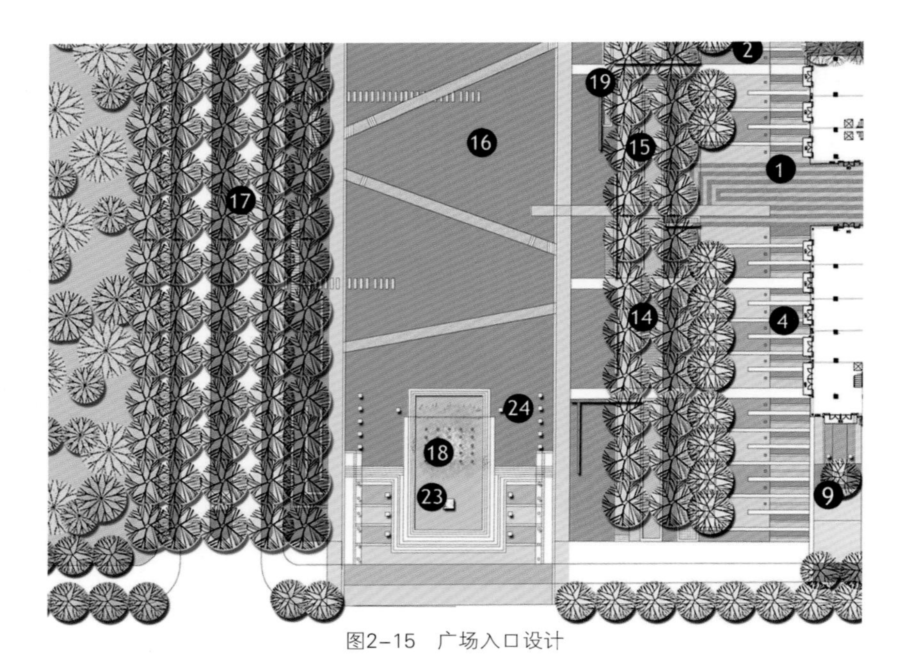

图2-15　广场入口设计

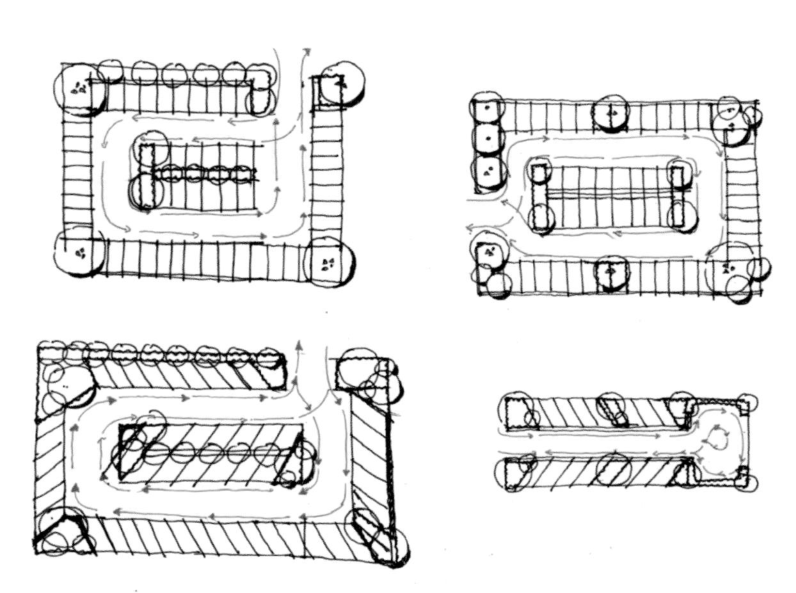

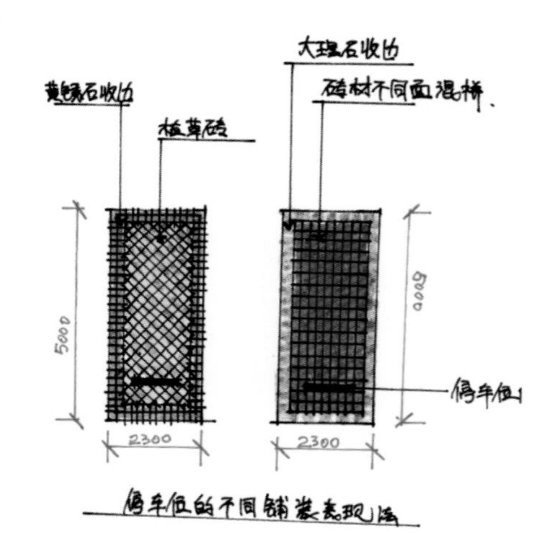

图2-16　常用停车场画法

2.2.2 中心场地设计

中心场地是人们的主要集聚地，功能上考虑使用者多方面的要求，尤其是人流导向、休息场地、小气候等问题。中心场地景观往往是一个非常重要的景观节点，在空间的围合与划分上可以通过主空间、次空间、小空间来形成丰富的空间层次。空间的延续要与外部环境有良好的对话，避免孤立，例如道路、行列树、水景等元素与次中心、入口等场地贯穿形成一个序列。在平面布局上，中心场地往往是一个视觉趣味中心，形态要相对突出，起到引领全局的作用，可以采用轴线、对位关系等手法以简洁的平面营造丰富的空间关系。

在景观快题考试中，对于场地的文化背景一般没有过多的说明，往往采取的是考生自定或者以考试学校当地的文化脉络为主，所以中心场地一般以简洁、有趣的视觉效果为主，适当注意形式与内涵的结合。

常见的几种中心场地：居住区中心场地、公园中心场地（图2-17）、广场中心场地、校园公共绿地中心场地、滨水景观中心场地（图2-18）等。

2.2.3 路网设计

道路支撑的是流动的人群，连接着各类场所，使人们可以便捷地从一个环境到达另一个环境。自从人类发明了机动车，道路也开始成为承接人类活动的载体。

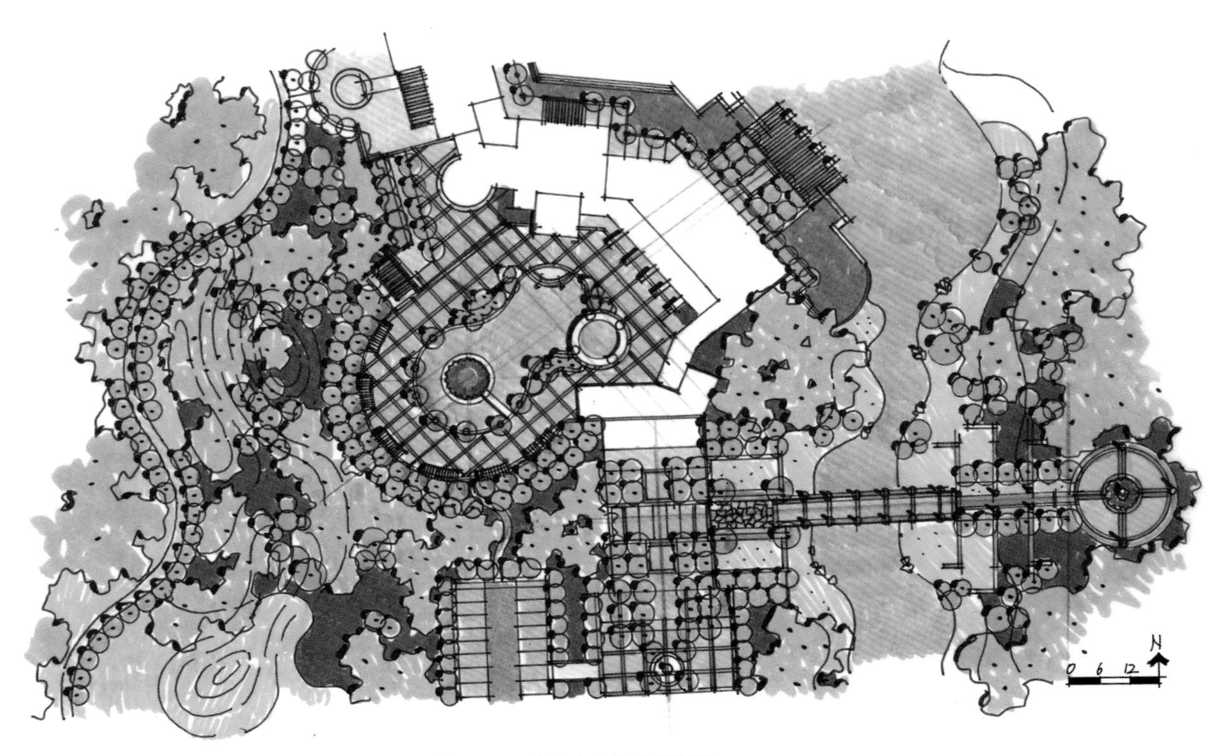

图2-17　公园中心场地表现图

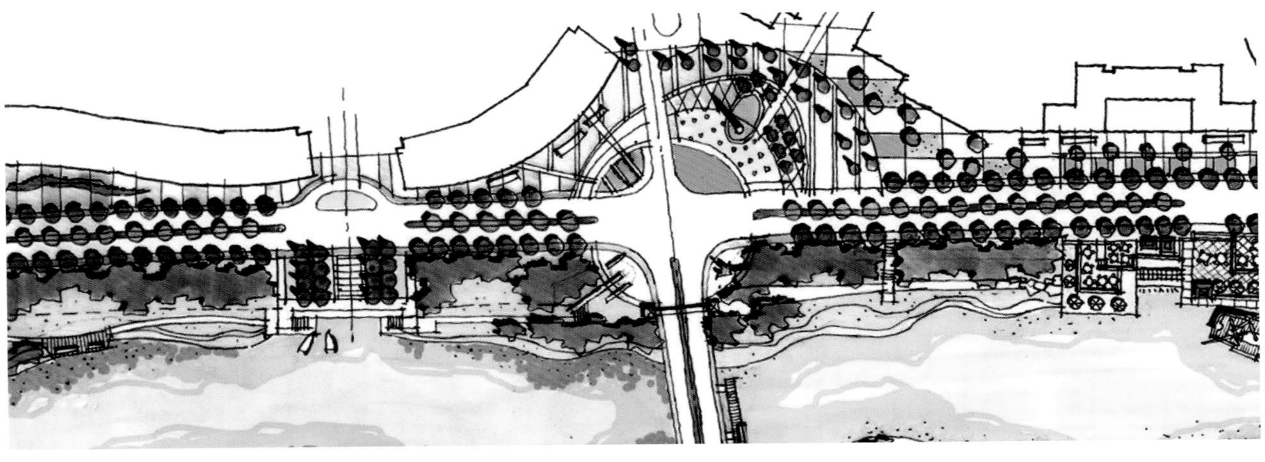

图2-18　滨水景观中心场地

场地周边道路的布局以及道路的特征（包括方向性、连续性、韵律与节奏等），都直接影响着场地的面貌、功能和人们生活的空间环境，道路是场地众多制约因素之一。道路的规划应考虑主要通道、次要通道、人行通道、车行通道。

从功能上分析，道路起到了承担交通、引导游览路线和观赏视线的作用。从结构上看道路在大的场地中是布局的骨架与脉络。考试过程中对于道路的考查主要在于流通流线是否能够合理地将各个节点衔接起来，是否因地制宜、流畅美观等。对于大尺度的场地，道路的布局首先要分析现状，确定人流的方向，需要连接的主要景观节点与功能设施；接着根据地形的变化及水体、主要景点的位置确定出主路的位置；然后结合各个景点设施布局支路；最后根据整体的交通、地形、景观等因素进行调整。

在不同的场地中，主要有以下3种路网的空间形态：自然式、规则式、混合式。

对于有自然风景的场地往往采取自然式的路网比较多（图2-19）。这种路网主次分明，宜采用套环式路网。重点要注意交通的流畅合理与环路的完善，还要注意整个路网的疏密以及线条的顺畅。

规则式的路网采取的往往是对称式或者放射状的构图，庄重、大气、主题性强。在城市中心广场、校园广场公园入口设计中也经常使用，要注意与周边环境元素的有机融合（图2-20）。

混合式路网兼具了自然式与规则式的两种形式，在空间设计中最为常见，灵活自由，但在设计的时候，要注意统一平面形式，避免形式上的混乱。

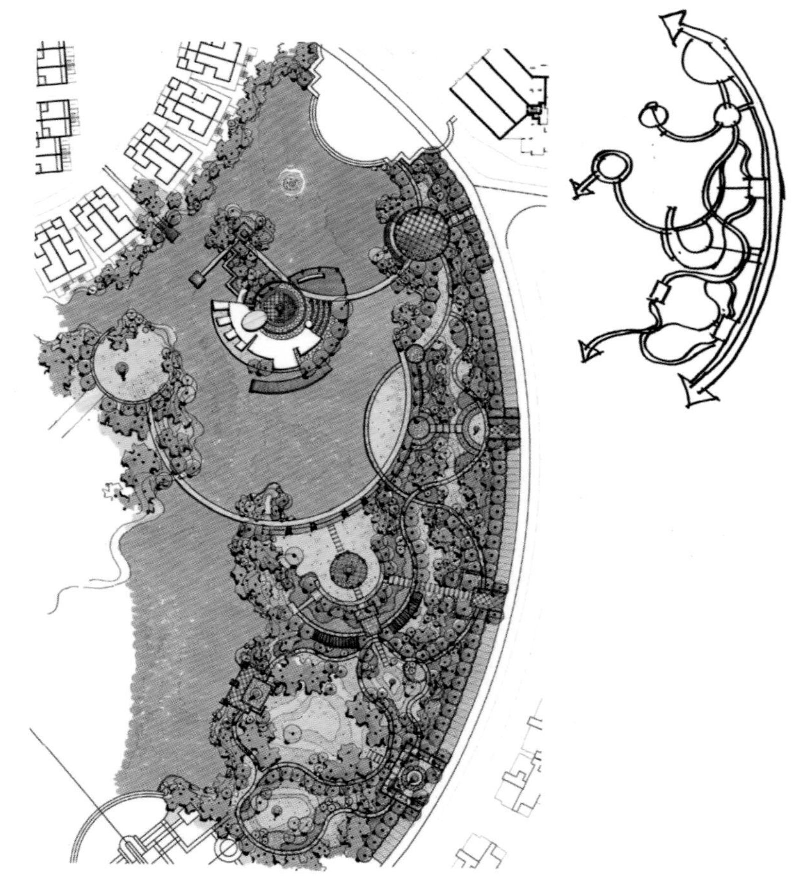

图2-19　自然式路网设计

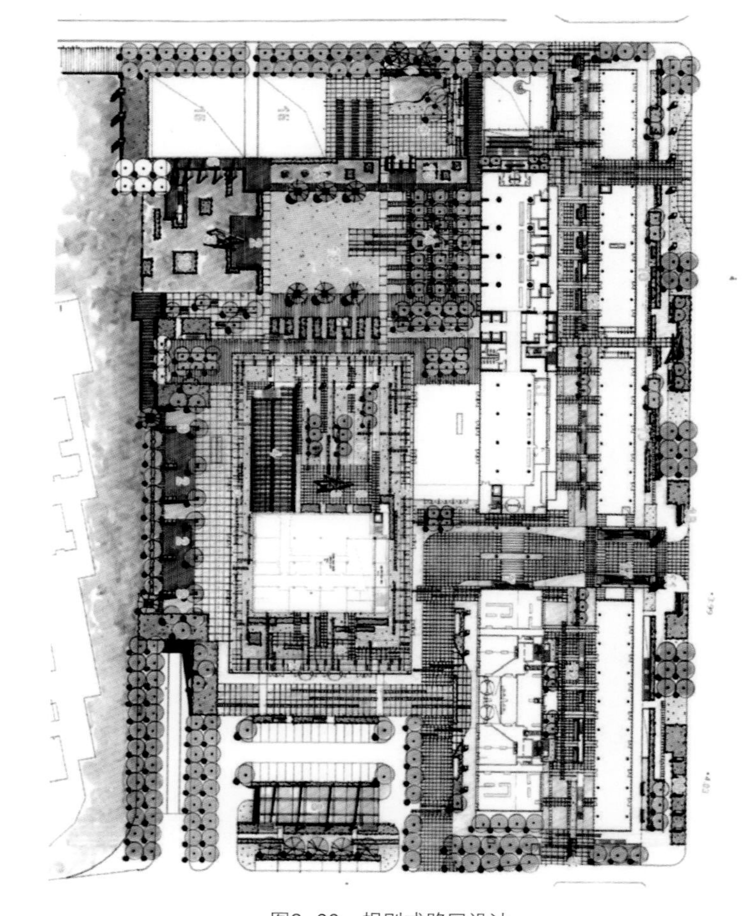

图2-20　规则式路网设计

在具体的设计中，道路的宽度要适当，犹如在建筑设计中台阶对于半段尺度所起的作用一样。在景观设计中，道路是衡量尺度重要的依据。在整体设计中，要注意区分道路的等级，主路、支路、小路等层级关系，形成系统，不同类型的场地采取的道路宽度各不相同（图2-21）。

在公园设计规范中有明确的要求，公园的主路至少满足消防车的通行为2.2m，一般考虑少量机动车对行的可能，以5m左右为宜；支路2～3m；小路1.5m左右。虽然在考试中表现相对粗犷，但是道路等级还是要有明显的区分，道路的尺度一定要合理。对于规则式的构图，如果尺度太大的道路，中间可以点缀水景、水阵、草坪等元素以丰富主题道路的分量，避免空旷单调、尺度过大。

居住区内道路分为居住区道路（红线宽度不宜小于20m）、小区路（路面宽6~9m）、组团路（路面宽3~5m）和宅间小路（路面宽不宜小于2.5m）。

小区内主要道路至少应有两个出入口；居住区内道路至少应有两个方向与外围道路连接；机动车道对外出入口间距不应小于150m。沿街建筑物长度超过150m时，应设置不小于4m×4m的消防车通道。居住区内设置尽端式道路的长度不宜大于120m，并应在尽端设置不小于12m×12m的回车场地。

在道路的设计中，直线与曲线的结合一定要平滑，道路的交角不要太小，一般以直角或者接近直角为好。

在中小场地中，交通分流线相对比较简单，道路应当简洁，避免道路的比重太大。对于道路的形式、尺度、材质铺装等需要仔细推敲，在交通要求不高的情况下道路可与活动场地融为一体，以形成连贯的空间和有趣的构图（图2-22）。

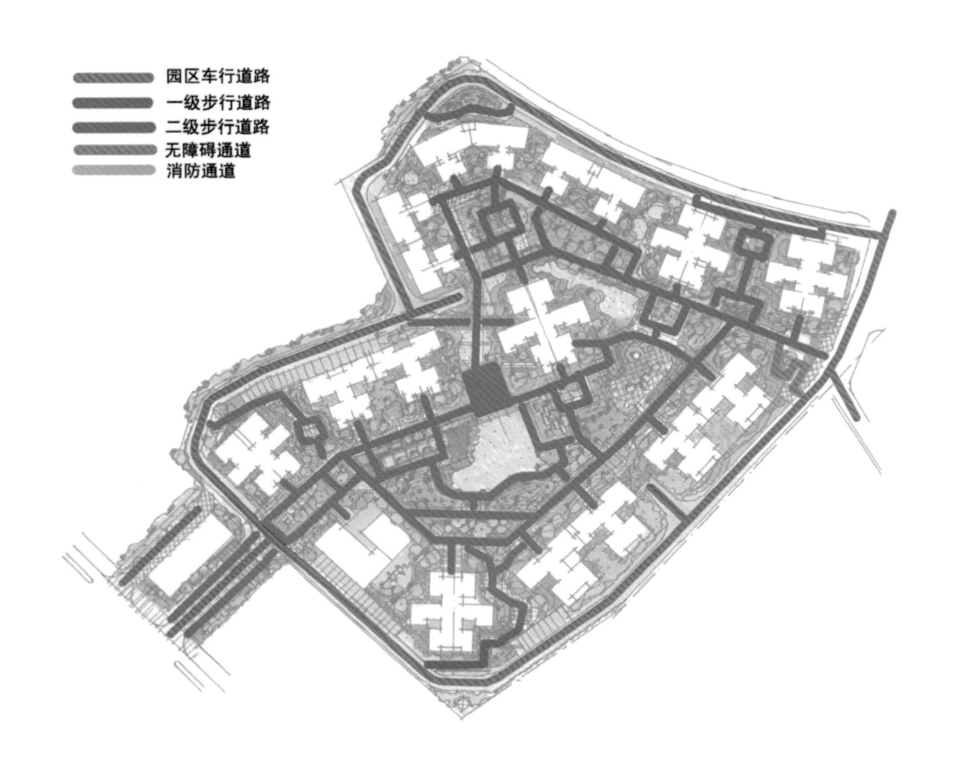

图2-21　居住区交通流线分析

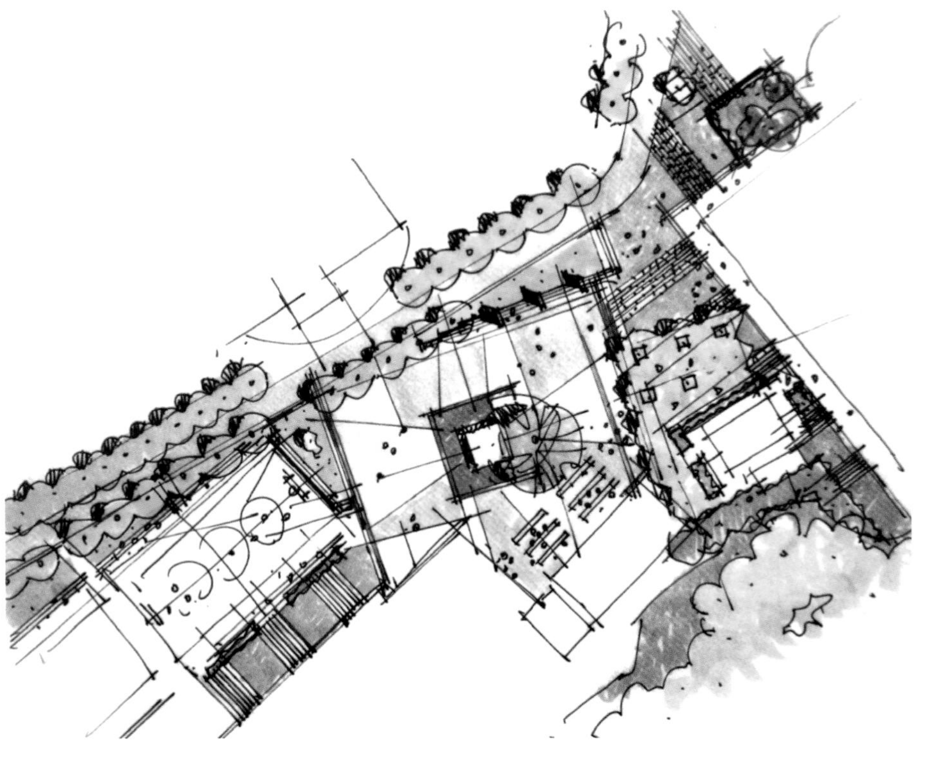

图2-22　中小场地路网设计

2.2.4 水体设计

在各种风格的景观设计中，水体均有不可替代的作用，在传统的园林设计中，几乎是无水不成园，有了水，景观会显得更加活泼具有生机。

在形式构图上，尺度不同的水景所起的作用也不相同，大尺度的水体与陆地对应着整个场地的虚实划分（图2-23、图2-24），小尺度的水景是空间的视觉焦点，水景也是设计中的点睛之笔。在总平面图的设计中，水的形态要比成片的种植更加抢眼。对于自然式的水体，其形态要注意曲折变化，避免从中心位置划分空间，最好形成大小不同的空间格局，以促成功能分区与景观构成。

景观设计中的各种水体，无论是以主景还是以配景的形式出现，概括来说主要有两种应用形式：规则式水体与自然式水体。规则式水体的美是通过数字比例来体现的，是有规律和秩序的，符合比例协调的整体性，强调均衡稳定性，它的形态多以规则的几何形态呈现。自然式水体是仿自然形态，但又高于自然，把人工美和自然美进行了巧妙的结合，强调虽由人做，却宛若天开的境界，自然式的水景主要是利用现有地形进行的设计，形态多以不规则的形式，如曲线形式存在。

水按其形态特性分为：①点状水体，如水池、泉眼、人工瀑布、喷泉；②线状水体，如水道、溪流、人工渠；③面状水体， 如湖泊、池塘。

水景设计手法包括：静水景观设计、流水景观设计、叠水景观设计、喷泉景观设计、亲水景观设计（图2-25～图2-32）。

在中小型水体的详细设计中，水景的细部设计如水池、叠水、喷泉等也很重要。但是在平面设计中，受到比例图纸等因素的限定很难表达出来，只能依靠透视图来体现设计细节。

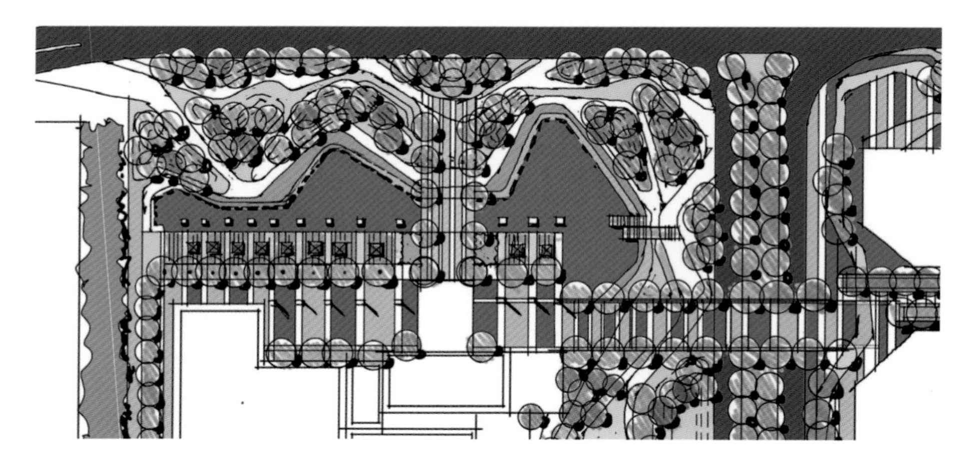

图2-23　小尺度的水景形成空间的视觉焦点

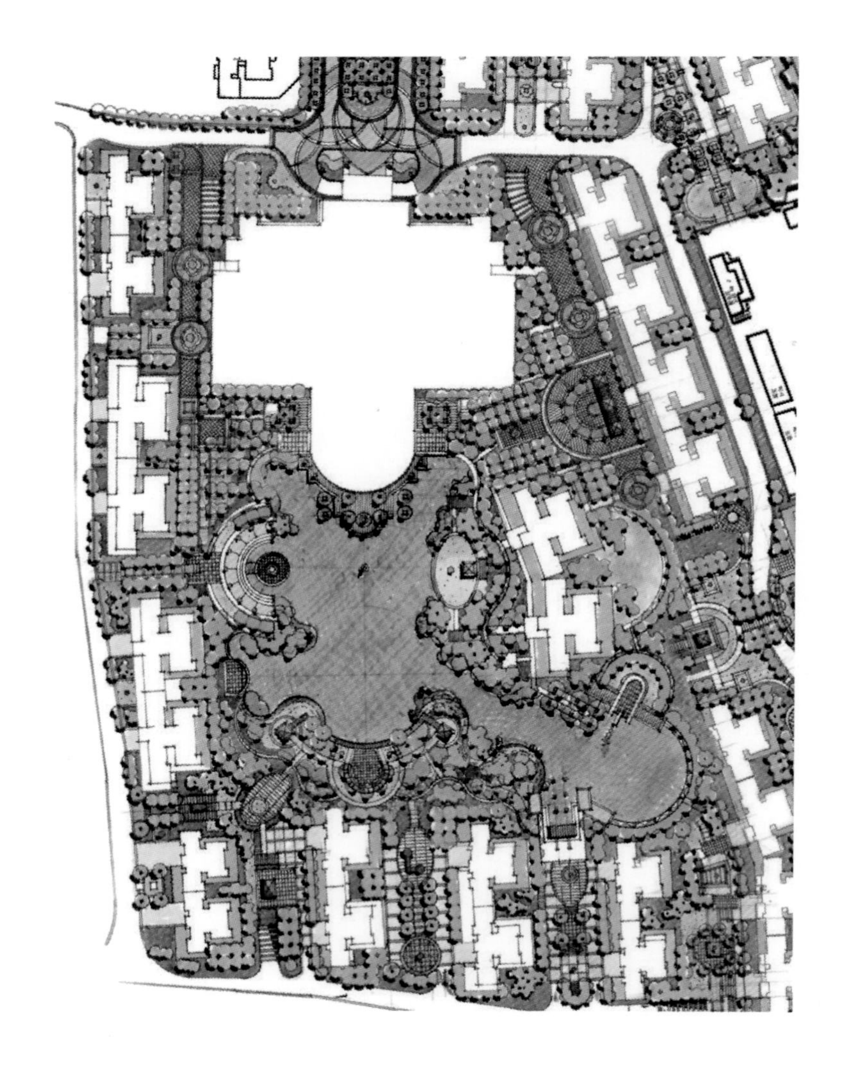

图2-24　大尺度的水体与陆地对应着整个场地的虚实划分

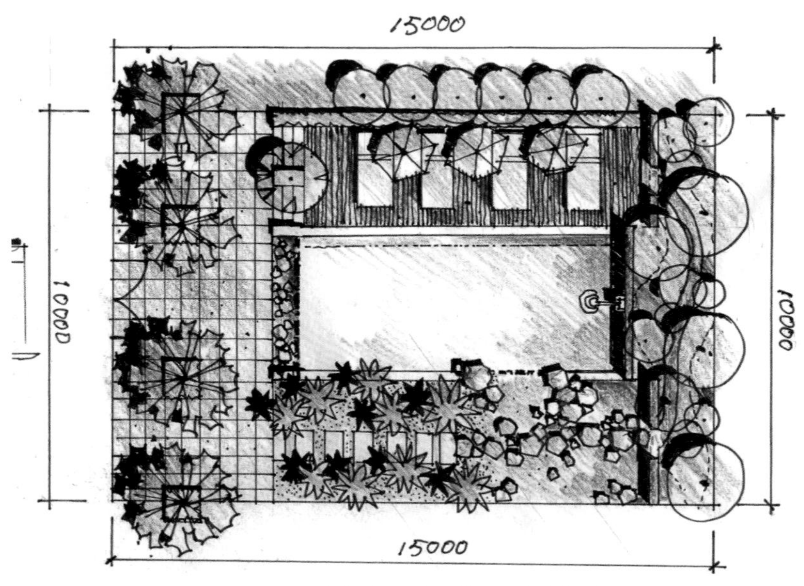

图2-25　游泳池叠水景观设计

图2-27　静水景观设计

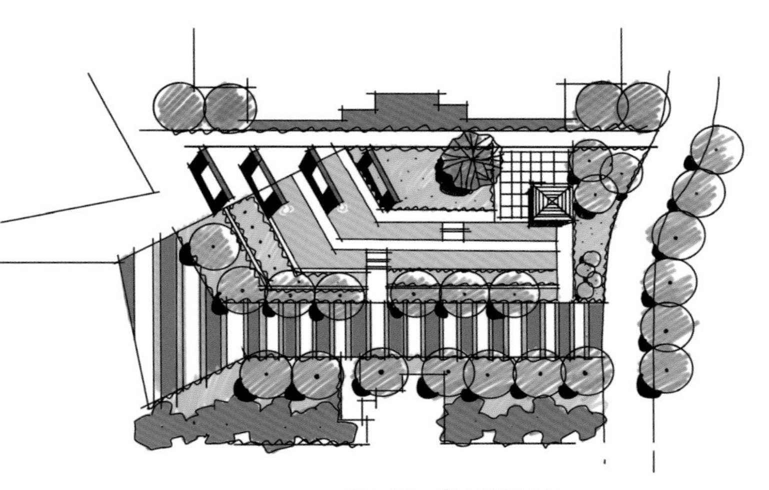

图2-26　静水景观设计

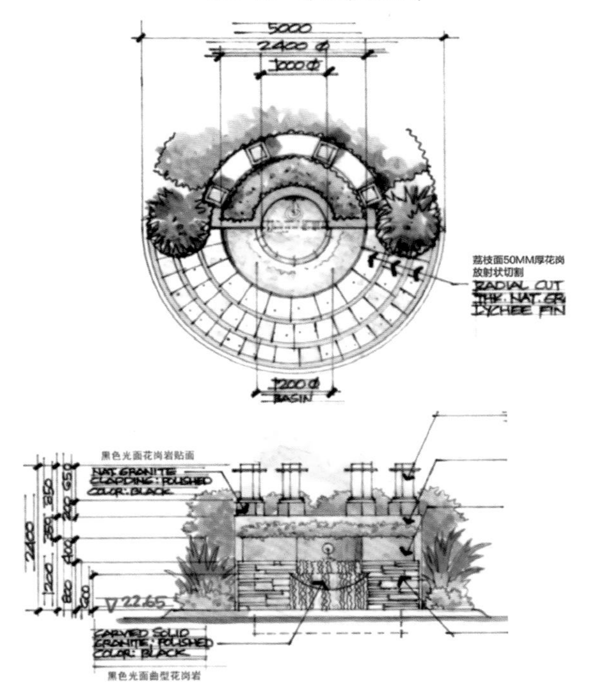

图2-28　点状水体景观设计

图2-29　亲水景观设计

图2-30　喷泉与叠水景观设计

图2-31　叠水景观墙设计

图2-32　叠水景观设计

2.2.5 植物设计

植物设计要体现整体的设计概念，植物为三维空间的主要构成要素。作为具有大小、颜色、形状、质地（感觉）、造型等要素的植物选定，展现植物的生长过程与气候的变化，按照不同的分类标准可以分为乔木、灌木、草本、藤本，也可以分为落叶与常绿等。

在实际的快题考试中，很少需要做出详细的植物配置，一般来说只要基本符合场地的需求，不违背植物种植的基本规律即可。

在快题考试中，一定要善于利用植物进行空间的划分与围合，而不是详细地配置每一个植物的种类。从目前的考试来看，大部分院校对种植设计并不要求详细的设计，所以花费过多的时间在种植设计上面，不如多花点时间用于植物的空间规划与划分。

植物是限定户外空间的理想元素，在大尺度的场地中经常利用植物群来形成控制整体空间的骨架。在快题设计中，应当适当地区分常绿、落叶、乔木、灌木、草坪，把握骨干树种的空间形态，尤其是行道树、树阵、树群等与周边的场地元素所形成的构图关系。

1. 园林植物种植设计的基本原则

（1）满足城市绿地性质和功能的要求。

（2）园林植物造景要与园林绿地总体布局相一致，与环境相协调。

（3）根据植物本身的生态习性和栽植地点的环境条件选择适当的植物种类。

（4）要有合理的密度。

（5）考虑园林植物的季相变化和色、香、形的统一和对比。

2. 植物造景配置形式

自然式配置以模仿自然、强调变化为主，具有活泼、愉快、幽雅的自然情调，有孤植、丛植、群植等。

规则式配置多以某一轴线为对称或成行排列，强调整齐、对称为主，给人以强烈、雄伟、肃穆之感，分为对植、行列植、环状种植（图2–33）等。

（1）一株（孤植）：单一栽植的孤立木，作为园林绿地空间的主景树、遮阴树、目标树等，主要表现单株树的形体美。

孤植树种如果选择适当，配置得体，就会起到画龙点睛的作用。

（2）对植：用两株或两丛树分别按一定的轴线，左右对称的栽植称为对植。对植多在公园、大型建筑的出入口两旁或纪念物、蹬道石级、桥头两旁，起烘托主景的作用，或形成配景、夹景，以增强透视的纵深感。

作为对植的树种，只要外形整齐、美观，均可采用。对植树多用在规则式绿地布置中。要求树种和规格大小相一致，两树的位置连线应与中轴线垂直，又被中轴线平分（图2–34a）。

对植也可用在自然式绿地布置中，两株或两丛树的配置可以稍自由些。

（3）丛植：三五株以上混合种植，形成群体，相对自由活泼，按一定的构图方式把一定数量的观赏乔、灌木自然地组合在一起，统称为丛植。既赏其群体美，也赏其个体美。

（4）群植：将较大数量（20～30株）的乔、灌木按一定构图方式栽在一起称为群植（图2–34b）。

（5）疏林种植：以单一的树种成片地栽植在大面积地块上（图2–35）。

（6）密林种植：两种以上的树种成片地栽植在大面积地块上（图2–36）。

树群可作主景或背景使用，两组树群相靠近还可以起到透景、框景的作用。

3. 种植设计强调形态错落，乔木、灌木、草花、地被按层次分布

地被花卉以点缀为主，布置在灌木之前或之间，形成第一层次；修剪球形灌木形成高低错落组团作为第二层次，构成绿色骨架，量较大，花灌木配植少量但形态错落——球形冠与瘦长形冠搭配，彩叶与绿叶搭配，形成丰富的视觉效果，阔叶小乔木或大乔木每组里只有1~2株或没有，常绿乔木1~3株。

从大乔木到草花，标准的多层次配植，充分利用植物株型形态之间的差异，形成错落的变化。

疏密搭配的层次配植，局部留出草坪，与组团植群形成开合对比。

在设计中应注意由低到高、层次分明地组合种植，地被层线性排布，围绕在绿球外侧形成组团边界，地被层植物之间的跳动形成色彩、形态的丰富变化（图2–37）。

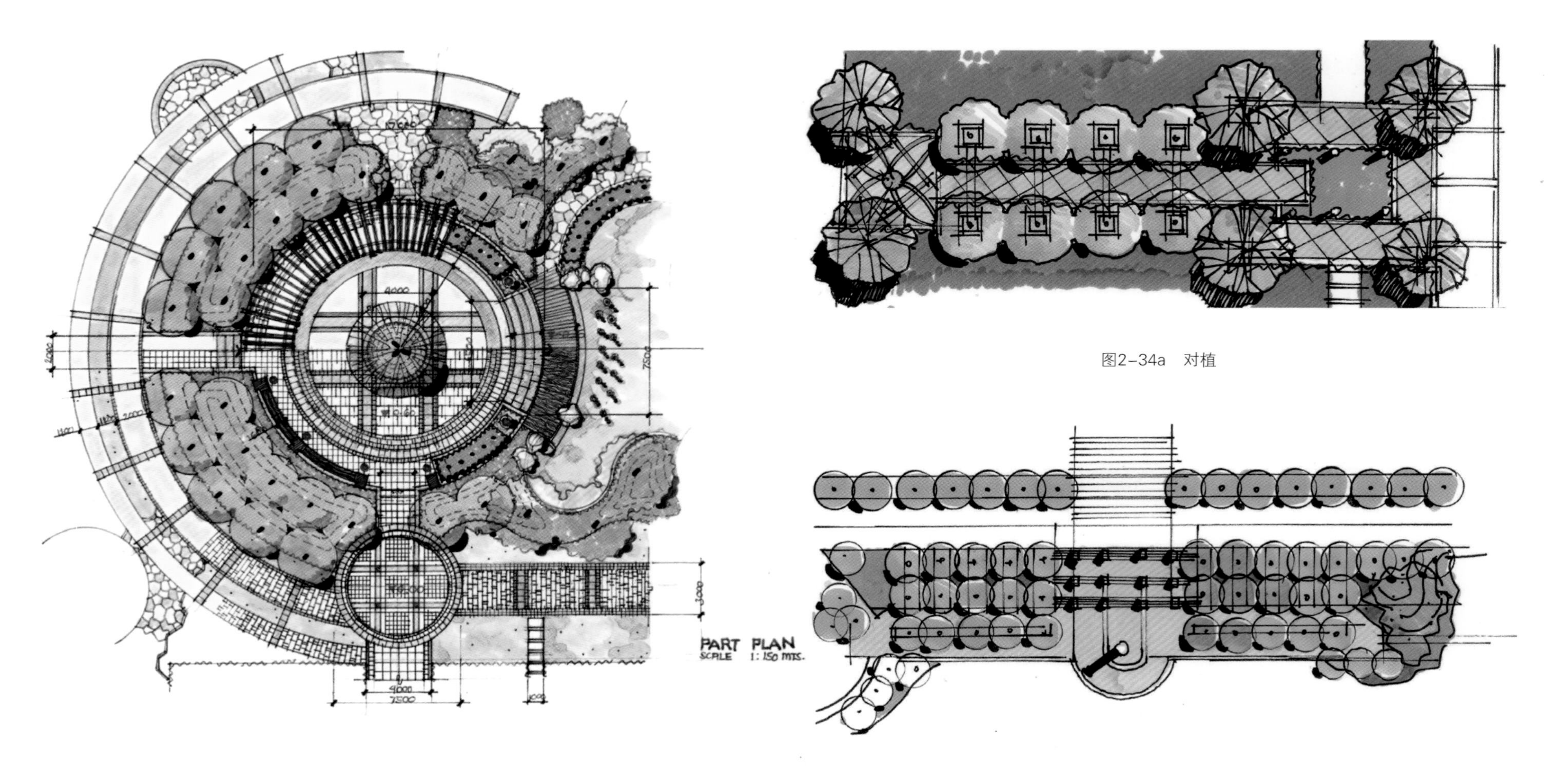

图2-33　环状种植与孤植

图2-34a　对植

图2-34b　群植

图2-35　疏林景观种植

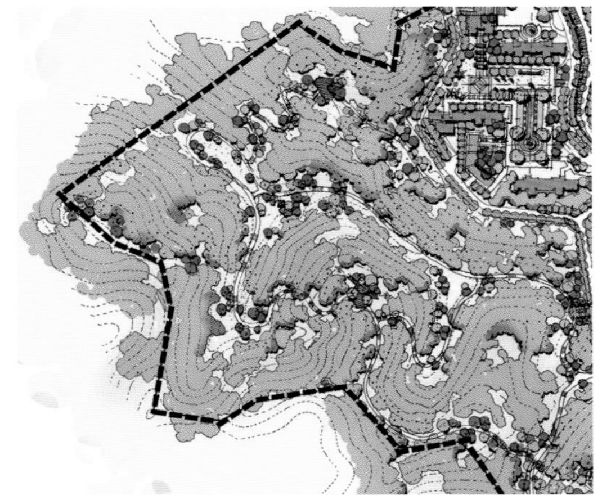

图2-36　密林景观种植

图2-37　景观植物配置空间效果

2.2.6 景观小品与构筑物设计

在一个空间设计中，除了大尺度的空间规划之外，很多细节以及点睛的地方还需要由景观雕塑、亭、廊架等构筑物来体现。在平时的快题练习过程中，有很多同学往往不太注意这方面知识的积累，以至于在考试的时候随便画一些形体来应付，这样往往会让整个的画面效果大打折扣，更多的还是需要平时多积累，对于不同形式的景观雕塑的形态、不同风格与形式的亭廊组合形式能够掌握几个，在考试的时候才能够得心应手，同时也能够赢得宝贵的时间（图2-38～图2-42）。

图2-38　景观雕塑

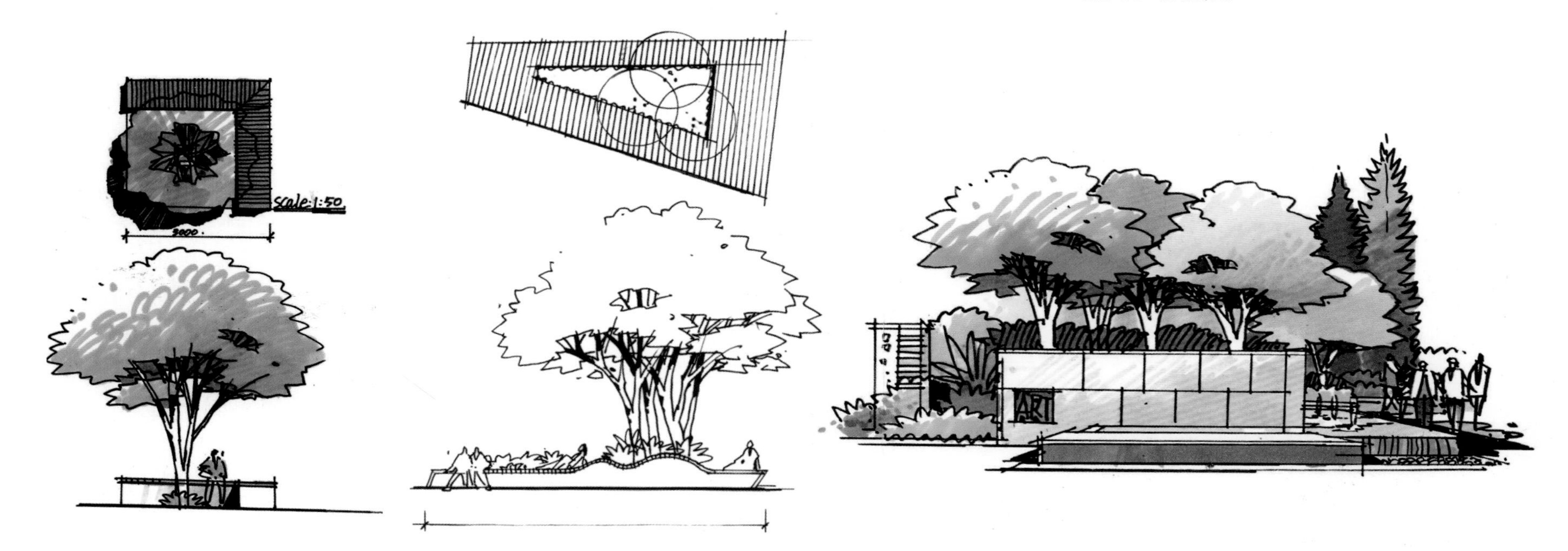

图2-39　树池与花坛

图2-40　景观盒子

图2-41　景观亭子

图2-42 景观标志牌

2.2.7 常用的景观元素组合形式

对于考研的同学来说，应该对于一些常用的布局形式有一定的了解，包括常用的景观元素的功能、形式特点、常见的水体形态、种植的形式等。常见的平面布局特点如轴线式、网格式、对景、自由式等，只有这样表达在图纸上面的内容才有东西可看，有说法。对于很多场地，有些景观元素总是会组合在一起，如景观墙、树池与座椅、水景喷泉等（图2-43、图2-44）。对这些设计元素要熟记于心，这样才能为自己的设计创作提供源源不断的素材，有利于形成自己的设计语言，同时也能够节约推敲的时间。除了障碍借景、节奏韵律外，要特别强调轴线、空间感的营造，以形成简洁有序的关系。

树池与水景

景观墙与水景组合

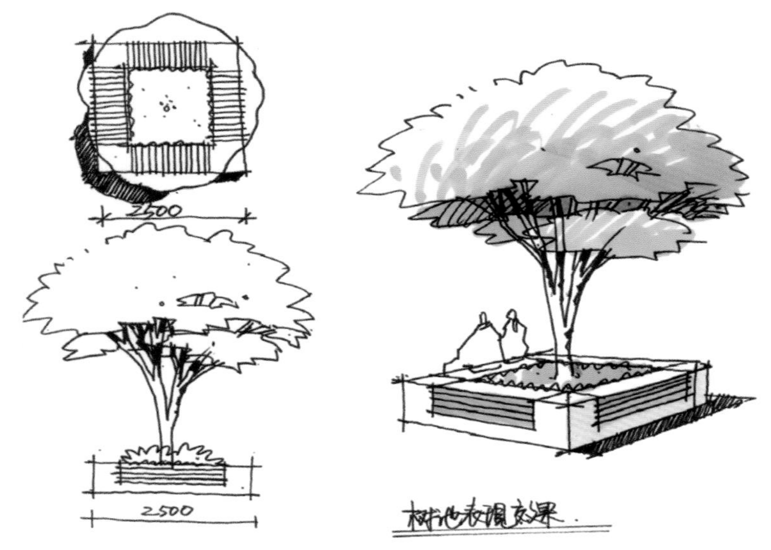

树池与座椅组合

景观灯具与花坛组合

图2-43

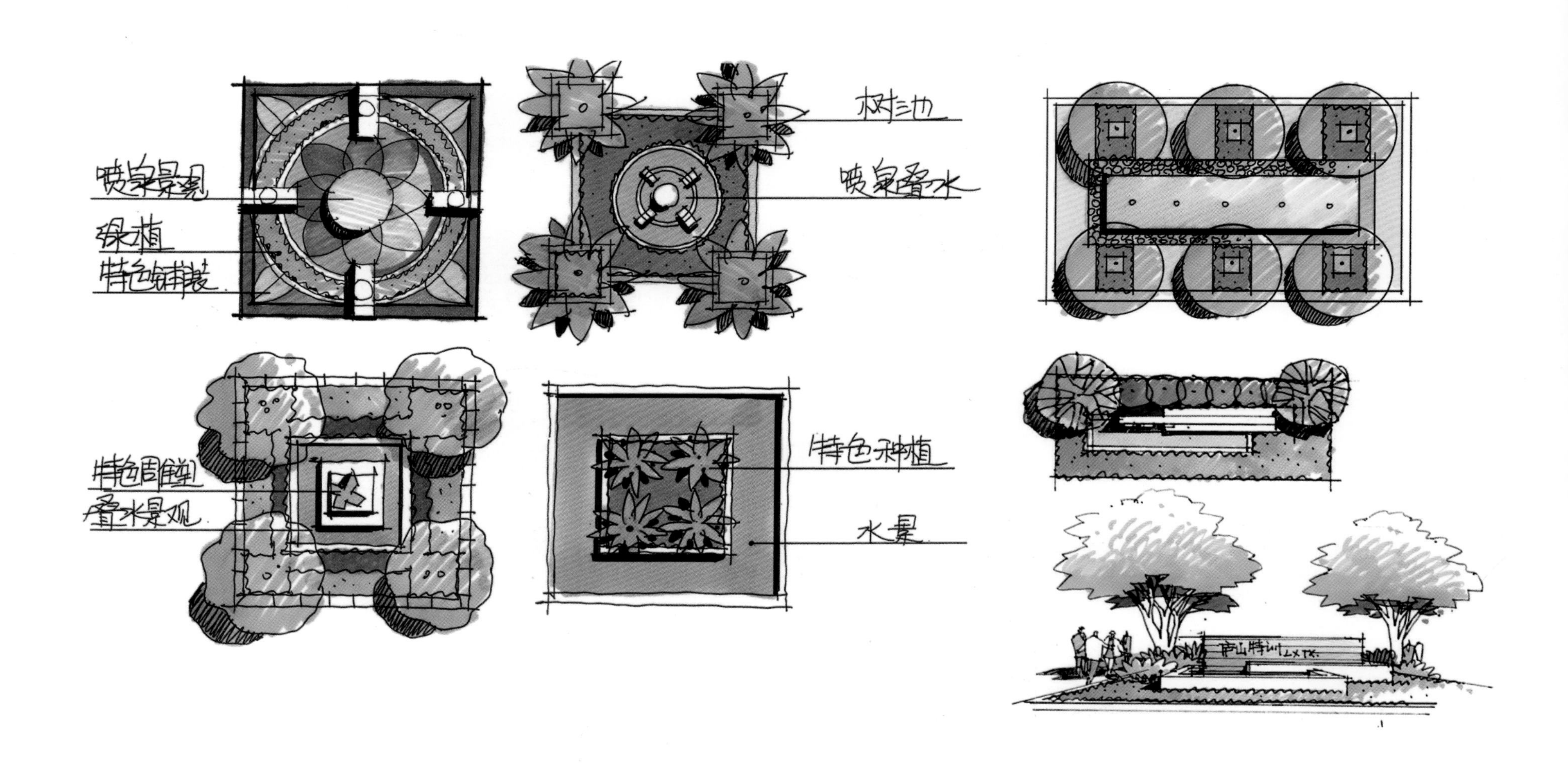

图2-44　树池水景平面组合形式

2.3 园林绿地类型

城市绿地分为五大类：公园绿地、附属绿地、防护绿地、生产绿地和其他绿地。快题设计考题几乎涉及全部绿地类型，但通常集中在公园绿地和附属绿地中。相同类型的绿地往往具有一致性的特点、规律和原则来遵循和参照，本节针对前两类绿地的特点做一些简要分析。

2.3.1 公园绿地

公园绿地是快题设计考试中最常出现的类型。公园绿地指各种公园和向公众开放的绿地，包括综合性公园、社区公园、专类公园、带状公园、滨水景观和街旁绿地，不包括附属绿地、生产绿地、防护绿地和其他绿地。一般而言，公园是一个独立的系统，它可能包含众多的内容与矛盾需要我们去处理与解决。在设计过程中不仅需要突出的形象思维能力，也需要良好的逻辑思维能力。每个人都应该在自己的头脑中建立一个系统，以及一套城市公园的理想格局与框架。它包括理想的空间格局、理想的功能内容、理想的特征、理想的尺度等，它们共同构建了理想的户外活动空间，一个完美无缺的公园。对于公园设计来说，整体结构、布局、节奏和尺度控制是最重要的。

1. 综合性公园

综合性公园是以为大众提供丰富多样的户外活动为主要内容，各类活动设施完善的大型城市绿地。综合性公园面积较大、功能完善、景观丰富，主要考查设计者对于现状的分析、整体的结构布局、尺度的控制，以及与用地外围城市环境的融合和局部重要节点的细部设计等。除此之外，其他考点一般也较多，比如内容的多样性，要求设计过程中一般要将各个活动项目按其类型与特点分类、分组，相对集中地布置于一个区域内，并构成一系列内容各异的功能区，即功能分区，如儿童活动区、文化娱乐区、中老年人活动区、康体活动区、公园管理区等。有效组织这些活动内容将成为设计中重要的部分。此外，公园内景观的有效组织与营造同样非常重要，每一种类型的活动都需要与之相呼应的景观环境，理解并掌握不同行为所需要场所的景观特征是设计者必须把握的基本技能，要做到全园景观类型丰富多样，同时要注意突出特色，避免千篇一律。综合性公园的内容与特征使其必然可以成为一个独立的、自成一体的体系而存在于城市环境之中。也正因为如此，如何使公园与城市成为一个有机的整体也是设计中的重点之一。由于面积较大，综合性公园已成为城市居民接触自然、放松心情的主要场所，因此较多采用自然式布局。混合式和规则式的布局也适合于综合性公园（图2-45）。

2. 专类公园

专类公园一般具有特定的主题内容，并常常伴随着个性化的形式和景观。快题设计中常见的专类公园包括展览花园、雕塑园等。专类公园一般面积不是太大，功能需求和空间结构也较综合性公园简单。因此，主要考点是对于主题的表达，需要明确设计目标，突出其主题特征。如展览花园，需要通过塑造具有一定个性特征的空间，使穿行者获得印象深刻的体验，当然这种体验要切合主题。而雕塑园主要是创造纯净、简明的展览空间，设计合理的参观流线和展品陈列方式，并为不同展品所需的特定环境营造与之相对应的景观氛围等。总之，专类公园的设计应当主题明确、个性鲜明。

3. 滨水景观

城市化的发展伴随着自然生态环境的破坏与流失，既要经济效益又要青山绿水的观念在越来越多的人心中生根。城市河流的文化底蕴也要通过滨水景观的设计显现出来，具体表现为城市历史的发展、城市的风格特征和风土人情等。喜人的是天然无污染材料得到大范围应用，例如用植被型生态混凝土替代传统的混凝土，用水泥生态种植基来为微生物提供生存的空间。因此，城市滨水景观的功能也不仅具有防洪排涝的功能，更具有生活美学功能（图2-46、图2-47）。

（1）滨水景观设计原则。

①防洪原则：滨水园林景观是指水边特有的绿地景观带，它是陆地生态系统和河流生态系统的交错区。在滨河景观设计中除了要满足休闲、娱乐等功能外，还必须具备一项特殊的功能，即防洪性。它在满足市民的文化需求、城市景观优化发展的同时还必须具备防洪的功能。在有洪水威胁的区域做景观设计就必须在满足防洪需求的前提下进行景观设计。在防洪坡段可以利用石材进行设计，利用石材形式的变化或者肌理的变化塑造不同的视觉体验。

②生态原则：景观规划设计应注重“创造性保护”，既要调配地域内的有限资源，又要保护该地域内美景和生态自然。像生态岛、亲水湖岸以及大量利用当地乡土植物的设计思路，用其独有的形式语言，讲述尊重当地历史、重视生态环境重建的设计理念。

③植物多样性与实用原则：现代景观设计的成果是供城市内所有居民和外来游客共同休闲、欣赏、使用的， 滨水景观设计应将审美功能和实用功能这两个看似矛盾的过程创造性地融合在一起，完成对历史和文化之美的揭示与再现。在滨水区沿线应形成一条连续的公共绿化地带，在设计中应强调场所的公共性、功能内容的多样性、水体的可接近性及滨水景观的生态化设计，创造出市民及游客渴望滞留的休憩场所。

④空间层次丰富原则：以往的景观设计师们非常注重美学上的平面构成原则，但对于人的视觉来讲，垂直面上的变化远比平面上的变化更能引起人们的关注与兴趣。滨水景观设计中立体设计包括软质景观设计和硬质景观设计。软质景观如在种植灌木、乔木等植物时，先堆土成坡，形成一定的地形变化，再按植物特性种类分高低立体种植；硬质景观则运用上下层平台、道路等手法进行空间转换和空间高差创造。

⑤城市景观统一原则：滨水景观带上可以结合布置城市空间系统绿地、公园，营

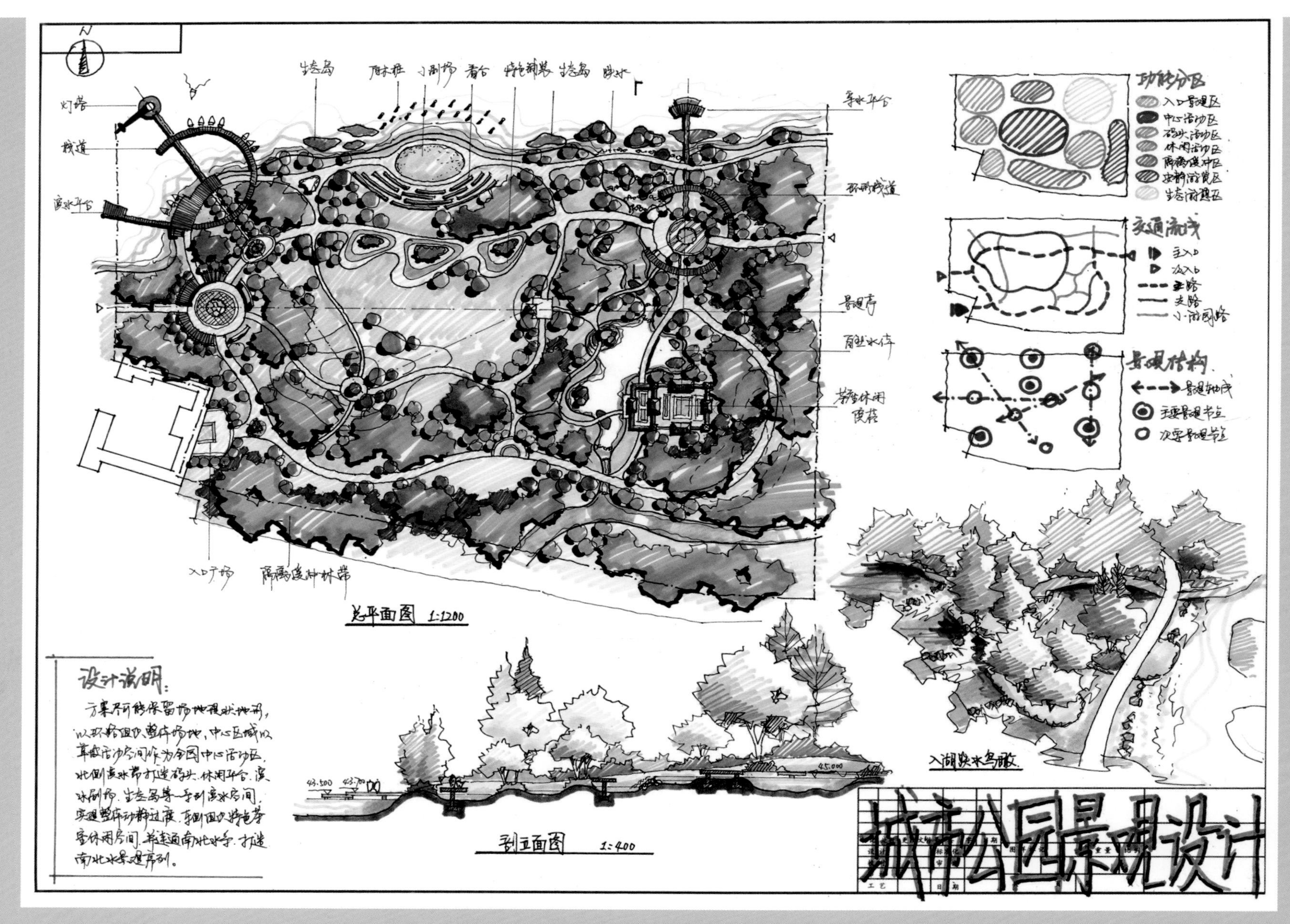

图2-45　城市公园景观快题范例　作者：刘克华

造出宜人的城市生态环境。在适当的地点进行节点的重点处理，放大成广场、公园，在重点地段设置城市地标或环境小品。将这些点、线、面结合，使绿化带向城市扩散、渗透，与其他城市绿地元素构成完整的系统。

（2）城市河道景观的设计要点。

①合理利用地形。设计时要对河流的上下游进行全面了解。尽量用自然的岸线代替规则的岸线，来展现水体的顺畅柔美。尽量做到与地下水相通，可以节省水体更新的费用，还可以用卵石、原木和藤本植物来稳固冲刷较强的区域。

②河道护岸的形式。设计河道护岸的形式时要尽量使其外表朴实自然，同时要将舒缓宜人作为出发点。在平面形状的变化上，可以通过局部水体的变化来表现水流形态的变化。

③景观节点和景区的设置。在设计时如果做成同一种主题风格，会造成人们的审美疲劳。因此应尽量将一条河流分割成长短不一的几段，并且尽量风格多样化，彰显城市的文化气息。

4. 街旁绿地

街旁绿地是位于城市道路用地之外，相对独立成片的小型绿地，是供人们休息、交谈、锻炼、夏日纳凉及进行一些小型文化活动的场所，包括街道广场绿地、小型沿街绿化用地。街旁绿地面积较小，布局和结构相对简单，重点是与周围城市的规整形态相协调。定位是街旁绿地设计的难点。不同街旁绿地的周边环境差异很大，在具体的设计案例中，如何进一步确定其具体的功能取向与形式特征常常令人困扰。由于面积小，通常情况下，如何利用街旁绿地形成良好的街道景观，同时又能够使进入其中的游人从嘈杂的城市环境中脱离出来，进入相对自然、安静的环境中，是这类绿地设计需要解决的主要矛盾。需要设计者根据具体情况，选择恰当的思路。

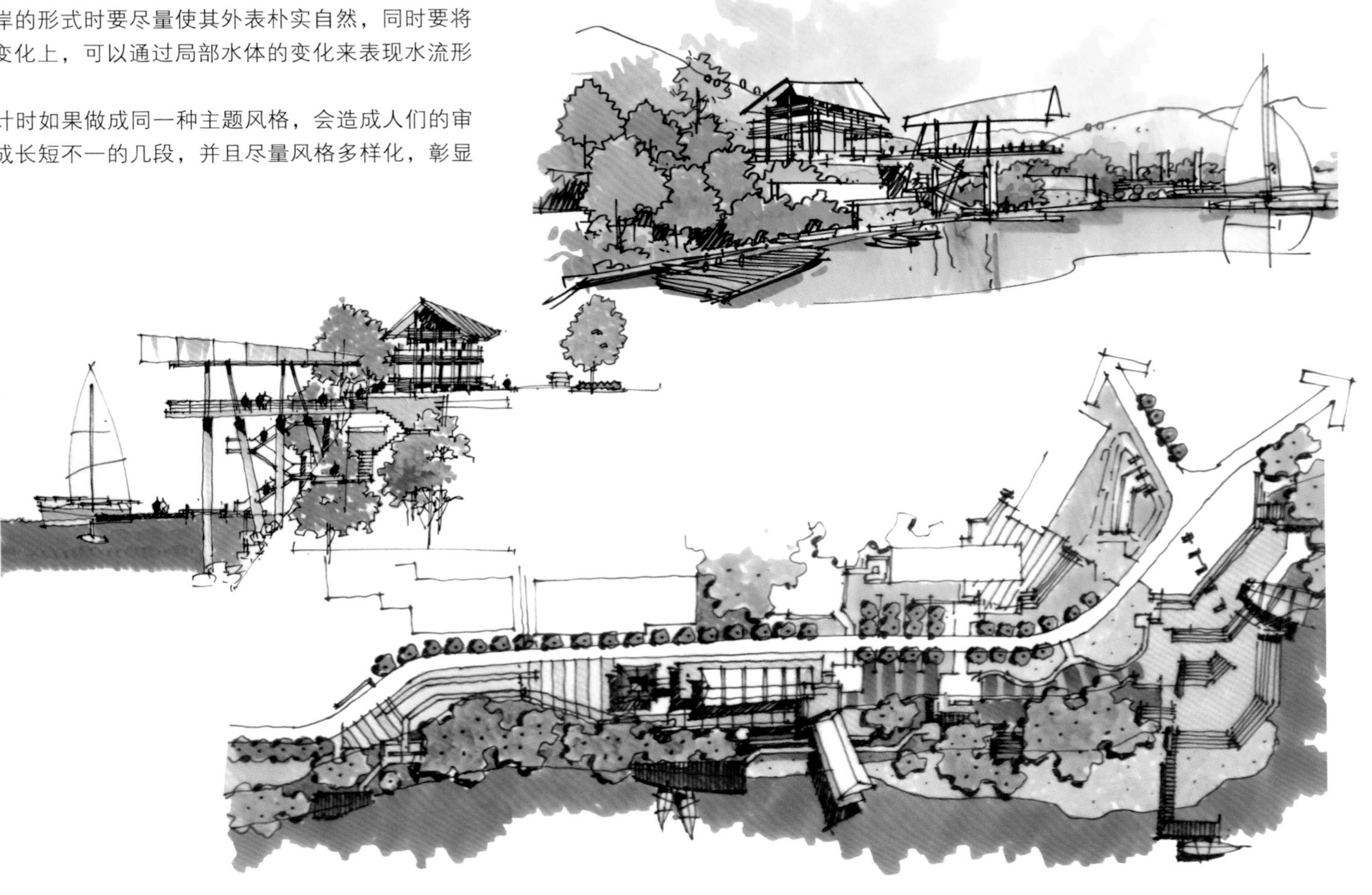

图2-46　滨水景观方案设计

滨水景观设计方案

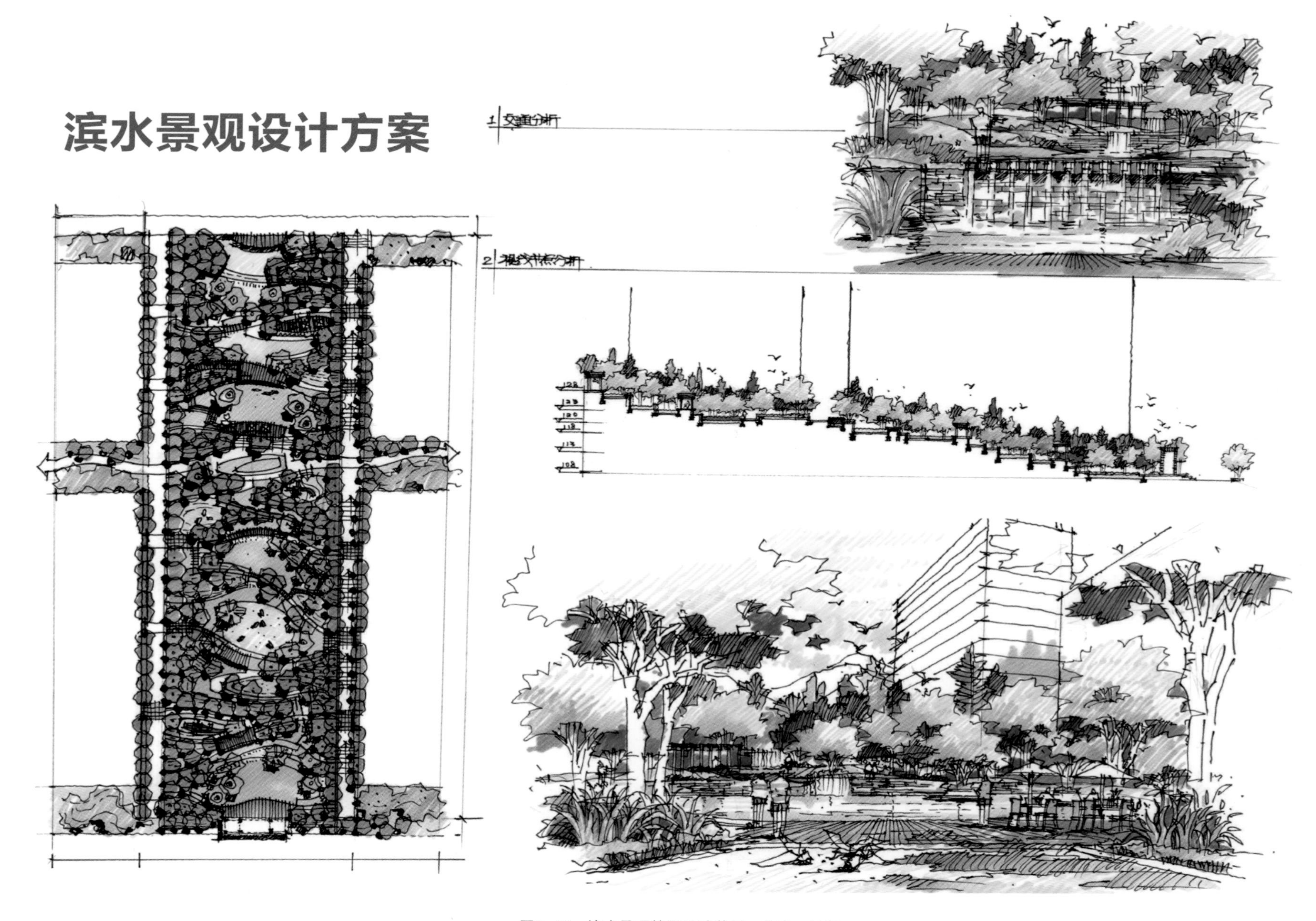

图2-47　滨水景观快题设计范例　作者：柏影

图2-48是对某大学景观专业研究生入学考试的街旁绿地试题进行分析，场地为长方形，长80m，宽40m，使用人群为居民、儿童、老人等，需要对场地现有的植物进行保留，并设置一定的休息亭廊。

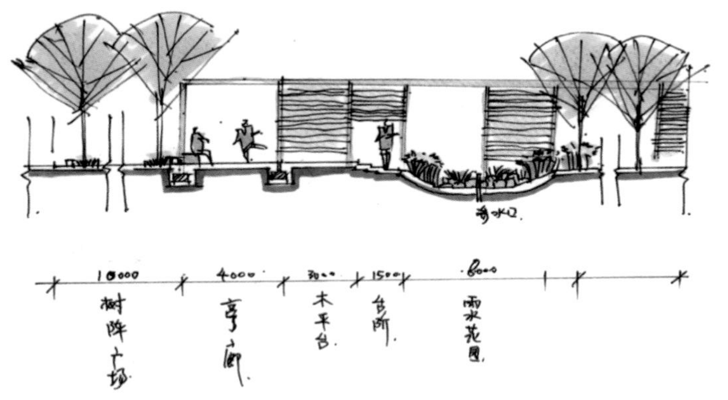

街旁绿地景观方案定稿

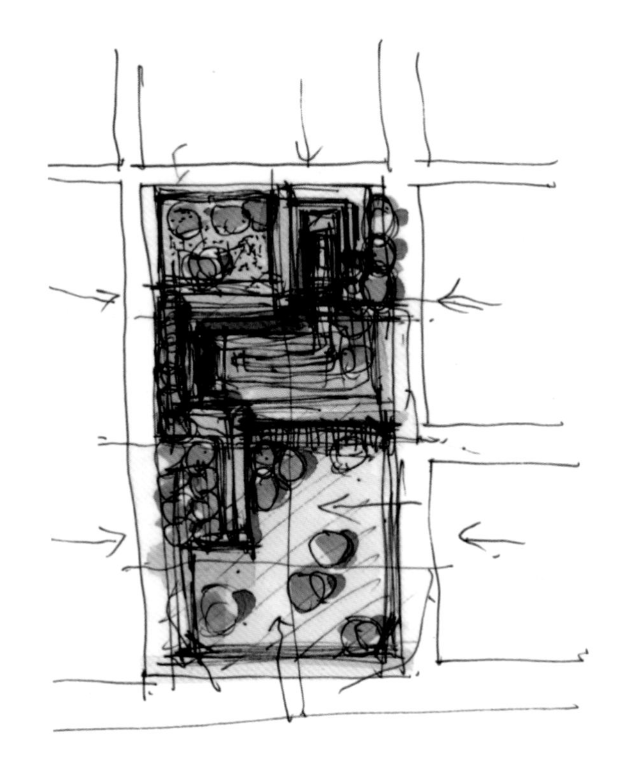

概念构思分析草图

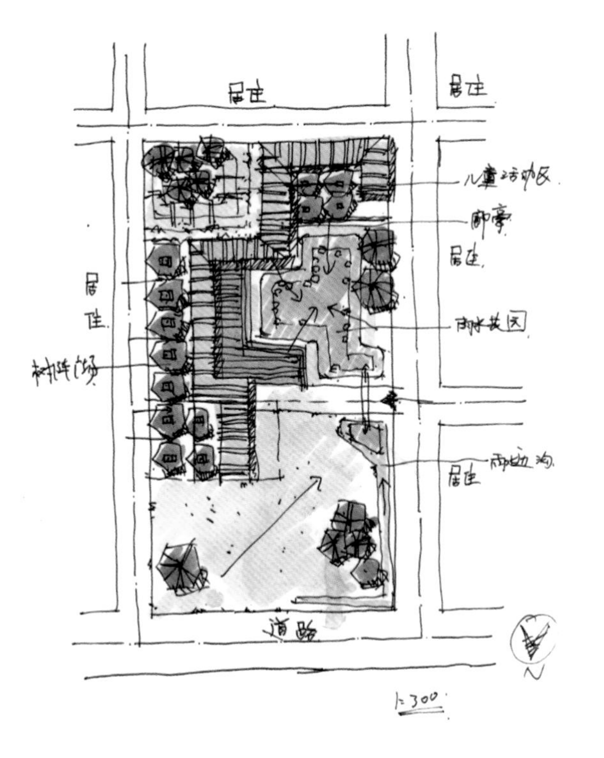

概念草图深化

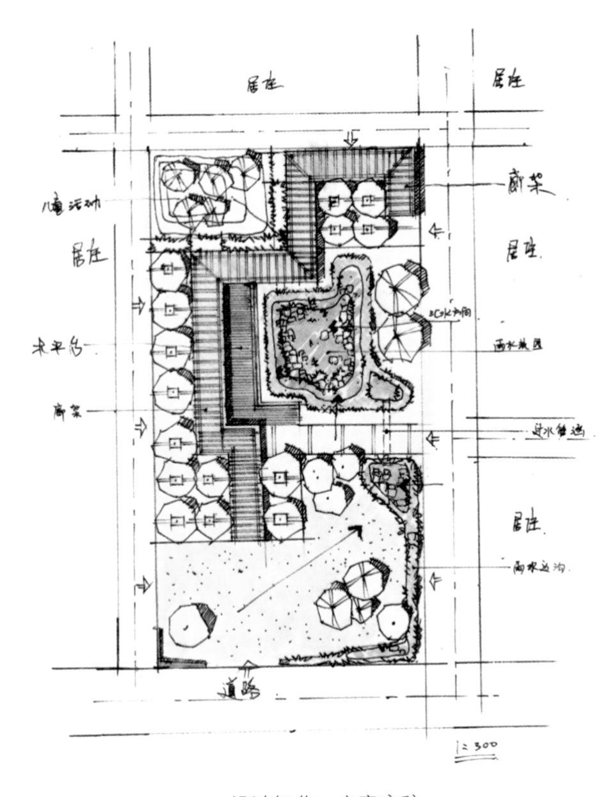

设计细化，方案定稿

图2-48　街旁绿地景观方案设计　作者：李劲柏

2.3.2 附属绿地

附属性是附属绿地的最大特点，通常它不必，甚至不应该具备独立的“品性”，可能没有独立的交通体系、设施体系，甚至没有景观的主体。在功能和审美方面，一般是主体单元（如建筑）的补充和完善。因此，在设计过程中，需要根据具体情况进行准确定位。此外，要在满足功能的基础上尽量保证有效的绿地面积，因为我们设计的是绿地，不是广场。定位不准，将绿地设计成广场是快题设计中最易犯的错误之一。

建筑附属绿地可以简单地理解为建筑周边的或之间的绿地，一般被建筑和道路分割得较为破碎。建筑附属绿地指城市建设用地中绿地之外各类用地中的附属绿化用地，包括居住绿地、道路广场绿地、市政设施绿地、公共设施绿地、工业绿地、仓储绿地、对外交通绿地、特殊绿地等。在一个特定的区域内，如一个校园或某个行政机构的大院内，如出现集中的、面积较大的绿地非常难得，需要综合分析整个区域外部空间。设计过程不仅仅是种几棵树或设计几个雕塑与座椅的问题。简单的物件或者词语拼凑是无法解决问题的，区域内各绿地的形式或功能需要相互的联系与补充。我们对以下几种常见的绿地类型进行解析。

1. 居住绿地设计

首先应对居住区内部各地块进行准确的功能定位，如入口空间、组团核心绿地、交通空间和宅前绿地等。根据各地块的功能定位进行深入的细化设计。居住区绿地使用最多的人群是老人和儿童，要特别布置适宜他们活动和游戏的场所。同时，由于与住宅建筑相接，要考虑建筑的基础绿化，要配合住宅类型、间距大小、层数高低及建筑平面关系等因素综合考虑布置。居住区内各组团绿地既要保持格调的统一，又要在立意构思、布局方式、植物选择等方面做到多样化，在统一中追求变化。组团核心绿地是居民户外活动的核心，需要充分考虑居民日常活动的需求，为居民的公共活动提供相应的场地和设施，场地和设施的多功能性要得到应有的强调（图2–49）。

核心绿地与居住区公园的区别除面积相对较小、功能相对单一外，还在于它更需要营造一个素雅、亲切、安静、祥和的景观环境，提供便捷、实用的功能内容。多以植物造景为主进行布局，主要利用植物组织和分隔空间。宁静的水面、高大的庭荫树、亲切的草坪、舒适的多功能场地是居住环境的主要构成元素，如能适当点缀令人感到亲切和欢快的小品，则更能营造良好的生活氛围（图2–50）。

2. 校园绿地设计

校园功能区划分明确，各功能区相对独立，所以环境整合尤为重要。需要通过附属绿地的设计将各功能区的建筑、户外空间、交通整合成为一个有机统一的整体。

大学校园绿地规划是在高校特定区域内，利用其空间形态、植物配置、园林小品、环境品格、人文景观，运用传统园林学、生态学、环境心理学、行为科学等综合知识，营造符合师生员工行为与精神需求的、优美环境的一门学问，同时也是一项专业工作。

高校中心绿地集中反映和代表该校的整体绿化风貌，具有统率全校绿化的核心作用，并可以直接作为该高校外观形象和一定内涵的标志。校园规划的绿地率较高，结合校园功能区划，一般大学校园绿地分为：教学科研区环境绿地、学生生活区环境绿地、教职工住宅区环境绿地、校园道路绿地等。各个分区绿地应根据其功能特点进行设计。如教学科研区周围绿地主要满足教学、科研、试验和学习需要。绿地应为师生提供一个安静、优美的户外交流和休息环境。对于学生生活区绿地，应创造多种适合于日常生活和户外活动的绿地空间，大学生的集体活动与交流的需求很强，因此应该尽量创造些适合于此类活动的空间，以便于他们进行集体活动、演讲、小型演出等。此外，校园主楼户外环境绿化应突出学校特色，反映校园的文化气质，如体现学校的历史、专业特征、文化特征等。

大学校园绿地是专属于大学使用的绿地，是独立于城市的封闭系统。但由于大学占地面积较大（从几公顷到十几公顷，甚至数十公顷），绿地所占比例一般也比较

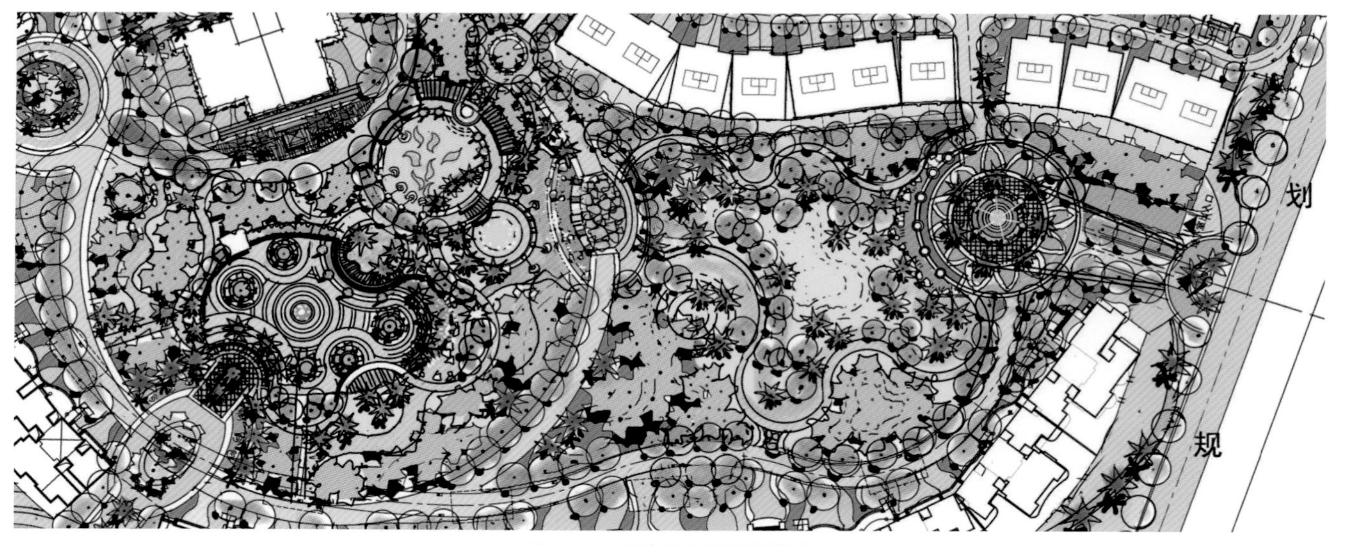

图2–49 居住区公园绿地设计

大，因而对其周边环境及景观的影响也很明显。它属于城市园林绿地系统中“点、线、面”中“面”的部分，它与城市绿地系统中其他部分一起发挥着绿化所特有的美化、净化、改善环境和保护环境的作用，突出人文氛围，通过特色广场设计来体现校园深厚的历史文化底蕴。以人为本，人是环境中最活跃的景观因素，规划中始终将人的校内活动作为景观向外界展示，使校内的学习氛围融入到校内景观中来，展示出学校的魅力（图2-51、图2-52）。

3. 商务办公绿地设计

商务办公绿地一般包括：办公楼前区、庭园区、屋顶花园（图2-53）等。商务外环境的整体绿化设计应具有该企业特有的文化和内涵，各区之间应合理布局，形成系统，并在构图上形成统一的风格。同时，作为附属绿地，在与主体建筑协调的同时，也要与周边景观相呼应。多数商务活动区融商务活动与办公为一体，其环境不仅是员工交流和休息的场所，更多的是作为公共空间而存在。外环境需要很强的公共性与开放性，所以一般具有较大的铺装面积。对于以办公为主的商务外环境，其空间具有内向而私密的特点，主要供公司内部人员及访客使用，形式常常具有很强的个性。

4. 庭院绿地设计

庭院是附属绿地中一类很特殊的绿地，因此单独阐述。庭院最主要的特征是封闭性，四周被建筑物或构筑物围合，一般面积较小，因此设计时内部空间构成一般简明，通常为一至多个空间单元的组合，关键是塑造空间的特色和趣味性。在深入设计时，需控制好尺度和细部设计。此外，庭院和周围建筑的关系也是处理的重点，包括出入口、室内观赏点、风格的协调以及从建筑上鸟瞰的效果等（图2-54）。同时，功能定位应准确，当同时有多个庭院时，各自准确的定位和相互之间的互补更为重要，或为交通空间，或为展示空间，或为建筑内人员提供室外的休息和交流空间等。

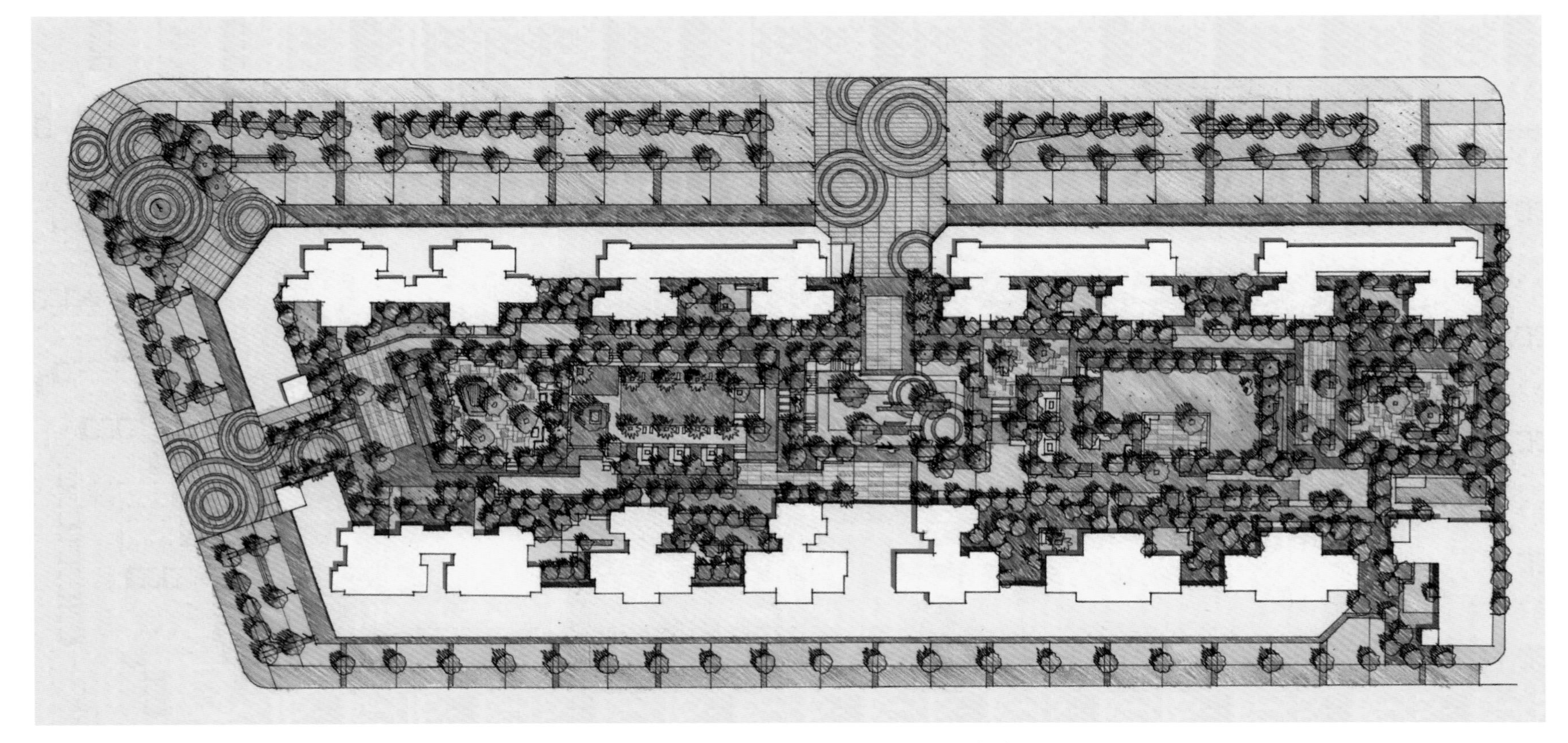

图2-50　居住区景观组团核心绿地设计　作者：郭盛

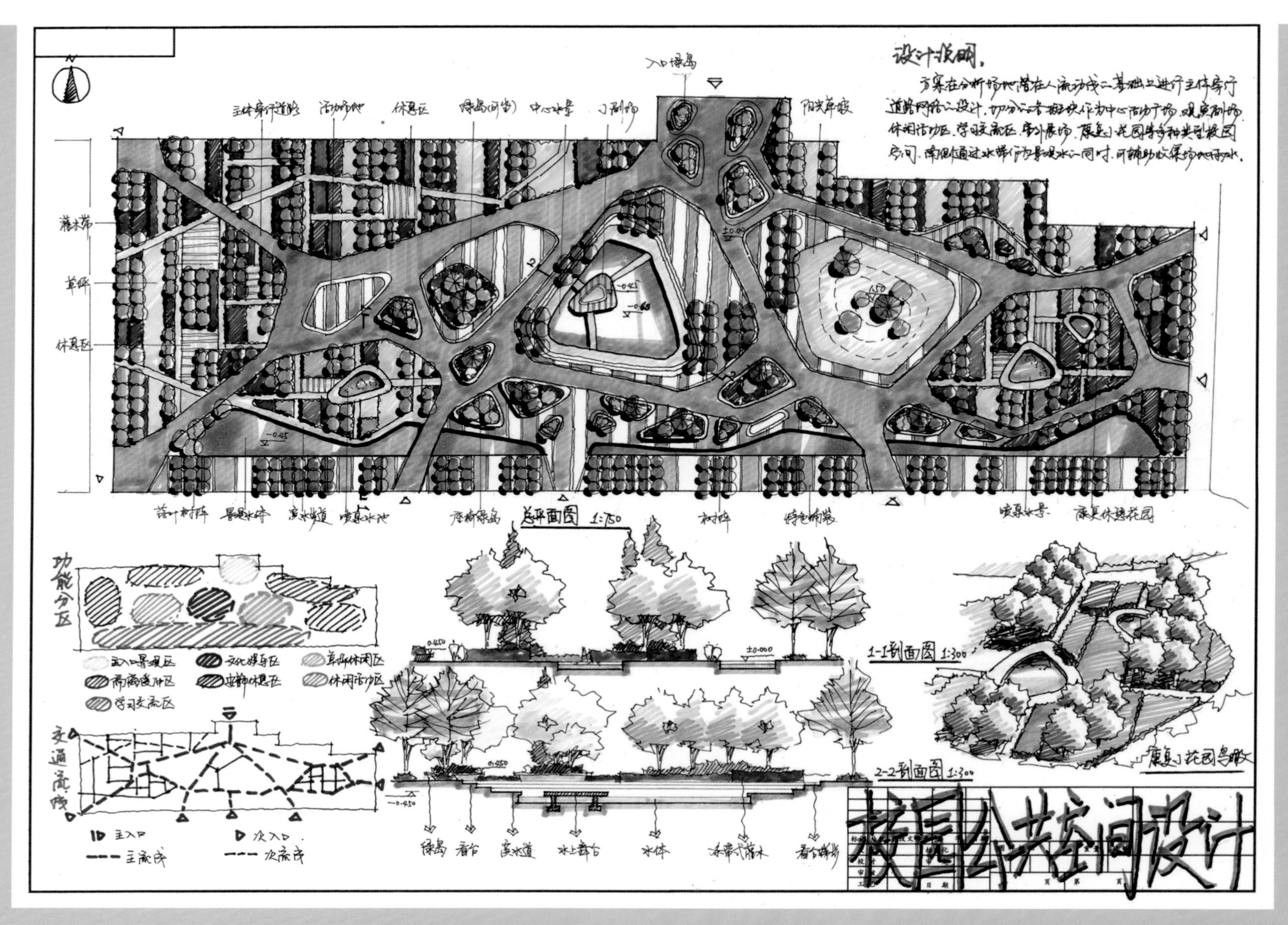

本案充分利用空间，满足学生休闲活动、小型演讲的集散活动空间

图2-51 大学校园景观快题设计之一 作者：刘克华

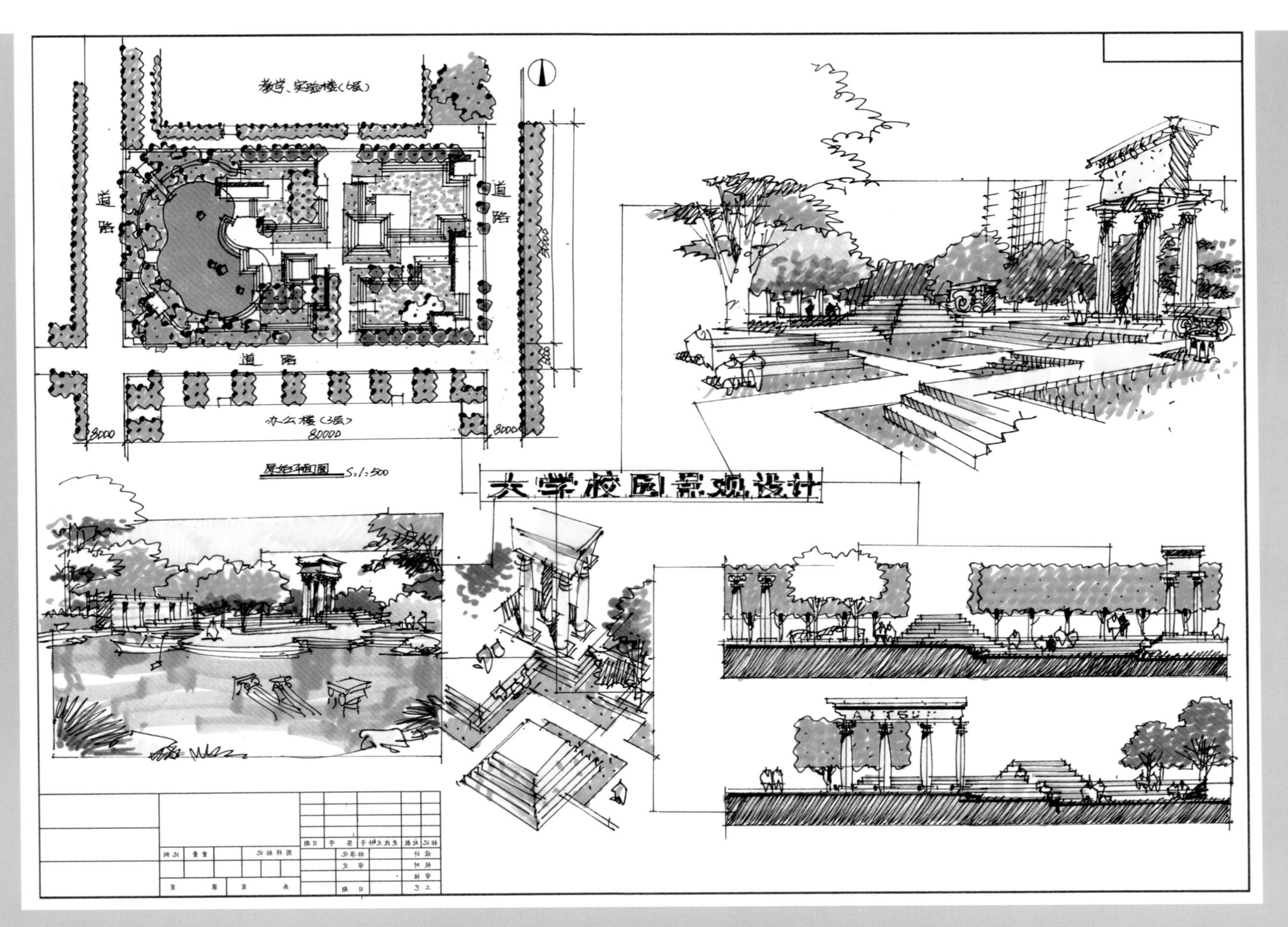

本案在充分保留原有地形的基础上突出校园的文化人文氛围，体现了校园的文化特征与内涵，展现校园的魅力

图2-52　大学校园景观快题设计之二　作者：王珂

图2-53 屋顶花园景观快题设计 作者：邓蒲兵

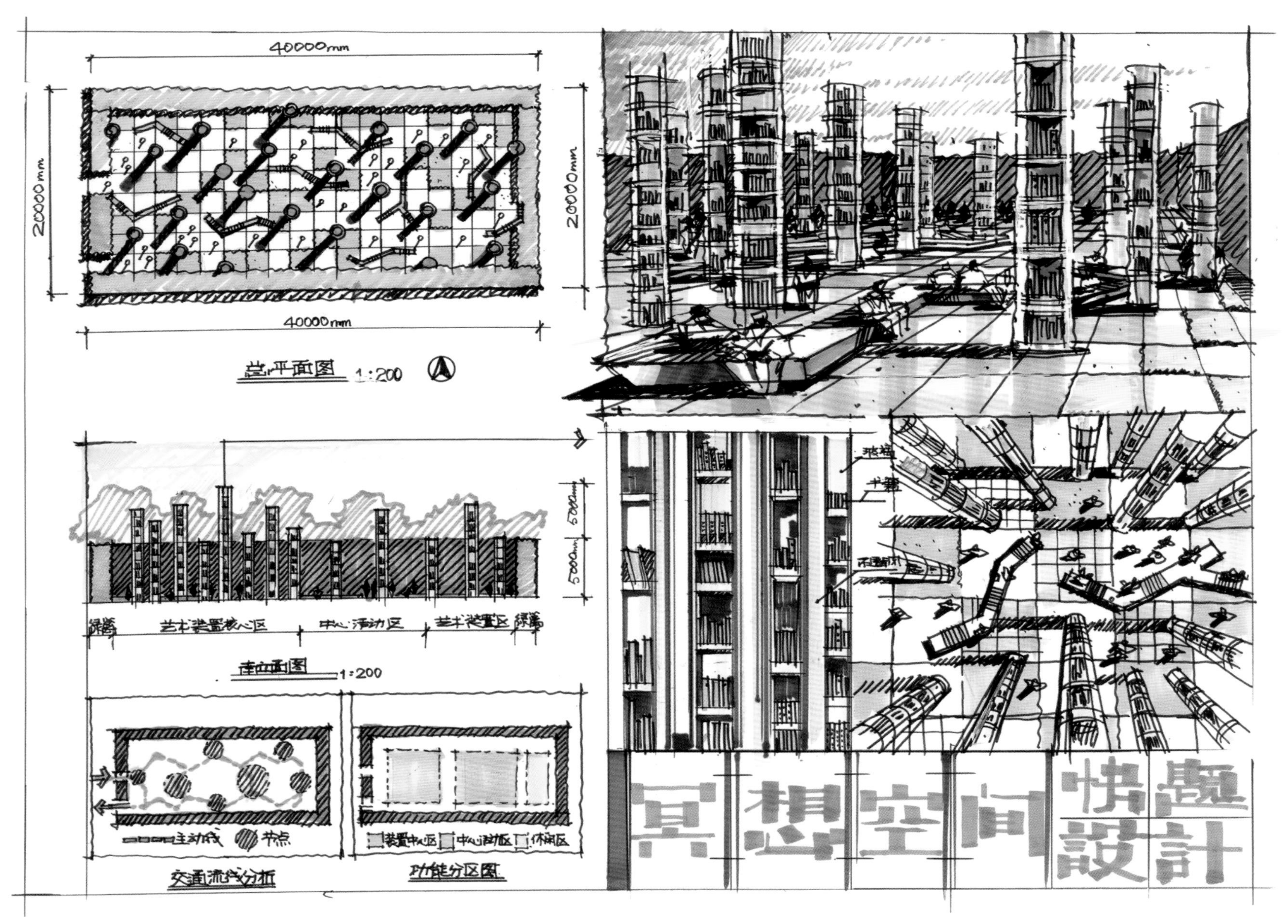

图2-54　庭院景观快题设计　作者：柏影

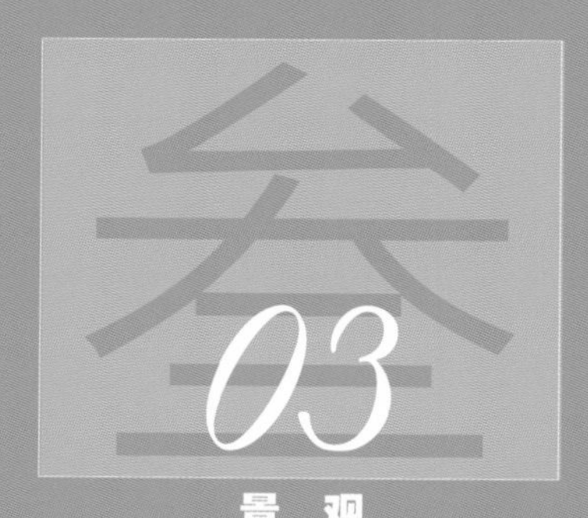

景 观

快 题 范 例 解 析

景观快题表现与方法

LANDSCAPE ARCHITECTURE SKETCH DESIGN

3.1 基本工具

在整个方案设计过程中，徒手表达是完成设计最理想的方式，其绘图工具也便于携带。通过手绘这一方式充分地调动了手、脑、眼之间的配合与协调，使其相互启发，而且能够在短时间内绘制出多种方案设计草图。在快题考试中，徒手表达作为唯一的方法，除了要完成构思草图，还需要将最终的成果在图纸上面清晰地表达出来，因此熟练的表现技巧至关重要。

对于考研的同学来说，尽量携带平时熟悉的笔，不要在考试之前更换工具。每个工具都有自己的特点，每个人都有自己的喜好，只要自己用得顺手就好。在平时的教学过程中，笔者总结出一些比较常用、好用的工具（图3-1），下面就介绍一下。

1. 笔类

笔的品种比较多，对于快题考试而言，一般只需要准备铅笔、墨线笔、马克笔、彩铅即可。

（1）铅笔。一般用2B铅笔比较好，相对比较软，便于擦除在纸上的痕迹。自动铅笔也尽量选择2B的，太硬容易伤纸也不利于后期擦除。

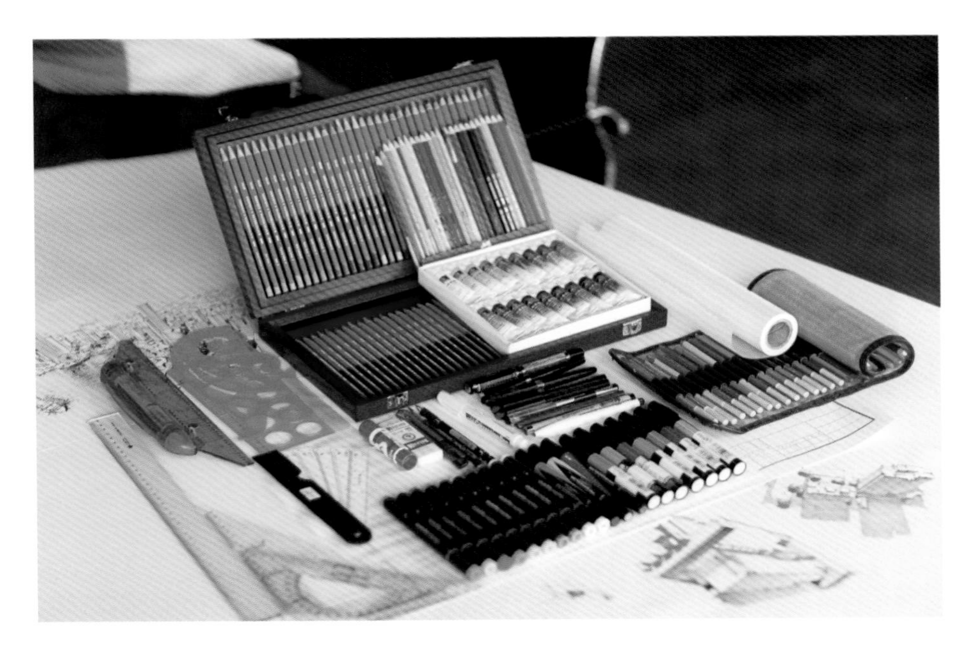

图3-1　手绘设计表现全套工具

（2）墨线笔。可以准备不同粗细类型的黑线笔（图3-2），把握几个基本原则：①墨线干得快，不会弄脏画面；②墨线碰见马克笔不散开；③出水流畅。

一般选择3种粗细的型号，细笔用来绘制线稿的初稿，中号用来局部加深线条的虚实，粗笔用来绘制投影与暗面，这样既能够快速地把画面的线形分开，也能够达到快速表现的效果。一般来说晨光小红帽（细）、韩国慕娜美的草图笔（中号）、雄狮草图笔（粗）3种不同粗细的草图笔就基本够用。

图3-2　4种不同粗细墨线笔的范例图

（3）马克笔。如AD、斯塔2400、遵爵，低端的有斯塔3203等。

马克笔作为快速表现常用的一种工具，一般考试使用油性马克笔为主，干得快、色泽鲜艳，画面效果清爽明快，是作为快速表现最理想的工具。马克笔的品牌非常多，要尽量使用自己熟悉的品牌以保证手感。对于考试来说，在笔的选择上可以根据自己的经济能力适当搭配一下。每种类型的笔都有其自身的优势，一般来说，常用的一些绿色与蓝色可以选择AD牌，其他的可以选择斯塔3203，这样搭配用起来会更加顺手（图3-3）。

（4）彩铅。作为一种常见的表现工具，具有其独特的一面。相对马克笔而言，彩铅更加容易掌握，也有独特的画面效果。在平时的练习过程中，主要是配合马克笔一起使用。彩铅常用的品牌有辉柏嘉等。

2. 尺规类

在考试前，尺规一定要带齐全。合理地使用尺规会让整个画面感觉更加规整，也能够在一定程度上提高我们的作图速度。在方案构思的时候一般不会用到太多的尺规，但是在深化方案阶段难免会用到比例尺、圆模板等工具（图3-4）。

（1）比例尺。一般分为三角形和扇形，三角形比例尺有6套刻度，扇形比例尺便于携带，但长度不足，建议考试时两者都带。在草图阶段不太会用到比例尺，但是整个排版过程中需要用比例尺来确定整个版式的构图，同时在深化方案过程中需要用比例尺来完善平面图、立面图。

（2）平行尺。平行尺具备直尺的功能，还具备一个优点就是能够快速准确地画出平行的线条，特别是在绘制平面图时用得比较多。

（3）圆模板。模板一般用在绘制平面图时，特别是在绘制植物平面图时，圆模板使用起来特别高效，而且画面效果也很好。

（4）曲线板与蛇形尺。在景观设计中，经常会用到优美的曲线，没有经过长时间的训练就很难把曲线绘制得非常优美，这个时候就可以借助曲线板或者蛇形尺。曲线板有多重弧度曲线可以使用，一般利用曲线板的多段曲线合并而成。

考试时不要太在意徒手或者尺规，只要能快速地达到最佳的效果，各种方法都可以使用。一般来说，徒手加尺规的效果与速度最佳，一定要选择适合自己的绘图方式。

3. 纸张与其他工具

除了上面所说的笔和尺规类工具之外，还需要适当地准备以下一些工具：纸胶带、橡皮、修正液、绘图板等，虽然用得不多，但是缺的话也会影响到考试心情。纸张的类型也有很多，考试时一般会使用绘图纸（图3-5），所以需要在考试之前多使用绘图纸，以便能够适应其特点。

在平时的练习过程中，用纸主要包括普通的白纸、有色纸、硫酸纸3种。

纸胶带：纸胶带在使用过程中不会损伤画面和纸张。

橡皮与修正液：橡皮用来擦除铅笔或者彩铅的痕迹。修正液对于处理画面画错的地方以及局部的高光表现都非常有效。

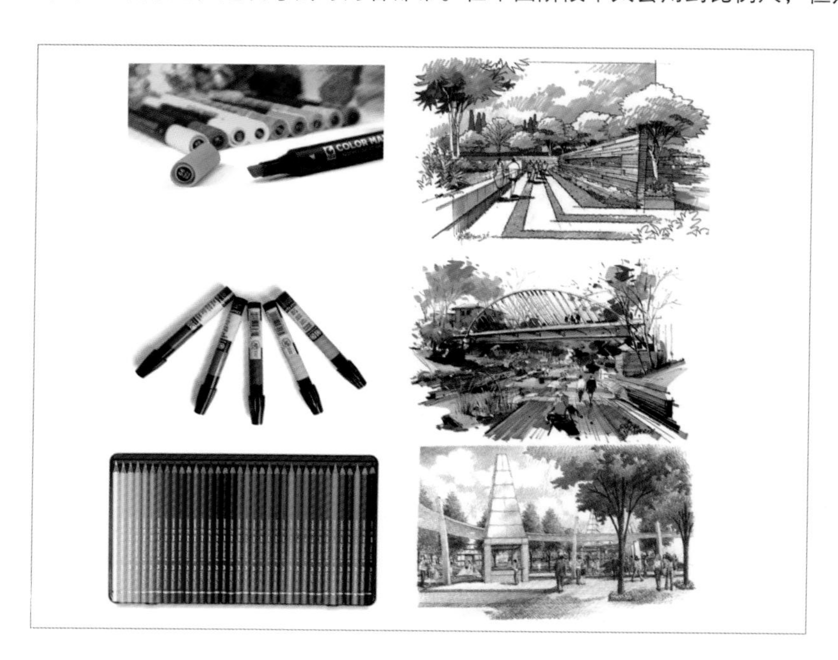

图3-3　3种上色工具表现的效果

图3-4　常用尺规类工具

图3-5　常用纸类工具

3.2　表现成果

快题设计的成果要简洁、明确、概括，以精练的图示展示出思维活动的部分。在不同的阶段对于图纸要求也不一样。所有的方案设计都是从草图阶段开始的，所以在草图设计阶段，一旦出现灵感，就要快速表现出来，绘出概念草图。在概念草图阶段可以奔放自由，以狂草的形式出现都可以，只要自己能够看清楚即可。随着方案的不断深入，原来模糊的印象也慢慢清晰起来，这个阶段作为最终的设计成果，需要满足交流与沟通的需要，应该清晰明了。在快题设计备考的过程中，只要掌握了合适的方法，便可以在短期内有很大的能力提升。

完整的快题设计一般会包含总平面图、设计说明、分析图、立面图与剖面图、节点详图、透视图、鸟瞰图、版式设计等图纸内容。下面我们依次介绍不同类型图纸表现的要点与方法。

3.3　总平面图

在景观快题考试中，总平面图是阅卷老师对方案的第一印象，它集中表达了设计者的场地构思，也是所有图纸中含金量最高的一张，其他的图纸都是围绕总平面图来展开的。对于考试而言，总平面图的重要性不言而喻。阅卷老师在评图时一般先从总平面图的功能与形式上开始分析，场地划分、功能布局、景观特点都会通过总平面图来体现，从中发现问题。因此总平面图的优劣直接影响着卷面的整体分数。

总平面图用以表达一定区域范围内场地设计内容的总体面貌，同时反映了景观环境各个部分之间的空间组合形式和规模（图3-6）。总平面图的具体内容包括以下几个方面：

（1）表明规划设计场地的边界范围及周边环境的用地状况。

（2）表达对原有场地地形地貌等自然状况的改造内容和增加内容。

（3）在一定比例尺下，表达场地内部建筑、构筑物、道路、水体、地下或架空管线的位置和外轮廓。

（4）在一定比例尺下，表达园林植物的空间种植形式与空间位置。

（5）在一定比例尺下，表达场地内部的设计等高线位置及参数，以及构筑物、平台、道路交叉点等位置的竖向坐标。

除了上述5项内容之外，总平面图还要包括构筑物的具体范围和平面空间形态、小品设施、铺装纹样、乔木灌木，以及地被的配置情况等综合信息。

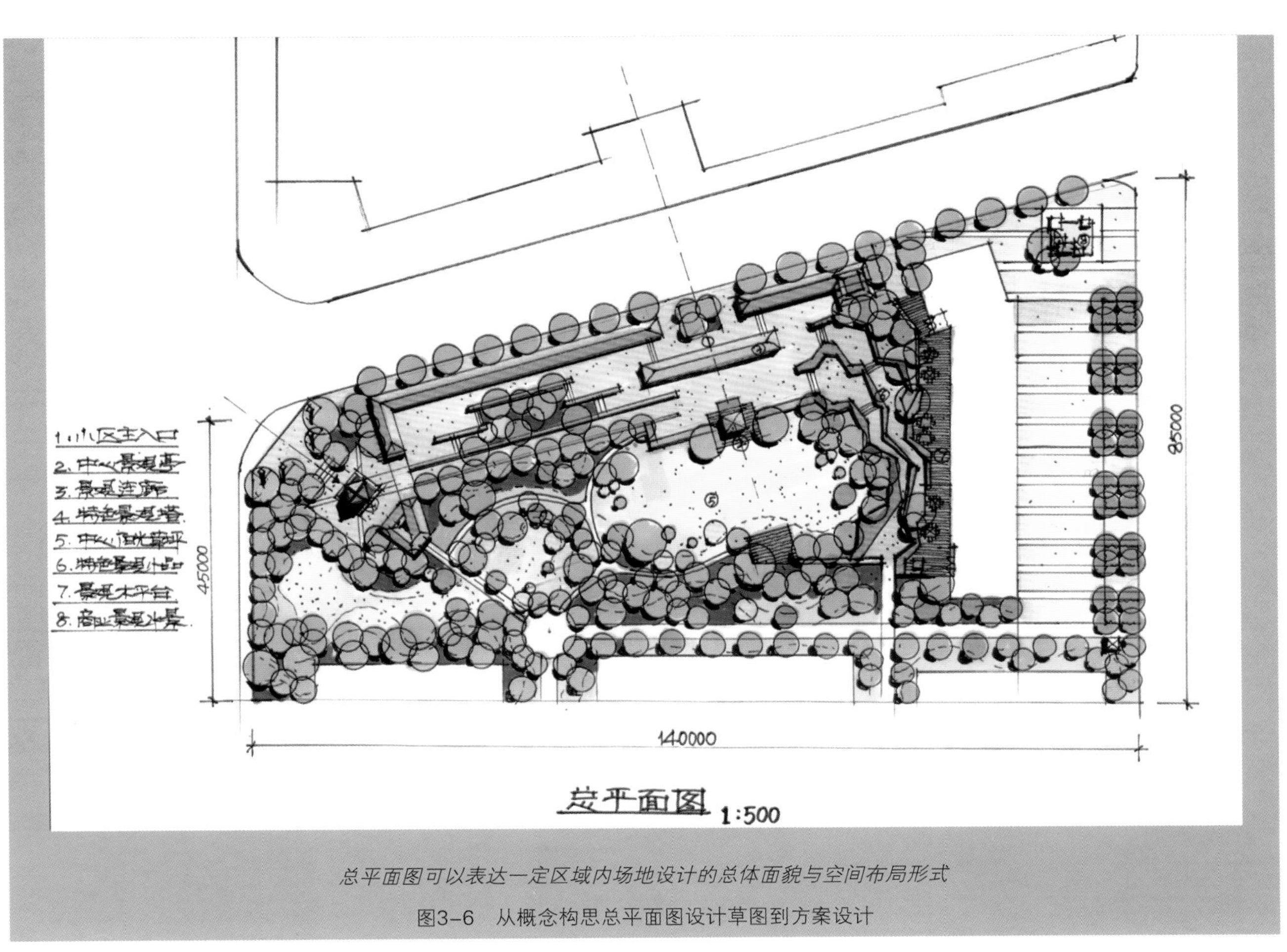

总平面图可以表达一定区域内场地设计的总体面貌与空间布局形式

图3-6　从概念构思总平面图设计草图到方案设计

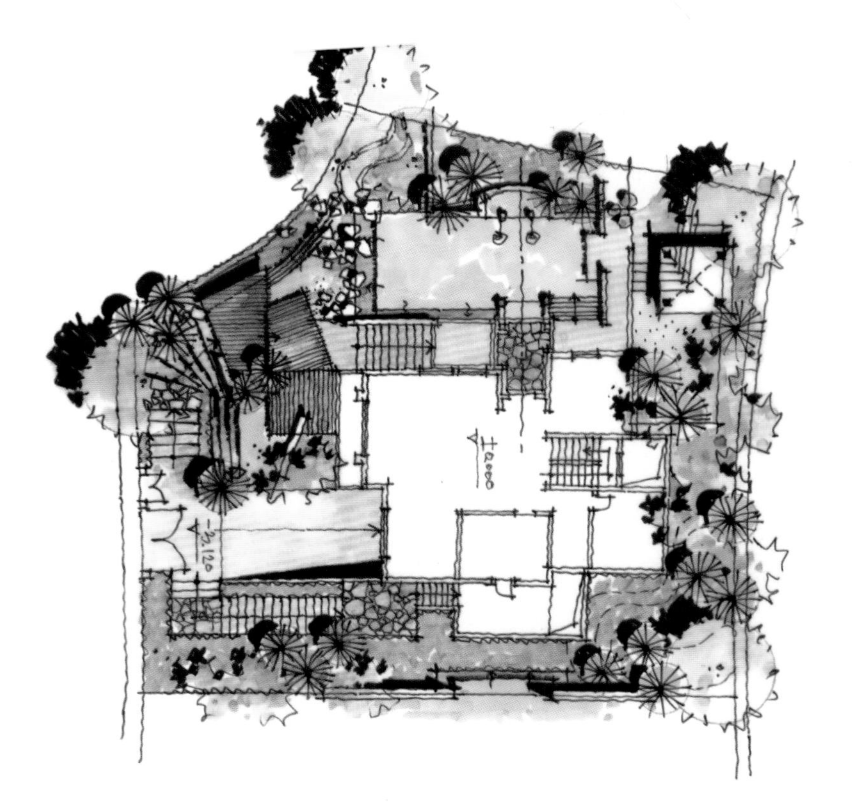

3.3.1 水面

总平面中的水面分为规则水面表现和不规则水面表现。规则水面表现手法比较简单，重点记住水体轮廓线要加粗，其他部分可以通过上色来体现（图3-7）。若时间紧张，可以将水体轮廓线按照光影的方向进行加粗，表现出画面的层次关系以及跌水的高差关系即可，避免画面杂乱。不规则水面水体的轮廓线要加粗，再用细线将水面的等深线画出，水体轮廓线及驳岸岸线内侧画1～3条不同深度的等深线，这种画法的好处是可以清晰地表达岸线的深度和情况，同时，等深线也增加了画面的表现力（图3-8）。

3.3.2 场地竖向

景观总平面图中，场地竖向设计主要有两种表达方式：等高线法和高程标注法，必要时需要两者结合，主要取决于场地本身的地形状况。也有一些设计题目在平整的场地上引入地形进行设计，以地形塑造作为设计的主体，形成空间。

等高线法是最基础的形式，以某个水平面为基本面（图3-9）。绘制等高线最重要的一点是所有等高线均要闭合，只有遇到挡土墙等构筑物或相对陡峭的垂直面时才会断开或相交，设计等高线的等高距在0.25～1m，也有部分题目规定等高距，一般山体多用等高线法。

高程标注法比较直接，一般是在关键点用十字或圆点标注该点的标高，一般标注点到参考面的高程，数字精确到小数点后两位，常规的标注点为构筑物室内外、道路交叉口、水面、坡顶等，通常标高标注均以米为单位（图3-10）。

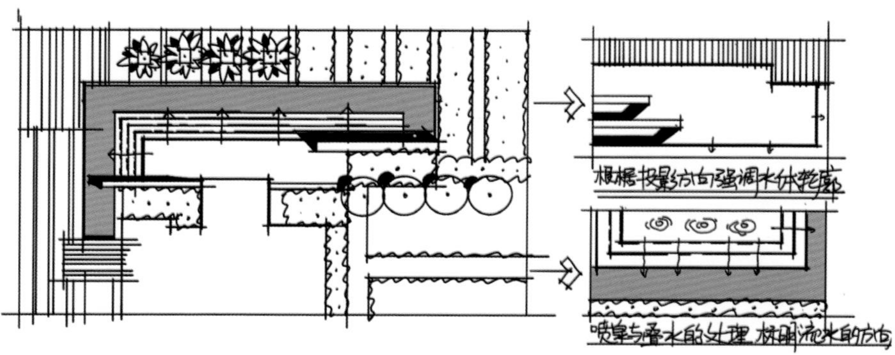

水体轮廓线要加粗，标注出水流方向

图3-7 规则水面的表现

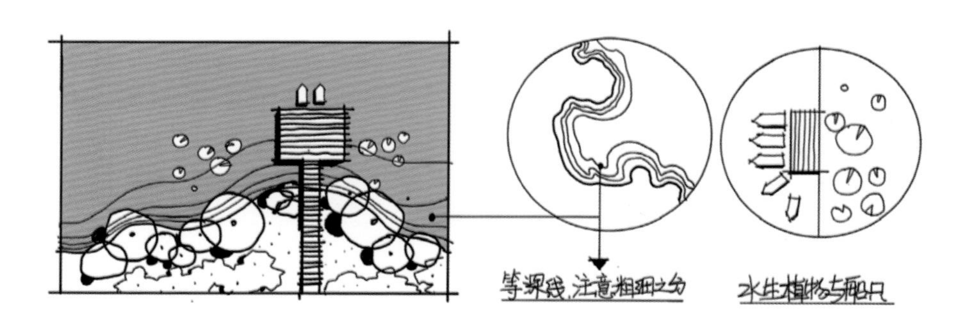

水体轮廓线要加粗，再用细线将水面的等深线画出

图3-8 不规则水面的表现

图3-9　等高线法

图3-10　高程标注法

3.3.3 不同尺度平面图表现要点

一般情况下，对于比例尺大于等于1：500的图面需要对植物进行单株标示，只需要表现出乔、灌、草3个层次的植物种类和基本配置方式即可（图3-11），同时也可以用色彩的变化表达植物季相的不同（常绿、落叶）。

在比例尺小于1：1000的图纸上只要标示出植物的空间形态与边界即可，同时以不同色彩区分植物的季相变化及疏密种植的形式（图3-12）。

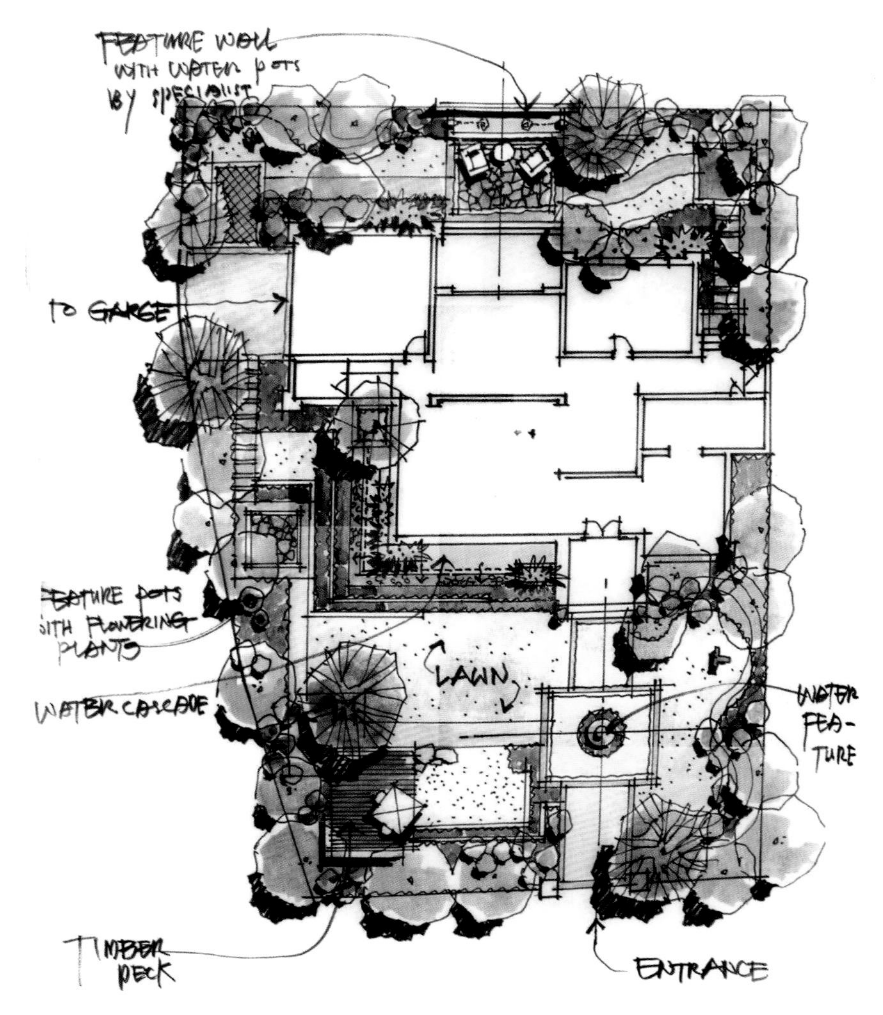

植物图例表达相对细致，要区分出基本的植物类别。注意投影的方向统一，根据高度的不同决定投影的大小

图3-11　小尺度空间平面图范例

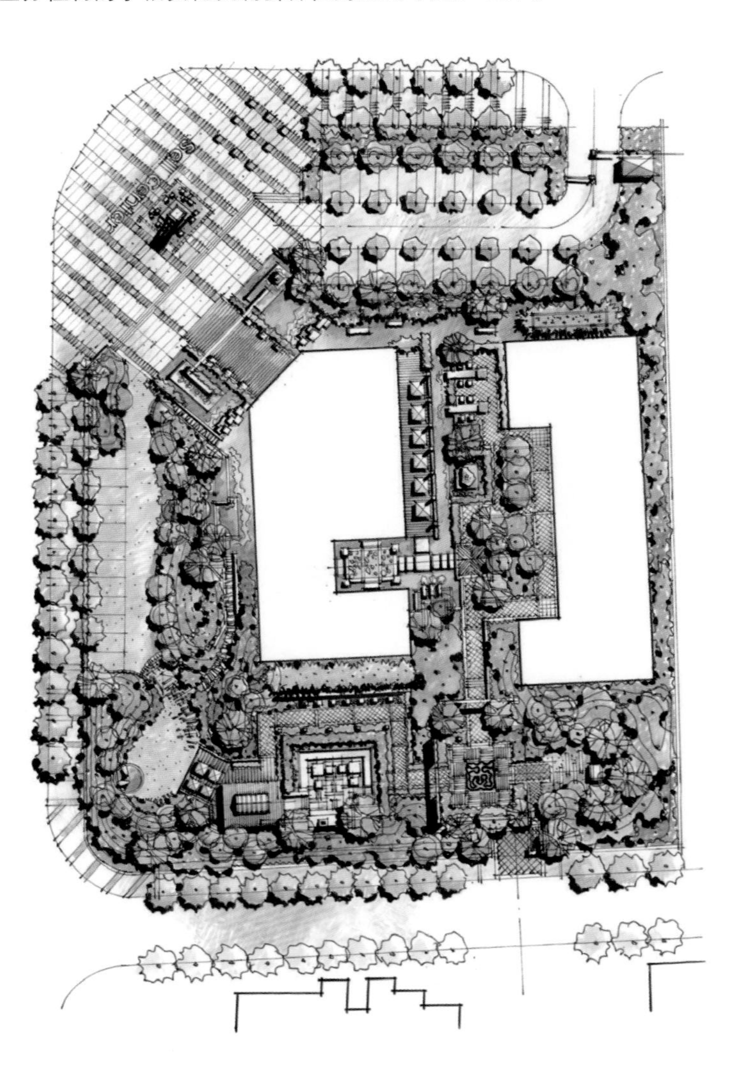

植物图例表达相对概括，区分出不同的植物类型即可

图3-12　中尺度空间平面图范例

3.3.4 常见的景观图例快速表现方法

总平面图中的植物设计体现在空间的塑造上。植物设计是空间形成的重要组成，需要符合整体布局上的空间逻辑要求，而不是总平面的空间点缀。 在快题考试中，重点考查的是学生的思维能力以及对于专业知识的掌握情况，所以总平面图上利用几个大致的颜色把整体关系区分出来即可，局部点缀一些有色植物，重点孤植的植物可重点刻画。有些园林专业的同学特别注重不同植物图例的表现，每一种植物图例都表现得非常深入，这样往往耗时太多，破坏整体感。一般来说，总平面图上只要能区分出乔木、灌木、花草、棕榈、常绿与落叶植物即可，如有专项的种植设计时可详细设计并具体到树种。

熟悉常见的景观图例画法是我们能够快速准确、专业地进行图纸绘制的前提。总平面图中的植物是根据植物的形态特征进行抽象化的表达。常见的植物平面线稿画法主要包括阔叶植物类、针叶植物类、绿篱、灌木丛等，植物的大小应根据植物的种类按冠幅成比例地绘制，保证基本合理即可。

植物在平面图中用色以绿色调为主，对于需要重点描绘的单体树可以选用紫色或橘黄色来突出其表现力，但一张图中不宜选用过多的颜色，颜色过多容易失去统一感。如果对于基本的平面元素图例都不能准确把握，那么总平面图就很难达到理想的效果。常用的图例包括亭廊组合、景观花坛、建筑屋顶平面、台阶、水景、座椅、道路等。

图3-13~图3-17为典型的景观图例表现方式。

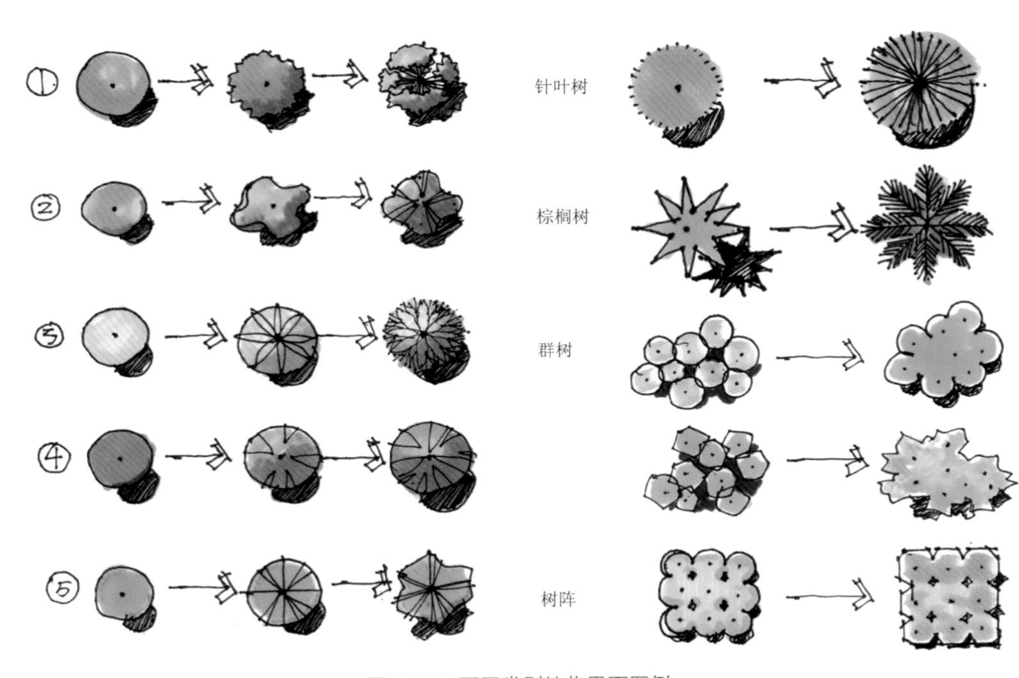

图3-13　不同类别植物平面图例

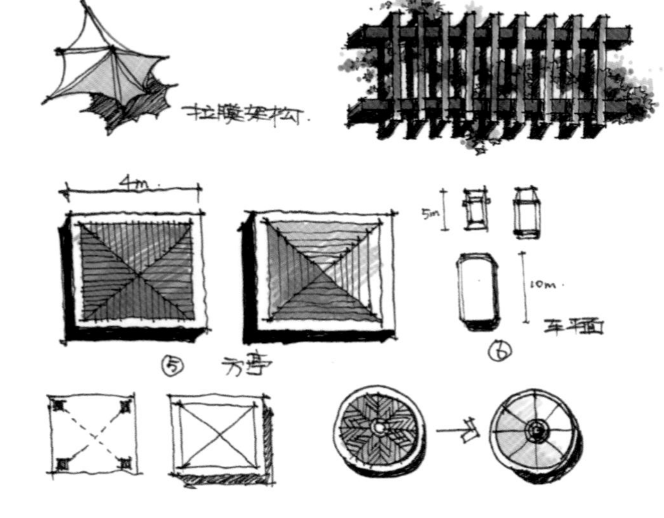

图3-14　景观构架平面图例

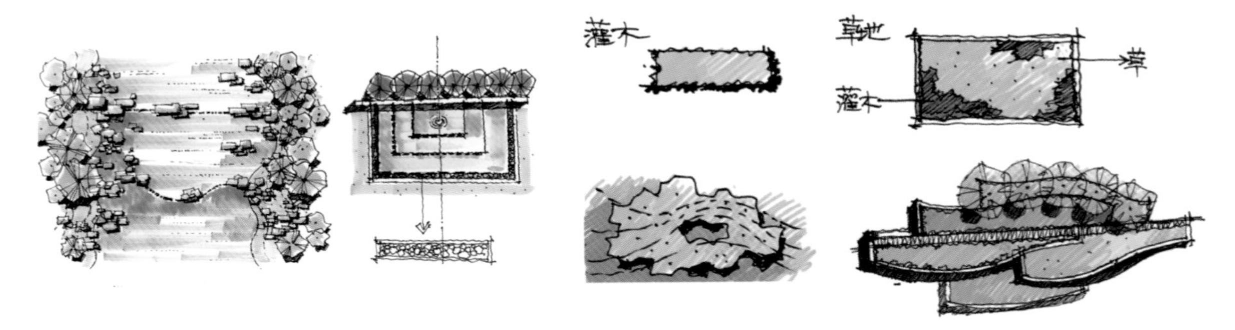

图3-15　景观水景平面图例

图3-16　灌木花坛平面图例

掌握一些常见的植物表现图例，可以使效果图的表现更加快速高效

图3-17　植物表现图例

3.3.5 比例与标注方法

考试时不能像平时的方案草图设计那么随意，需要严格按照考试的要求来进行，所以在绘制平面图时一定不能忘记指北针、比例尺、图例说明等要素。一般图纸都是以上方为北，即使倾斜也不宜超过45° ，指北针以简洁的图例为宜。

比例尺有数字比例尺、图形比例尺两种。图形比例尺的优点在于会随着画面与原图一起缩放，便于量算，最好两种都标注上，便于读图。图形比例尺一般结合指北针一起来画，其他还要注意风向标、等高线、图例、图名、剖切符号、平面标注等。

不同尺度、比例和要求的场地平面表现最好在总平面图中添加平面标注，既是完善设计思考的重要环节，也是反映设计图纸成熟度的重要指标。在平面图纸绘制中，均匀、美观、准确、清晰的平面对象标注，不仅能增强阅图者的理解力，也是平衡版面的重要元素。图纸标注一般有3种方法：引线标注法、图例标注法和直接标注法。

（1）引线标注法：把设计内容用引线引出，并排列标注出对象的内容，多见于设计内容不太复杂的平面（图3-18）。切忌标注混乱模糊，引线交叉，文字行与行之间交错不对齐，文字与引线太大、太粗，干扰识图。所有的字体都是图面的组成部分，最好工整严格地与总图互为补充，均衡构图。

（2）图例标注法：在平面图中对重要节点与设计内容编号，在空白边缘处按编号排列所示名称与内容（图3-19）。多见于设计内容较多的总平面标注，但耗时较长，不建议在快题考试中大量使用。

（3）直接标注法：直接标注与设计对象内容有关的信息，但要求标注内容简洁明了，不会影响到设计内容的识别（图3-20）。

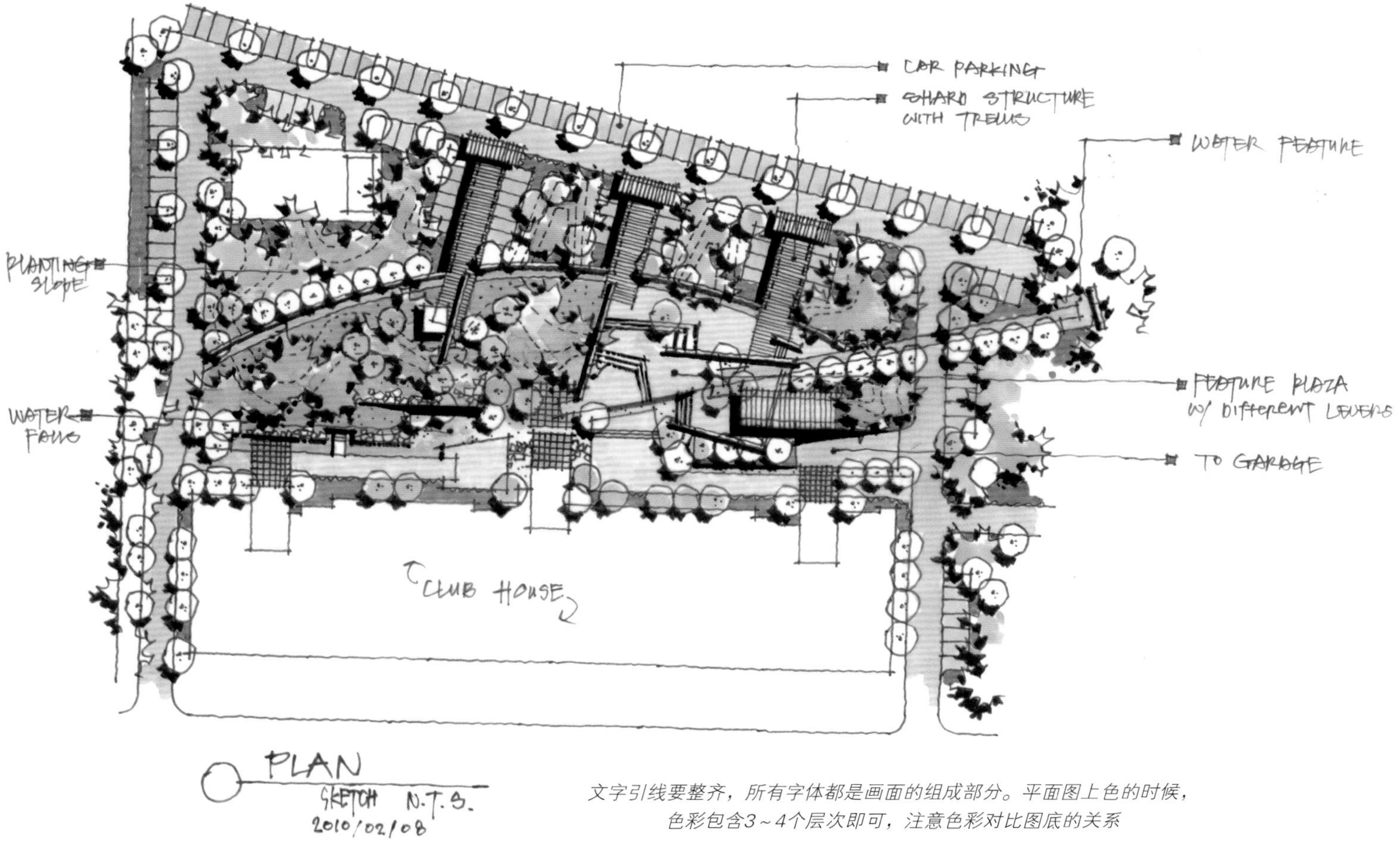

文字引线要整齐，所有字体都是画面的组成部分。平面图上色的时候，色彩包含3～4个层次即可，注意色彩对比图底的关系

图3-18 引线标注法

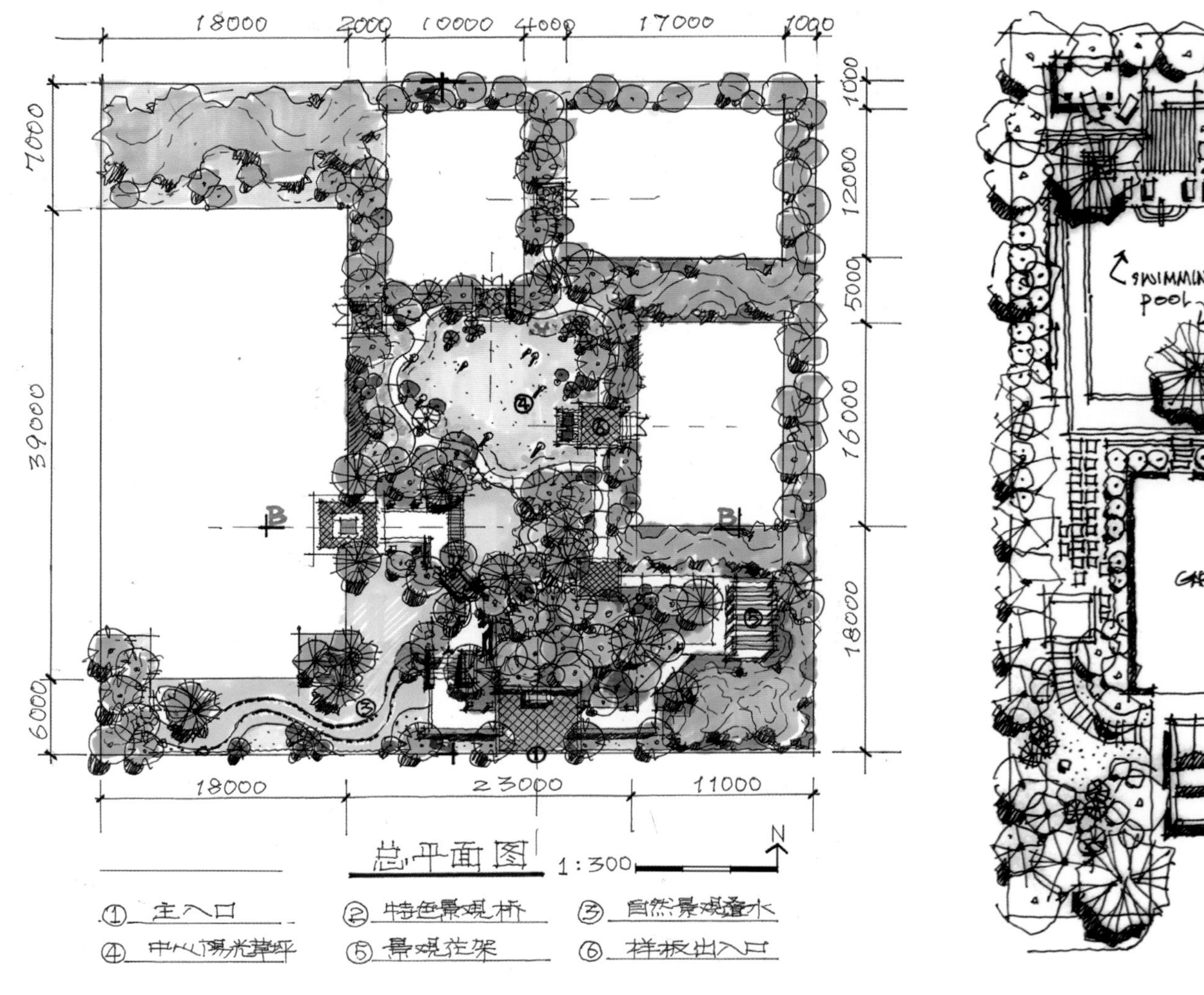

图3-19 图例标注法

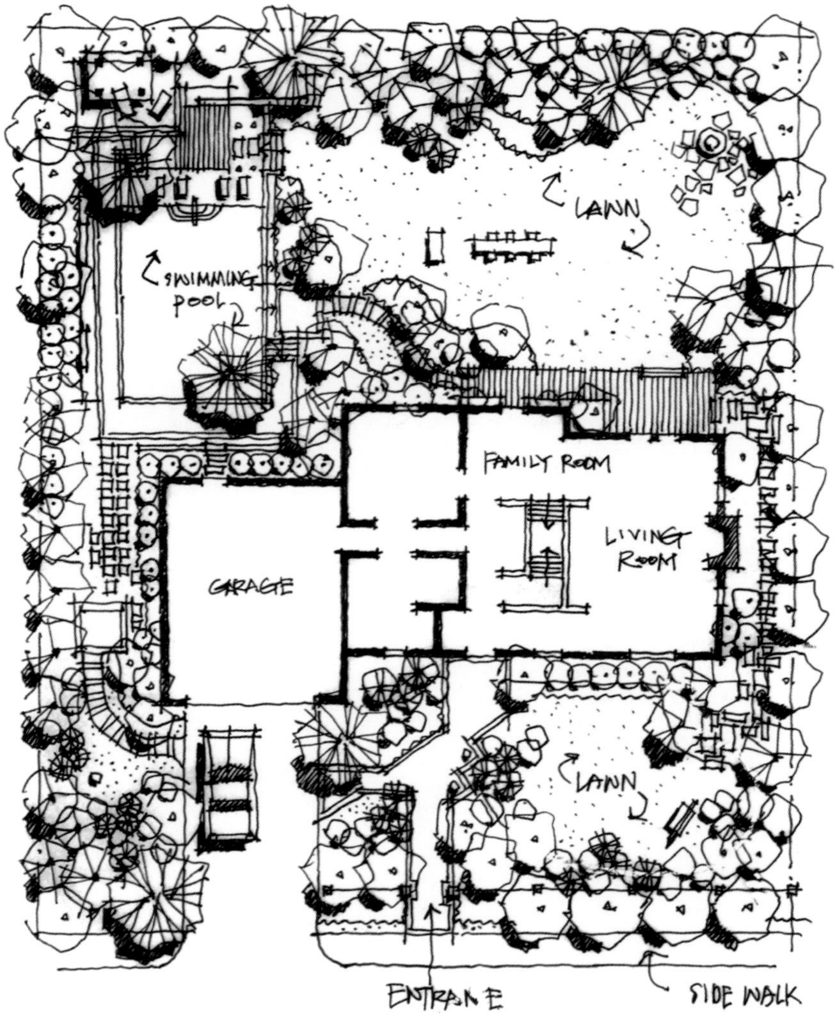

SWIMMING POOL
LAWN
FAMILY ROOM
LIVING ROOM
GARAGE
LAWN
ENTRANCE
SIDE WALK

图3-20 直接标注法

3.3.6　平面图快速表现方法解析

在总平面图中，素描关系是表现的骨架，可以不上色，但务必要表现阴影，反映高差关系，增加图面层次。

图面比例不同，需要表现的深度也不同，且各种景观要素表现方式不同，要熟悉快题设计中常用比例下平面图的表现要领。

一般来说，在画平面图的时候要统一阴影的方向，一般采取斜45° 来绘制，左上角的光源照射下来。其次，进行平面图绘制的时候需要注意线形的关系变化。

在表现图中，短时间内很难把画面绘制得十分细致，通常需要把图中的重要场地和元素绘制得相对细致，一般的元素则采取简明的绘制方式，用于烘托重点，同时节约时间。

上色后更能够体现出整体的画面效果与层次关系，如果平时能够掌握好相关的色彩习惯搭配，考试时可以直接套用，又快又有效果，色彩有3～4个层次即可，要注意色彩对比的关系。

图3-21为彩色平面图上色步骤分析案例。

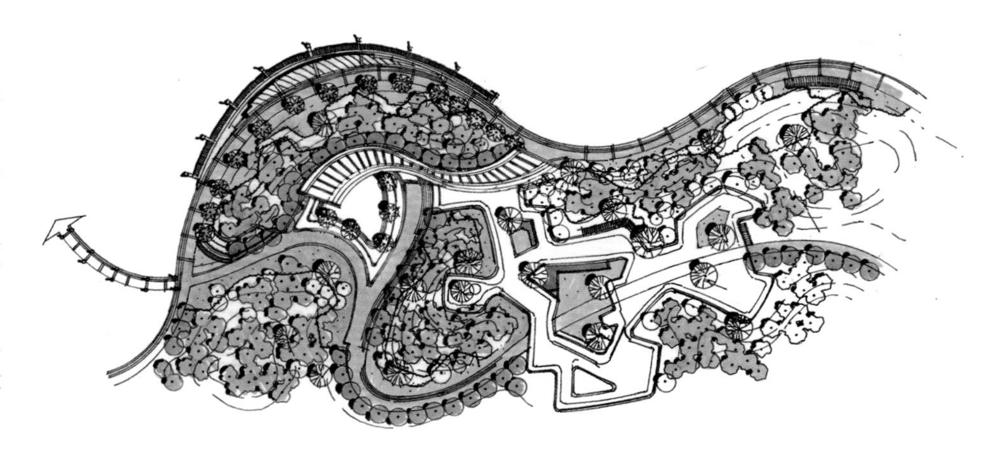

步骤二：平面图的上色

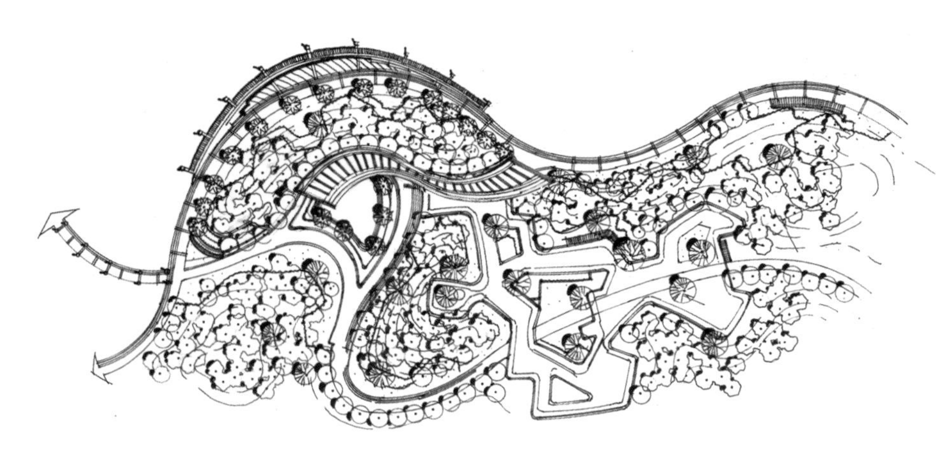

步骤一：平面图线稿表现

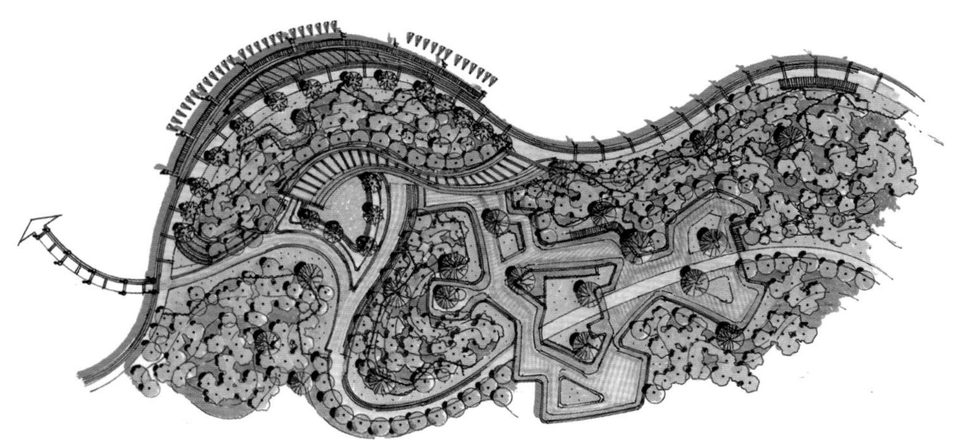

步骤三：完善平面图

图3-21　西海半岛游艇会所度假酒店　作者：魏军

3.4 立面图、剖面图

立面图和剖面图是对平面图的一个补充说明，在平面图上面很难反映出竖向的高度变化，通过立面图或者剖面图的表达，可以更加准确地反映出整个设计的意图与要点。一般来说，平面图、立面图、剖面图的表现是同时进行的，思考推敲修改，相互参照，最终完成整体的方案设计。但是在考试时往往没有太多的修改时间，通常是经过简单的构思之后就开始进行平面图的绘制，接着就是立面图、剖面图。在画立面图、剖面图的时候往往会发现平面图上的一切缺憾，但是考试时没有太多的时间进行修改平面图，这就需要尽力通过优化立面图与剖面图来弥补缺憾了。一般情况下，立面图或者剖面图与平面图出入不大可以被接受，毕竟这只是一个概念方案，更多的是展示方案设计的优点与设计的深度。

所以，在景观设计中，立面和竖向的处理也是非常重要的一个环节，设计者常用剖面图表达这两项内容。剖面图借助界面剖线反映各个设计要素，如地形、水体、植物等。剖面图能清晰地反映竖向关系、细部做法等，阅图者能通过剖面的解读建立竖向高度上的空间概念以及不同高度空间平面上的衔接关系。在很多情况下，尤其是竖向高程变化较为明显的或者以地形整合为主体设计的景观空间，立面图和剖面图是验证平面结构是否合理、空间尺度是否合适以及深化细节设计的方式和方法。

在快题考试中，要准确地把握空间的尺度关系和前后的层次关系，一般包括前景、中景、远景3个层次足矣，加上背景更好，同时能够准确表达不同高程位置上的设计内容。

要准确地表达不同景观元素的形态特征和色彩特征，植物表达注意整体的形态特征与尺度即可。此外，一定要注意尺度上的比例关系，在表达中，可以根据设计的具体情况具体分析，在立面、剖面中加入配景素材，使主体空间更加完善丰富。

在快题考试中，要尽量选择最有代表性的立面和剖面，以便更好地展现我们的设计。切忌不能为了节约时间而选择一些比较简单的地方去画剖面图。

在平时的练习过程中，选择最有代表性的平面图、立面图和剖面图进行训练，平、立、剖图纸应当安排在一张纸上利于绘制与读图。如果总平面图与剖面图是水平的，那么直接在下方进行布置剖面图即可，作出垂线确定位置，这样绘制比较方便。下面来介绍3种不同情况下剖面图画法。

（1）同比例同方向：在画剖、立面图时，主要在于量取水平距离，如果剖面线在总平面中是水平的，那就直接将剖、立面放在平面的下方，直接用直尺垂直拉线（图3-22、图3-23）。

（2）同比例不同方向：如果剖面线不水平，可以用拷贝纸边缘放在剖面线上并标出水平位置，这样速度会快一些。

（3）不同比例不同方向：有时候平面的比例尺和剖面的比例尺不一样，这种情况下可采用相似三角形的画法进行快速放大（图3-24）。

剖面图绘制常见的问题：

①比例尺度明显失真，缺乏层次。

②元素缺乏细部刻画，显得单薄。

③线形关系不清，剖面图表现凌乱。

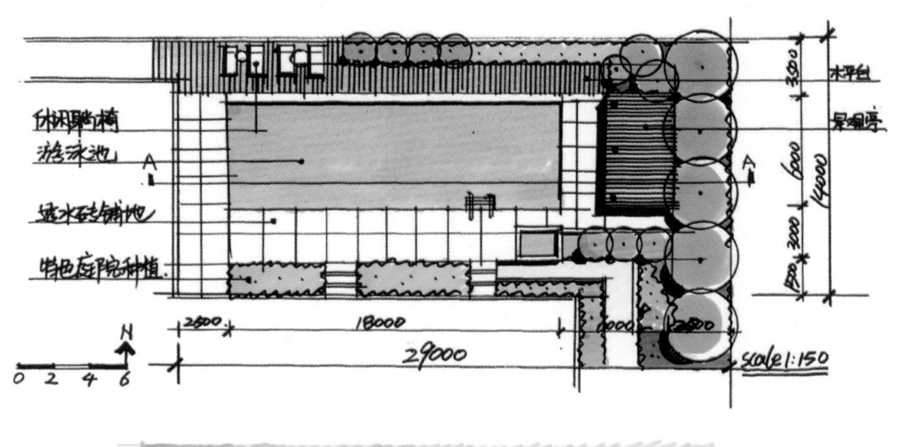

图3-22 同比例同方向剖、立面图表现

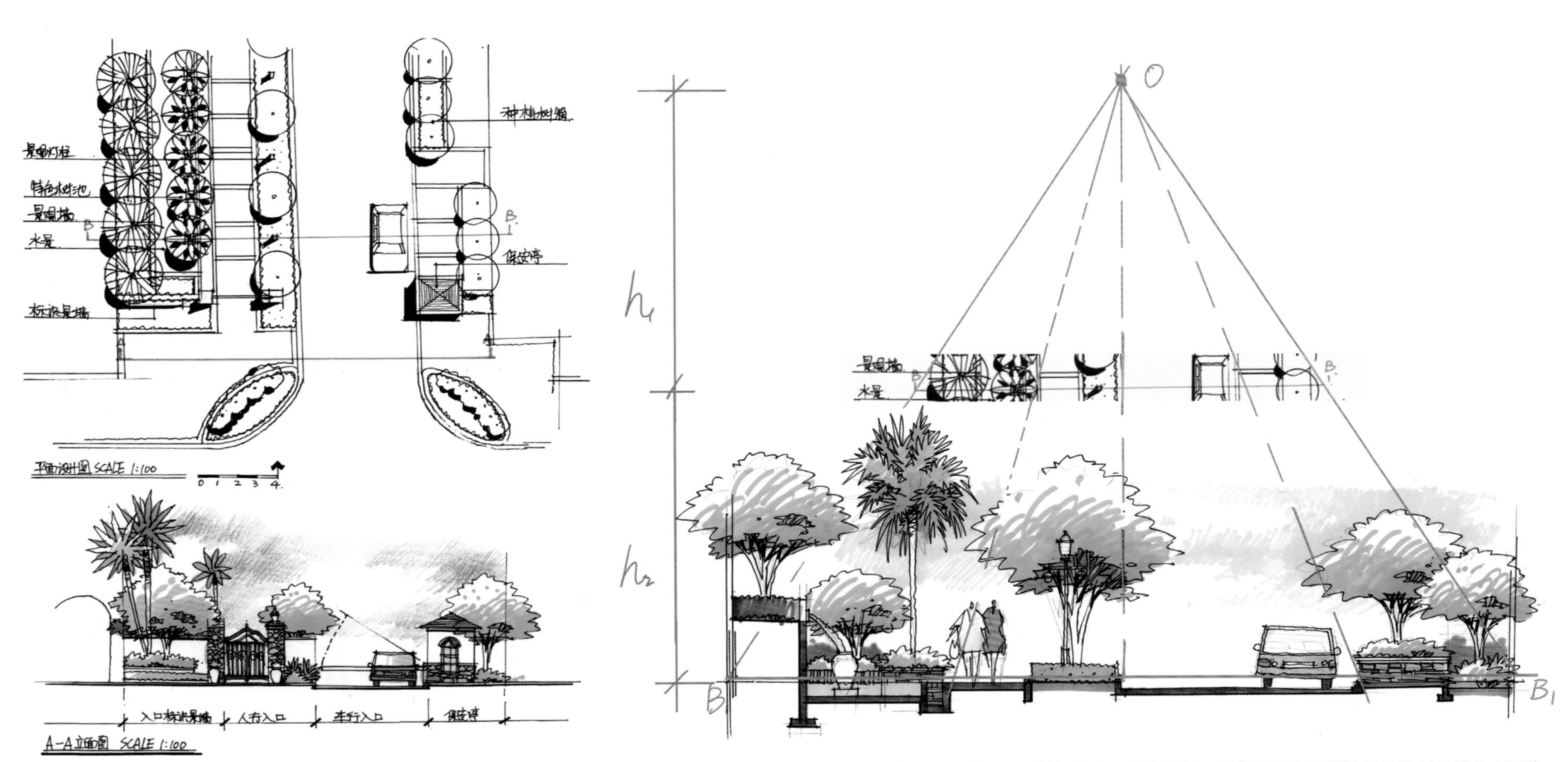

如果立面图在总平面图下方，而且剖切面是水平的，那么直接在总图下方进行布置即可，作出垂线定位置，绘制起来比较方便

图3-23　同比例同方向表现

有时候平面的比例与剖面的比例不同，剖切线也不是水平的，我们需要先用纸胶带量取剖切线的主要位置，然后采用相似三角形的办法进行快速放大，根据放大的倍数确定h的数值，如图放大1倍，h_1等于h_2

图3-24　不同比例不同方向表现

剖、立面图要画出基底界面和天空界面的分界线，地形剖面用地形剖断线表示，水面、水池要画出水位线和池底线，构筑物要画出建筑轮廓线，植物需画出植物轮廓线。若比例较大，还要画出植物的植株形态。剖面图要画出剖切的下层空间内容、衔接方式，甚至简单的工程做法（图3-25）。

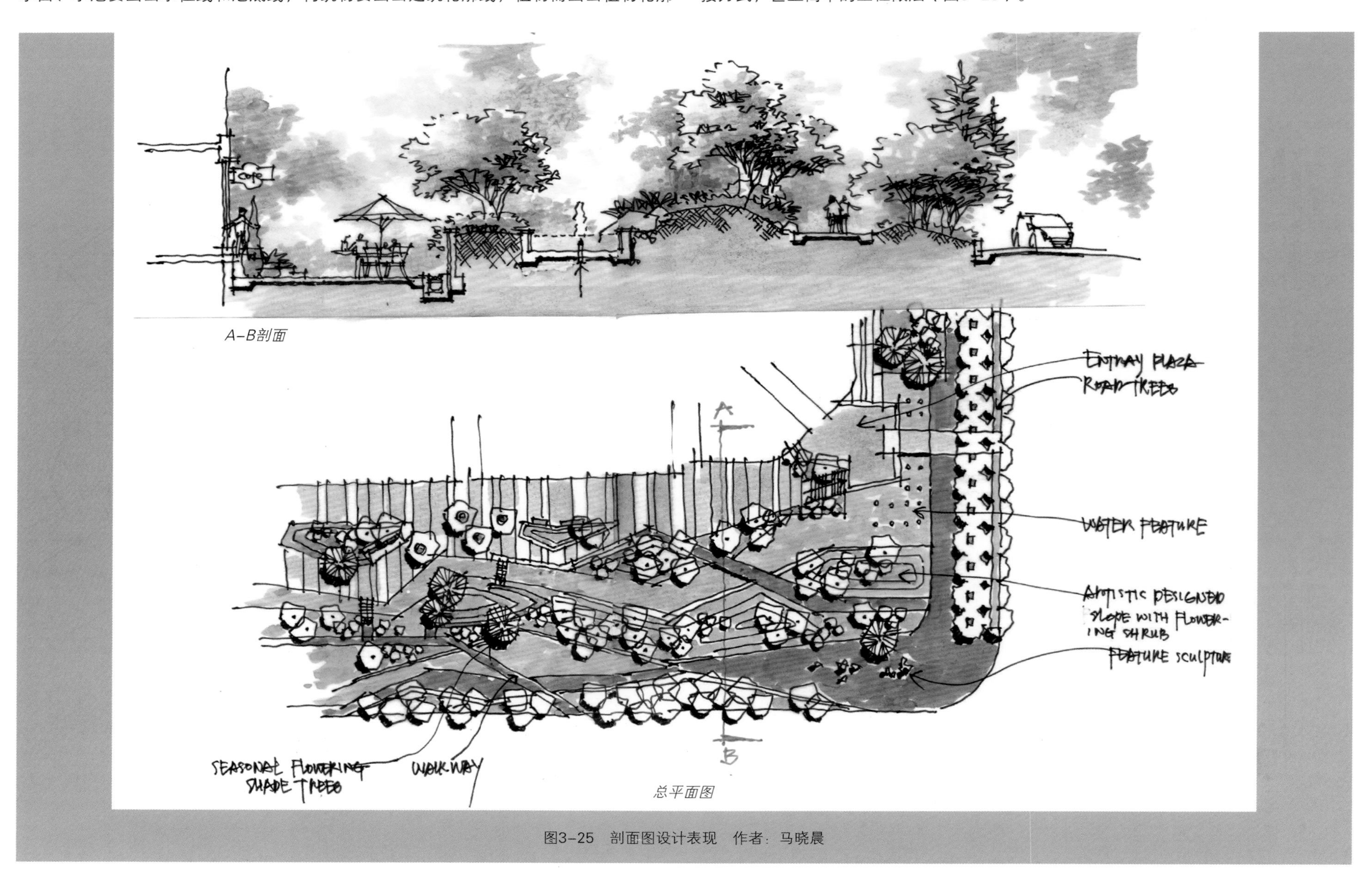

图3-25 剖面图设计表现 作者：马晓晨

在平面设计构思阶段，我们就要对立面图、剖面图的绘制有一个初步的概念，进而在实际绘制时可以按部就班地进行了。

在绘制立面图或者剖面图的时候，应注意加粗地面线、剖面线，被剖到的建筑物或者构筑物的剖面一样要用粗线表示，图上最好有3个以上线宽等级（图3-26）。

立面图、剖面图上面的标注应该清晰有条理，对于重要元素的地方宜加上标高，这样可以反映出设计者在竖向设计上的考虑。在快题设计中，立面图与剖面图所采用的色彩不宜太多，但要有虚实主次关系和前后冷暖关系。

（1）平时要加强对于立面图与剖面图的理解与练习，找到一些有代表性的立面图和剖面图进行训练，绘制几次之后就会有相应的了解。

（2）做一个有心人，多收集一些常见的立面图与剖面图的类型，进行分配整理。如平时常见的驳岸剖面、道路横断面、水景喷泉、亭廊组合、滨水等，做到熟记在心，灵活运用，举一反三（图3-27）。

（3）平时要注意对剖面类型的收集，如常见景观元素的工程构造，熟记一些常用的立面景观元素，如各种立面树和各种水景的立面表达等。

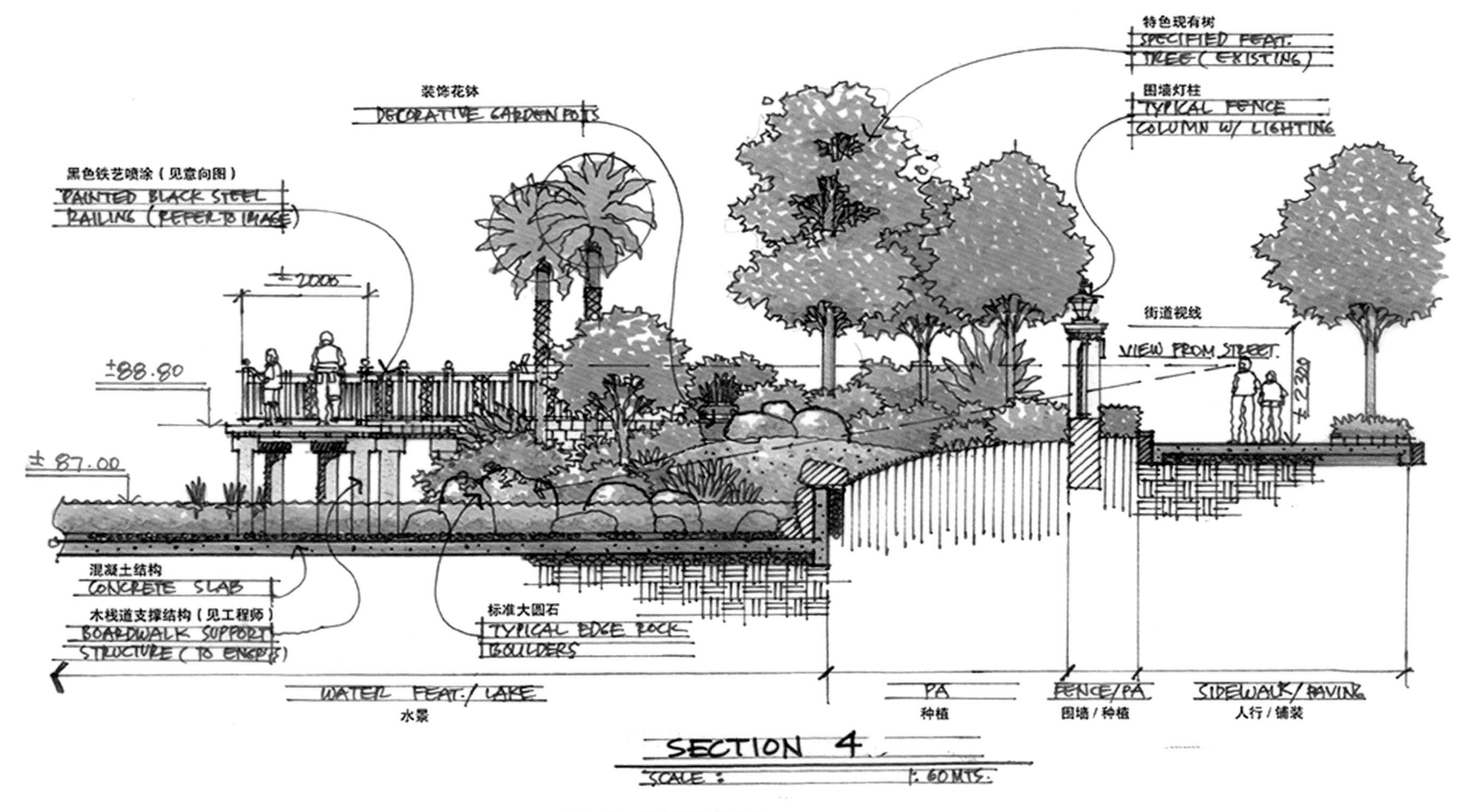

图3-26　滨水景观剖面图

图3-27　滨水驳岸景观剖面示意图

3.5 透视图

透视图相对于平立面图来说更加复杂一些，也是很多学生感觉比较棘手的问题。一张好的透视图可以让整个图面看起来更加舒服，也能够很好地反映考生的设计与艺术修养。

透视原理讲解起来十分复杂，对于快题设计来说没有太多的必要去深入研究，只需要掌握基本的透视法则以及一些常用的构图方法即可，通过大量练习一般都能够掌握。

效果图是根据总平面图绘制而成，顾名思义就是根据透视的法则进行绘画与表现的图，能够符合视觉规律，进而把空间环境表达出来。

按照主要元素与画面关系来分可分为一点透视、两点透视、鸟瞰图。

1. 一点透视

一点透视最为常用，掌握起来比较简单。概括起来就十二个字：近大远小，横平竖直，一点消失。在这个基础上控制好进深，基本上就能够完成一张比较好的空间透视图（图3-28～图3-30）。

一点空间透视的重难点：

（1）比例尺度把握不准。

（2）空间氛围与场景感失真。

（3）透视规律掌握得不够牢固。

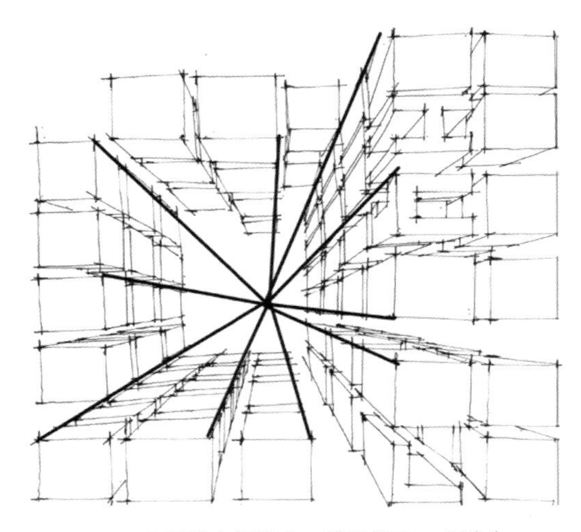

一点透视空间概念：横平竖直一点消失

图3-28

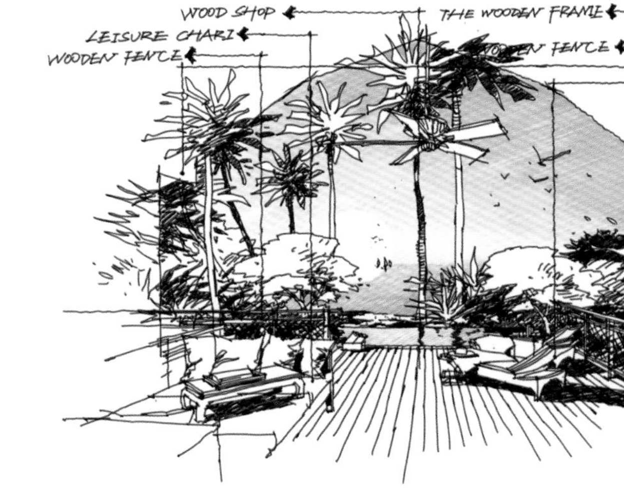

图3-29　一点透视运用

图3-30　一点透视草图

2. 两点透视

原则：近大远小，近实远虚，近高远低。

定义：当物体只有垂直视平线于画面，水平线倾斜聚焦于两个消失点时形成的透视，称为两点透视。

特点：画面灵活并富有变化，适合表现丰富、复杂的场景。

缺点：角度掌握不好，会形成一定的变形。

注意事项：两点透视也叫成角透视，它的运用范围较为普遍，因为有两个点消失在视平线上，消失点不宜定得太近，在景观效果图中视平线一般定在整个画面靠下1/3左右的位置。

两点透视相对于一点透视来说掌握起来可能更加困难（图3-31～图3-33）。

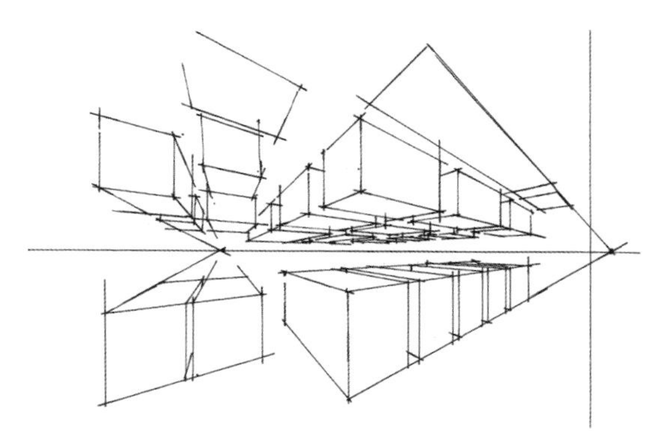

图3-31　成角透视概念

图3-32　成角透视空间效果

图3-33　成角透视上色效果图

3. 鸟瞰图

鸟瞰图相对于其他图纸来说更有视觉冲击力与表现力。它能够整体地表现出大场景的特色，阅图效果更加直观。通常，鸟瞰图都比较大，绘制起来有一定难度。

鸟瞰图的绘制应当抓大的关系与结构，不要拘泥太多的细节（图3-34、图3-35）。

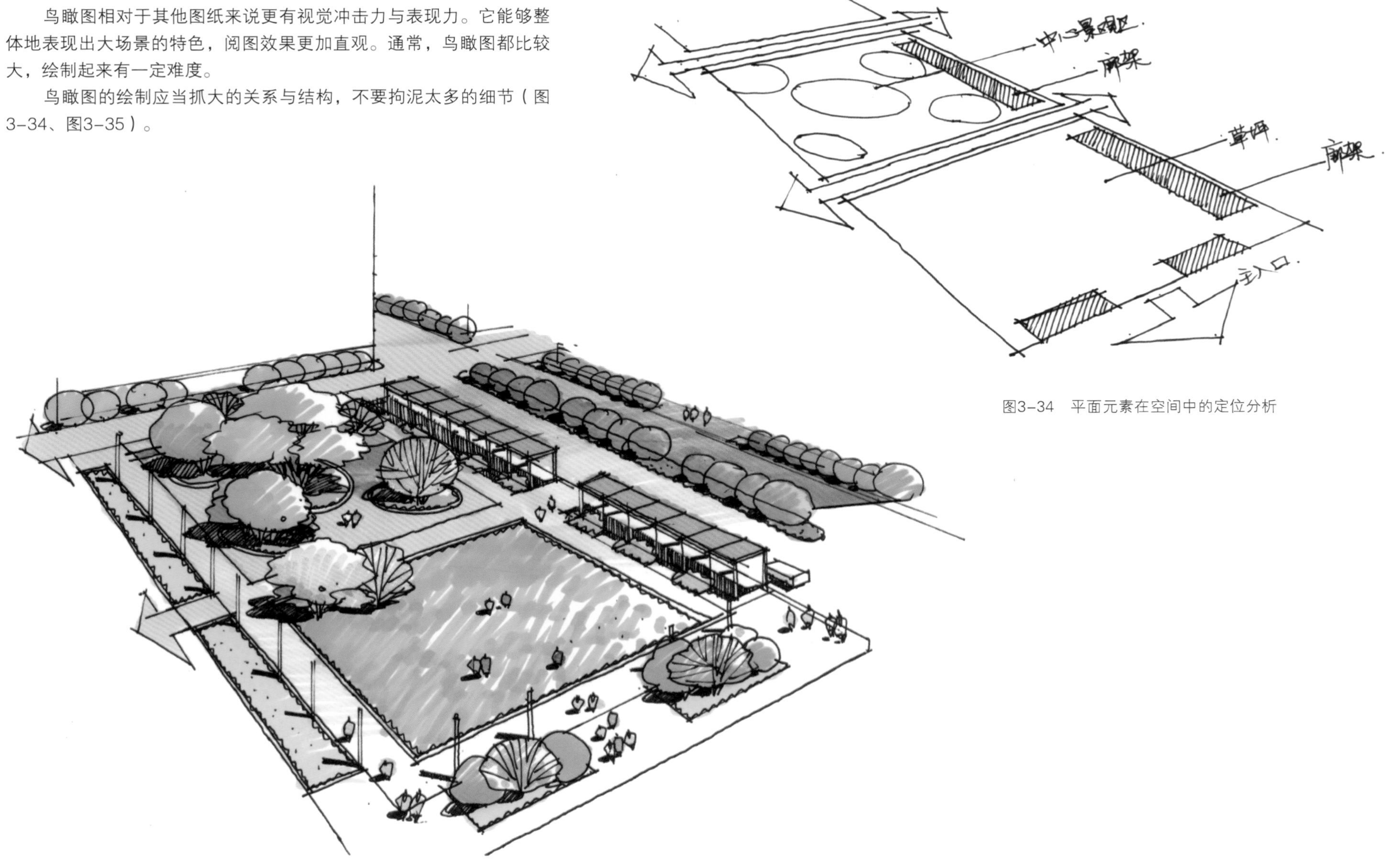

图3-34　平面元素在空间中的定位分析

图3-35　鸟瞰图上色效果图

下面通过图3-36来讲解一下鸟瞰图的表现步骤。

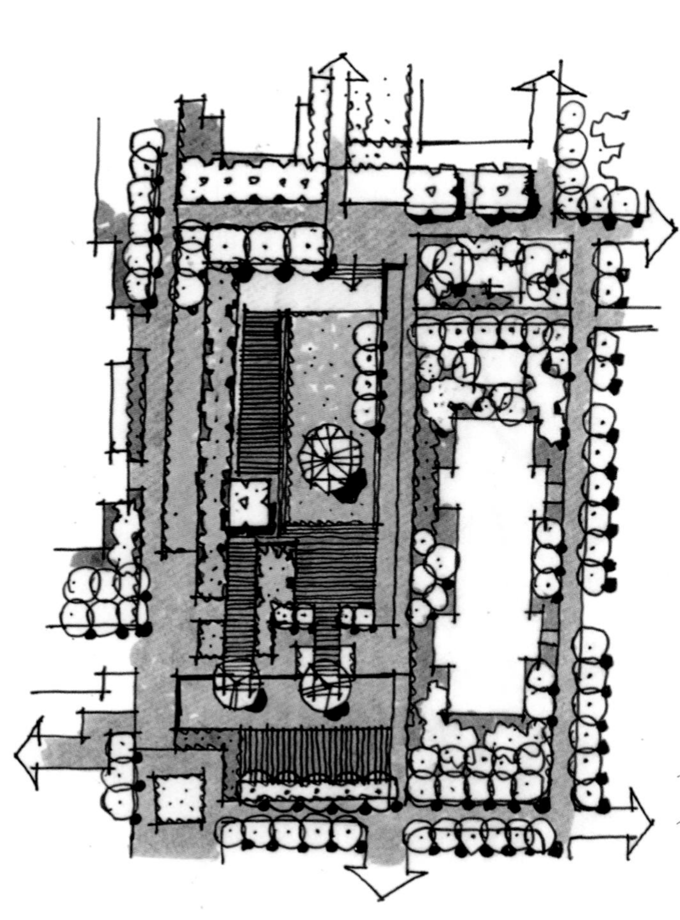

根据平面示意图选择好合适的视点，这在绘制鸟瞰图时非常重要

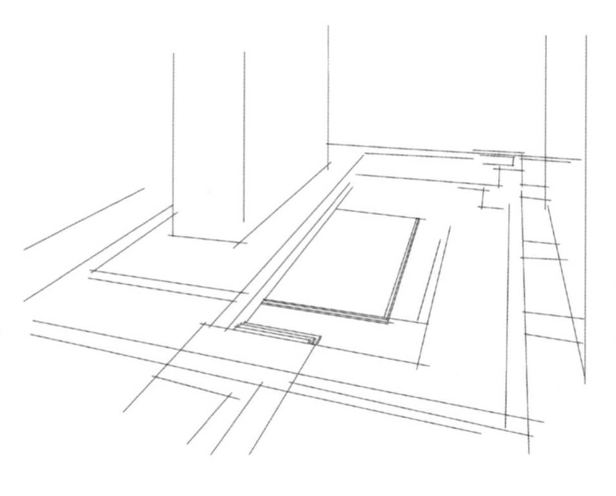

步骤一：初步选择好视点，根据平面布局确定草坪、水景、植物、道路等在空间中的位置，同时要根据平面图中对应的位置确定大小比例

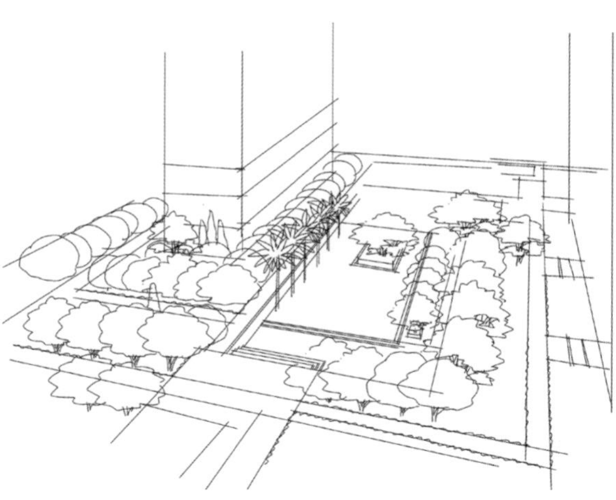

步骤二：开始添加周边植物，不用画得太细，只需将大体树干和轮廓画出即可，注意各部分的高度比要合适，不能出现明显的比例错误

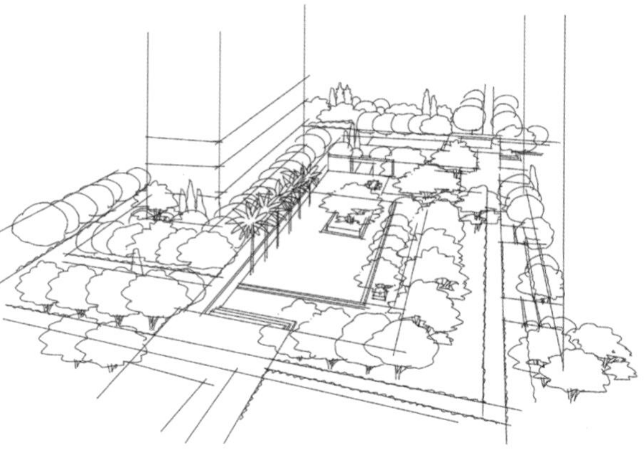

步骤三：注意远景树的绘制，透视关系要准，近大远小，要和画出来的地面和周边建筑及环境实现无缝对接

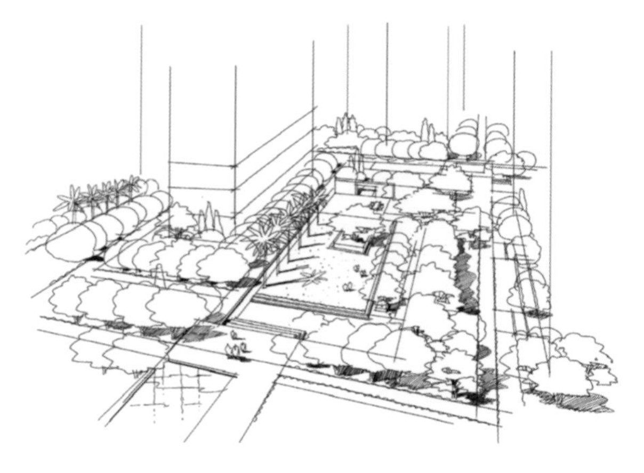

步骤四：添加小配景时要耐心，配景如车、树、人等要注意疏和密的关系，而且要注意影子与建筑物的影子方向一致。整体调整，完善细节。深入刻画主要硬质景观的同时，进行植物刻画，注意主次关系处理

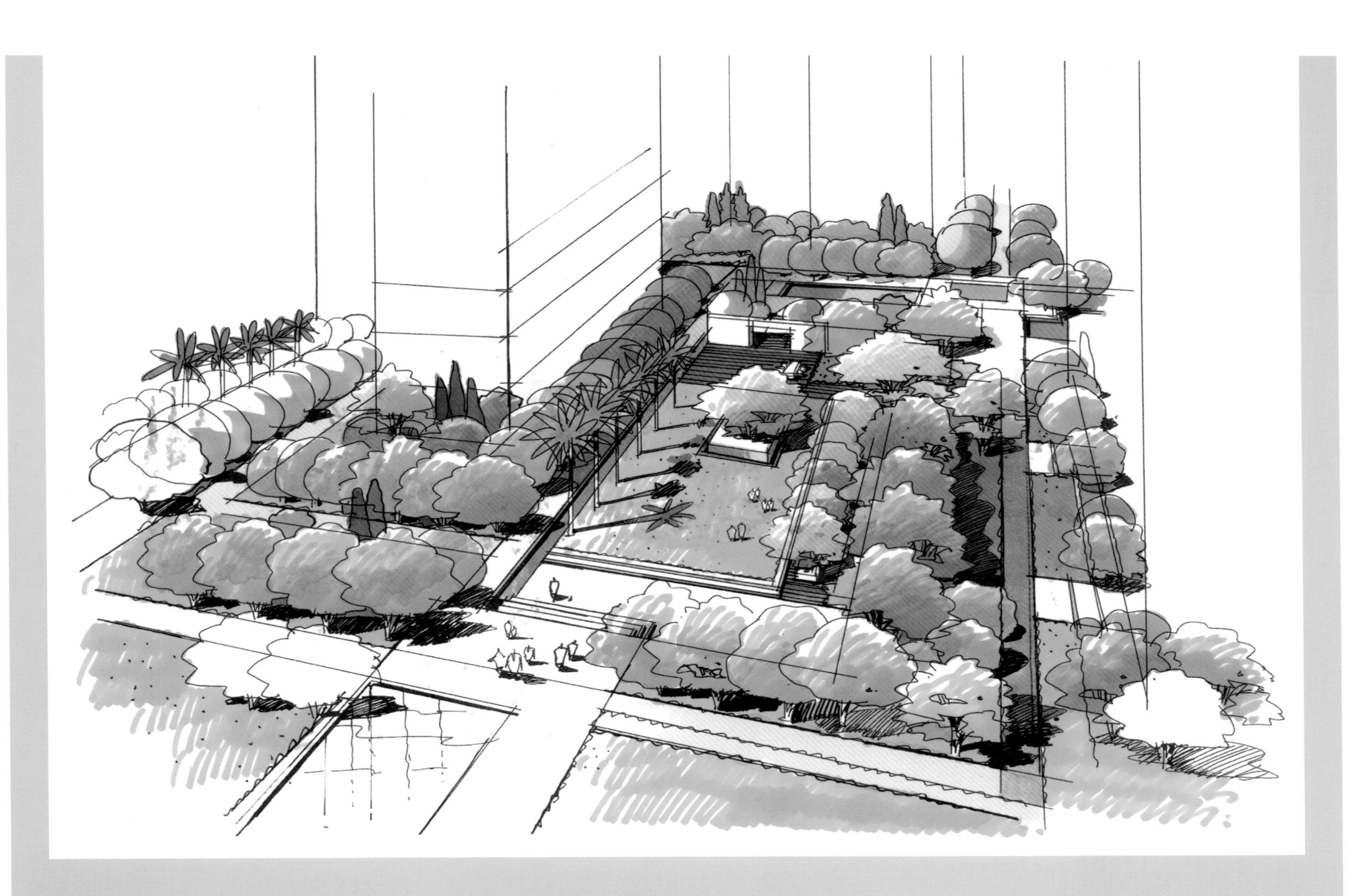

图3-36　鸟瞰图完成稿　作者：邓蒲兵

3.6 效果图

3.6.1 构图

构图是效果图的重要内容，也是初学者容易忽略的细节。在一幅效果图中，只表现景物是不够的，必须把如线、形、细部、黑白与色调等元素构成，用有组织、有效果的语言来表达，这就是所谓的构图，即画面中各艺术元素的结构配置方法。构图不仅用于整幅画面的设计，也同样用于单个或成群的物体设计，平时需要积累一些常用构图模式。

在快速表现时，对进深做巧妙的处理，可以形成具有深度感和距离感的图面（图3-37）。

（1）近景：在图面安排上，该部分距离人最近，所以近景可以画出具体的质感和细部，如叶片、岩石的裂纹甚至是树皮，一定程度上起到“镜框”的作用。需注意，近景表现在明暗、细部和色彩的处理上不要喧宾夺主。

（2）中景：中景部分一般是画面主体，是主要表现的部分，要着重刻画，需做到明暗对比强烈、细部刻画细腻、质感清晰等。中景起过渡作用，要注意使整个画面和谐统一。

（3）远景：只用轮廓线或涂满的暗调子来做背景，不强调明暗，不进行细部刻画，色彩不宜鲜亮。远景起到突出主体的作用，使人感到画面舒展、深远。

（4）画面的均衡：均衡分为完全对称的均衡和不完全对称的均衡。前一种适合表现安定稳重、庄严肃穆的景物或场景；后者用于大多数情况。有时可以运用配景达到均衡画面的效果。

注意画面的前景、中景、远景的处理。一般来说远景比较虚，中景是画面表达的重点

图3-37 作者：马晓晨

（5）重点（主景）突出与主次分明：画面应当重点突出、主次明确。重点一般应居画面中心位置，可通过道路、植物、人、车或其他要素的引导来加强。重点处明暗对比强烈，细部刻画细腻；非重点处简化弱化，不要喧宾夺主。

在图3–38的绘制过程中，进行了绘图过程的分解，对画面的前景、中景、远景进行了分解表达训练。

a. 远景：远景中概括的山体，树木湖泊为空间设定了一个语境

b. 前景：这个例子中前景植物刻画相对细致一些，人物的刻画给画面带来了活力，利于形成前景画框

c. 中景：中景的亭子和高大的景观植物形成画面的视觉趣味中心

d. 将三者合并起来，就可以形成一幅逼真的空间环境表现图。湖面的蓝色增加了画面生动性，人物与亭子相呼应，丰富了画面效果

图3–38　前、中、远景在空间表现中的运用　作者：邓蒲兵

3.6.2 效果图的快速表达

绘制效果图时，构图是很重要的一个环节。构图不理想，会影响到画面的最终效果。构图阶段需要注意透视关系，确定主体，形成趣味中心，还要注意各物体之间的比例关系，以及配景和主体的比重等（图3-39）。

・层次与空间感：画面虽是一个平面，但需要反映出前后的层次，使画面具有空间感。近处光影明暗对比强烈，渐远明暗渐柔和；近处色彩偏固有色，渐远色彩偏调和；近处细部丰富，远处模糊，越远越虚。

・画面的长宽比：画面较宽比较适合表现大的场景或者舒缓的场景，如大草坪、湖面等；画面较窄比较适合表现高耸、深远的场景。

绘制效果图要做到：①透视准确、构图巧妙、尺度和比例准确；②层次分明，前、中、远景表现恰当；③主次明确，主景重点突出，配景及远景弱化、淡化；④线条娴熟，素描关系准确；⑤色彩淡雅，注意表现场景的氛围。有些复杂的空间甚至需要多画几张草图。

视点及视线的选择是为了反映主要的设计意图，因此选择时不能盲目。视距过近，视角则过大，易失真。

一般选择正常人眼视高约1.6m，为了构图需要也可稍微升高或降低，保证画面中所有人眼都位于视平线上。

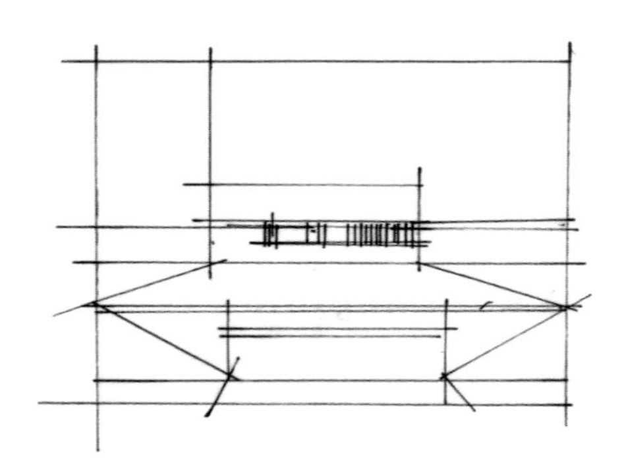

步骤一：抓住主要的平面结构关系

步骤二：营造视觉焦点，表达设计重心

步骤三：突出设计主体，弱化背景与周边，颜色简洁明快，色彩不宜过多复杂

图3-39　作者：马晓晨

图3-40、图3-41为马克笔快速表现步骤解析。

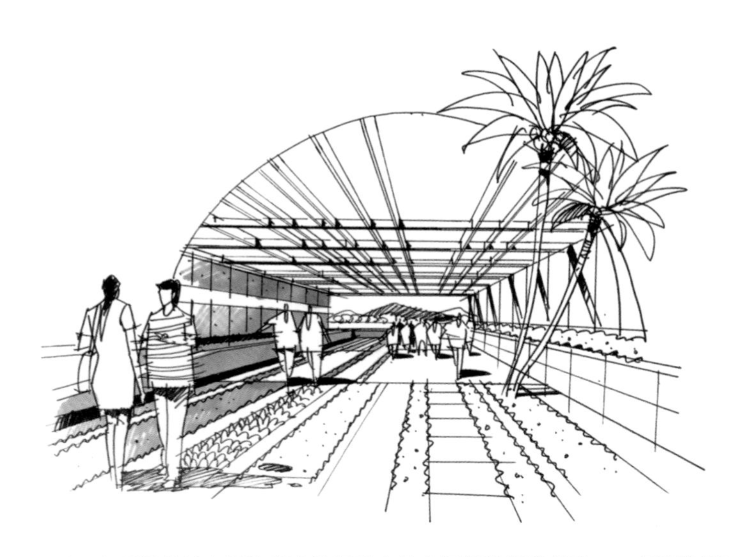

步骤一：运用一点透视的基本规律快速地把基本的空间框架搭建起来。一点透视相对比较容易掌握，所以对于考生来说一点透视十分重要

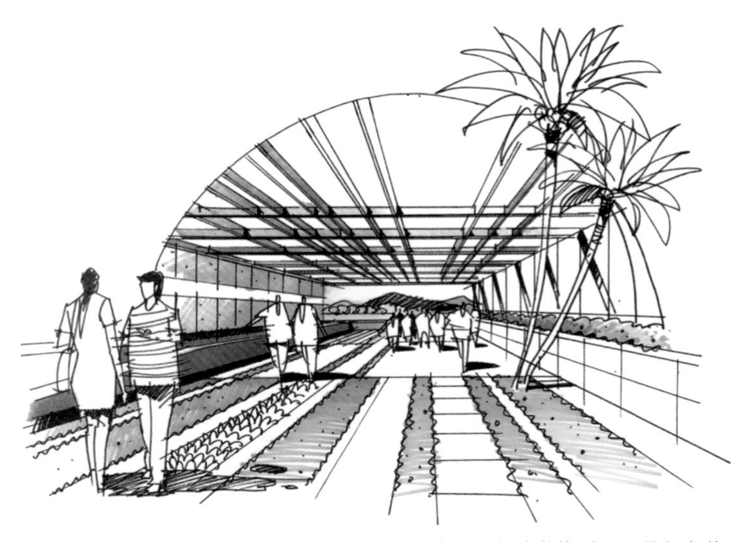

步骤二：从草坪开始进行着色。一般来说，前景颜色稍微偏暖，远景颜色偏冷

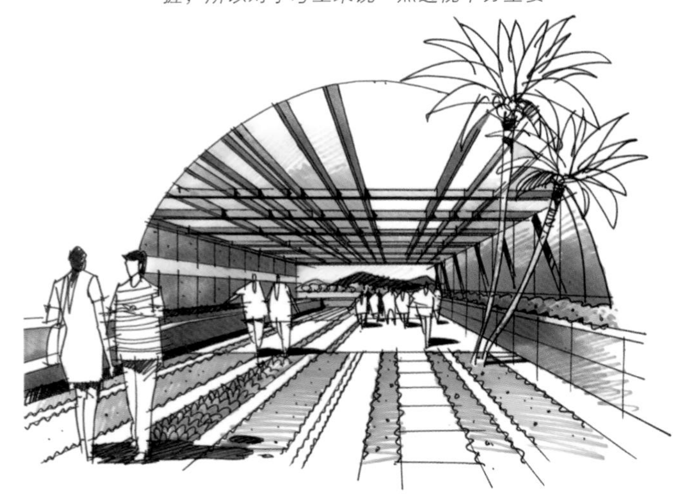

步骤三：在大致完成色彩关系后，适当进行配景的添加与补充，如天空的色彩，并点缀部分有颜色的花草

步骤四：适当加强画面对比，并加强前景植物的刻画，同时把人物配景表现出来，颜色可以适当鲜亮

步骤五：调整画面的整体关系，加强前景的对比。最后刻画顶棚的植物，前景颜色偏重，远处适当明快一点儿

图3-40　休闲庭院景观效果图快速表现　作者：邓蒲兵

步骤一：首先定出地平线，快速、准确地把道路、草坪、滨水景观平台等位置进行定位

步骤二：在初步定位的基础上对材质与植物进行细化，设定出合适的投影，这一步骤很关键

步骤三：在线稿基本完成的基础上，铺设整体色调，颜色不宜过多，尽量简洁，从植物开始上色

步骤四：可以选择彩铅或马克笔对天空进行上色。最好选择蓝色AD牌马克笔，这样画出来的天空比较柔和

步骤五：调整画面的对比关系，加强前景的对比，完善地面的铺装色彩，调整完成画面

图3-41　滨水景观效果图快速表现　作者：邓蒲兵

图3-42、图3-43为快速草图表现范例。

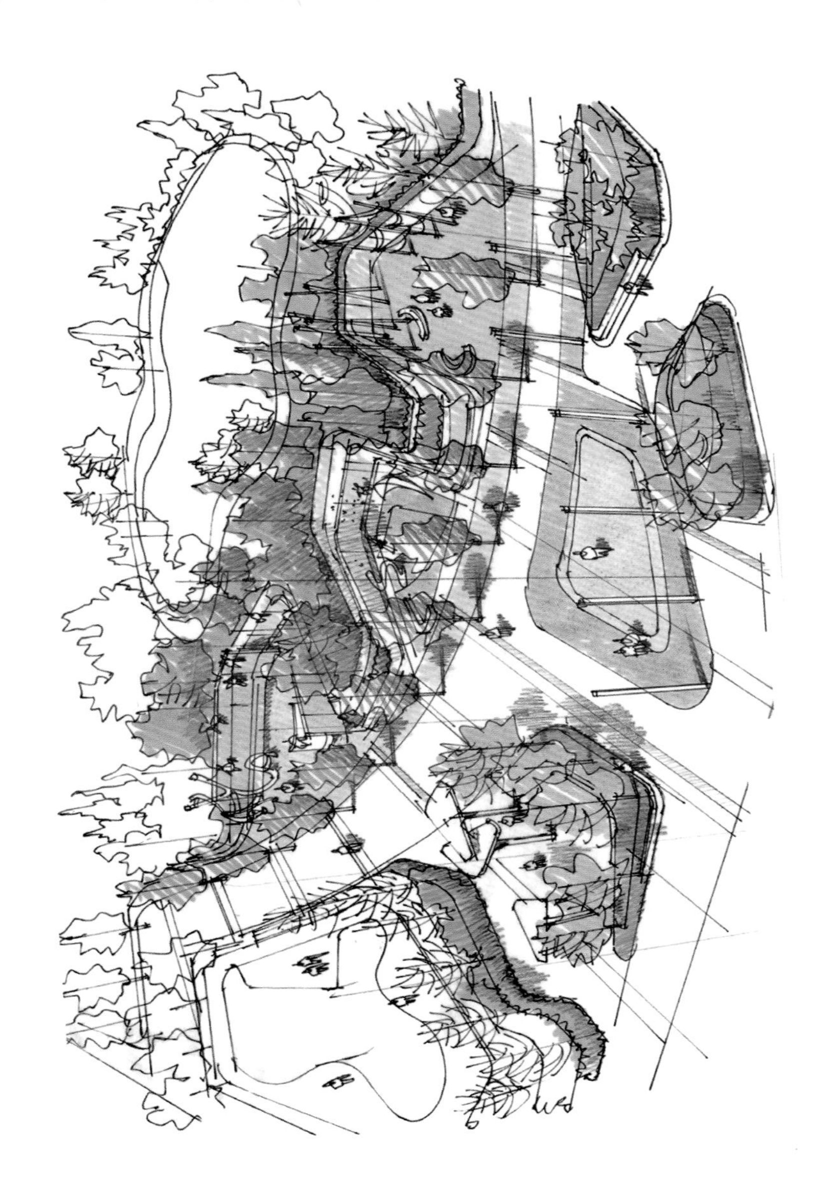

图3-42　作者：郭盛

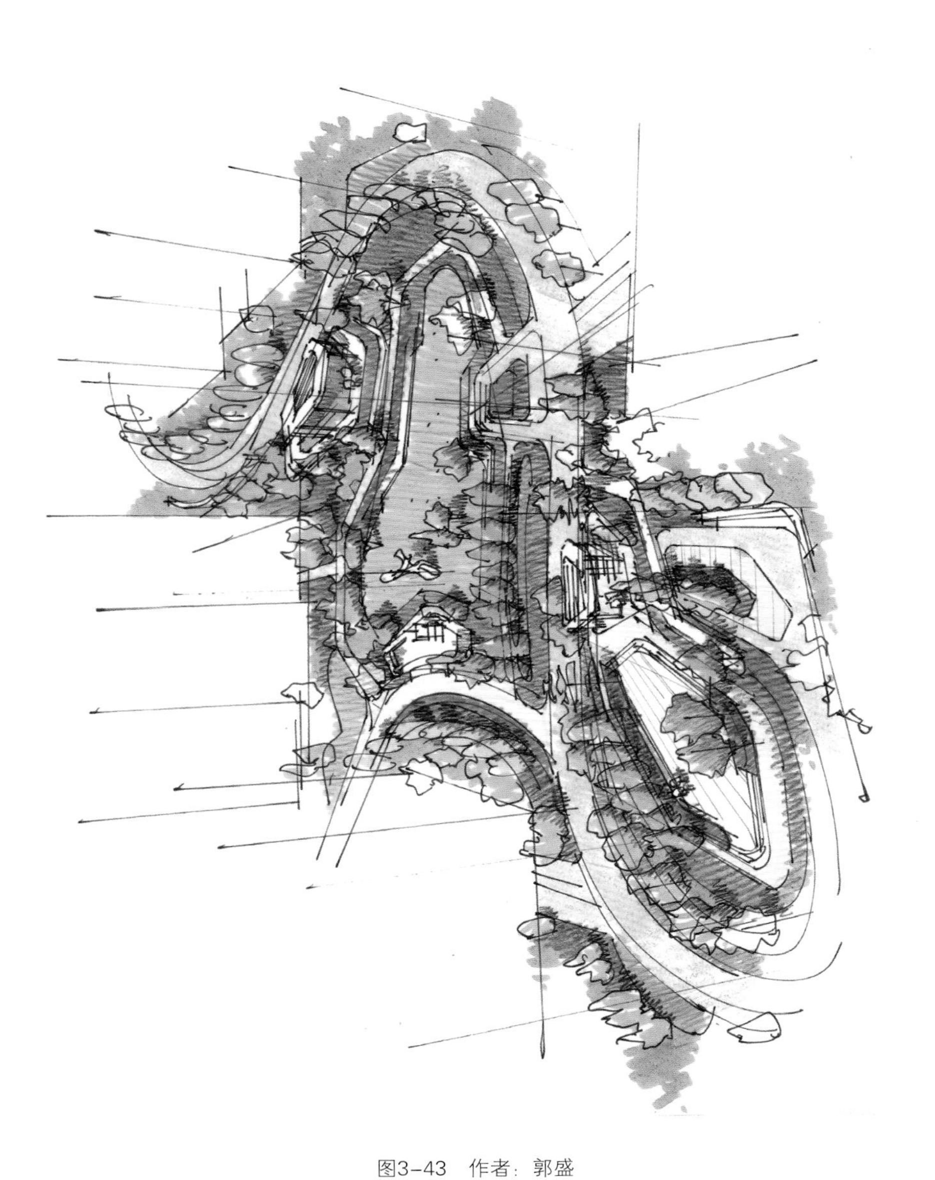

图3-43　作者：郭盛

3.7 分析图

在不同的阶段，分析图的作用与目的也不同。在设计初期，可以通过泡泡图进行分析与了解各种有利和不利因素，以及空间关系等。在这个阶段分析图主要用来推进设计，往往这种分析图会比较草，更多的是为设计者本人思考分析之用。但是在快题考试过程中，往往需要展示设计成果，通过简单明了的方式向他人展示场地的结构关系、功能关系、交通流线与视线分析等。为了使阅卷老师能够迅速地领会方案构思，这种分析图需要简洁、概括地展示方案的优点与特色。快题考试要求绘制分析图，目的也是希望考生借此更好地表达自己的设计意图， 分析设计的合理性，同时也可以展示出考生的思维能力。

景观快题设计中最常见的分析图主要包括以下几类：功能分区分析图/景观分区分析图；交通流线分析图/道路交通组织图；景观格局分析图/景观视线分析图；绿化种植分区图；概念结构分析图等。但并不是所有的分析图都需要绘制，在设计课程和长期作业中，我们可以根据项目的复杂程度选择不同的分析图解析设计，而在快题考试中，我们需要绘制的是功能分区分析图、交通流线分析图、景观视线分析图等。若认为有必要，可根据考试时间，进行其他分析图的绘制。

分析图绘制要点：

（1）分析图通常用简洁明了的符号表达设计意图，直接传达设计的总体思路。

（2）图例恰当并有明确的图例说明，分析图绘制的原则是尽可能醒目、清晰、直观地将设计简化，用符号化的语言呈现，图幅不宜过大，以免显得空洞。

（3）色彩鲜明，通常用马克笔直接绘制，用色宜选择饱和度高、色彩鲜艳、对比突出的颜色。

（4）平时针对一些常用的分析图符号要进行必要的练习，这样不但可以提高图纸表达的速度，同时也会让分析图看起来更加专业（图3-44）。

分析图的绘制通常分为两种情况：

一种是平面图所占的图幅不是很大，考试的纸张为透明的拷贝纸或硫酸纸，有条件来“蒙图”，这样画的分析图较准确，且节省时间。

另一种是不具备“蒙图”的条件，需要另外画缩小的简易平面图，在缩小的平面图的基础上绘制分析图，需要注意的是，简易平面图对准确性要求不高，只要能表明主要关系即可（图3-45、图3-46）。

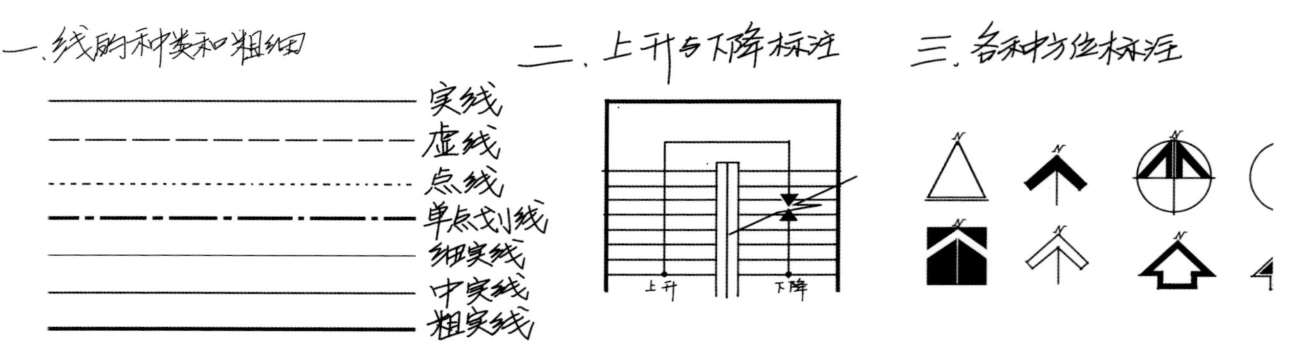

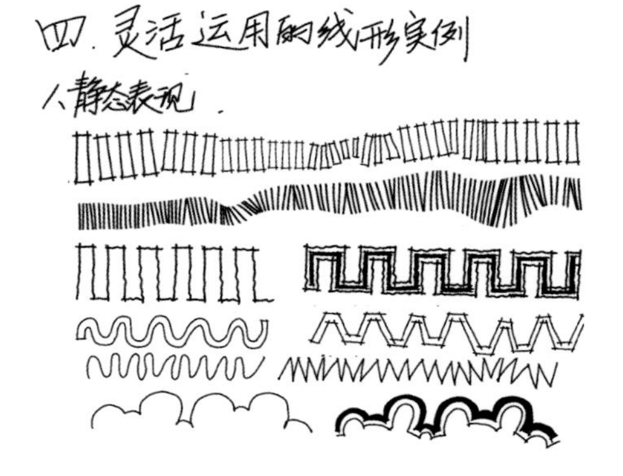

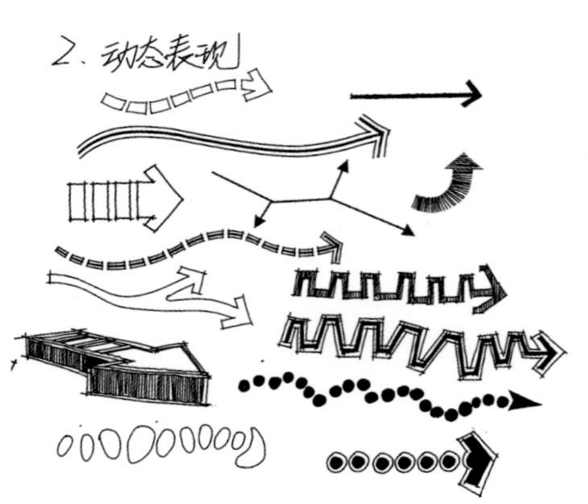

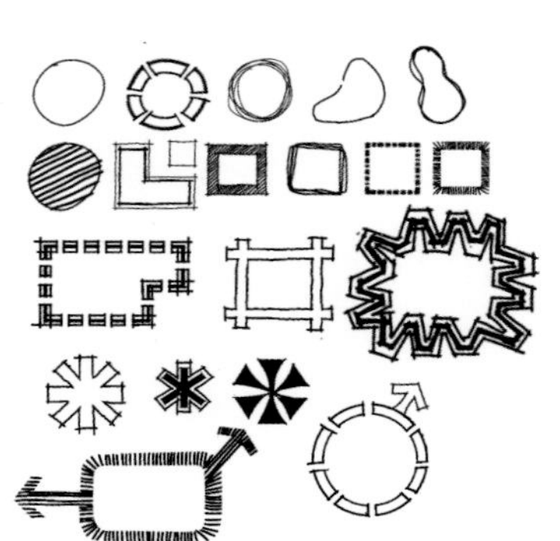

图3-44 常用分析图符号

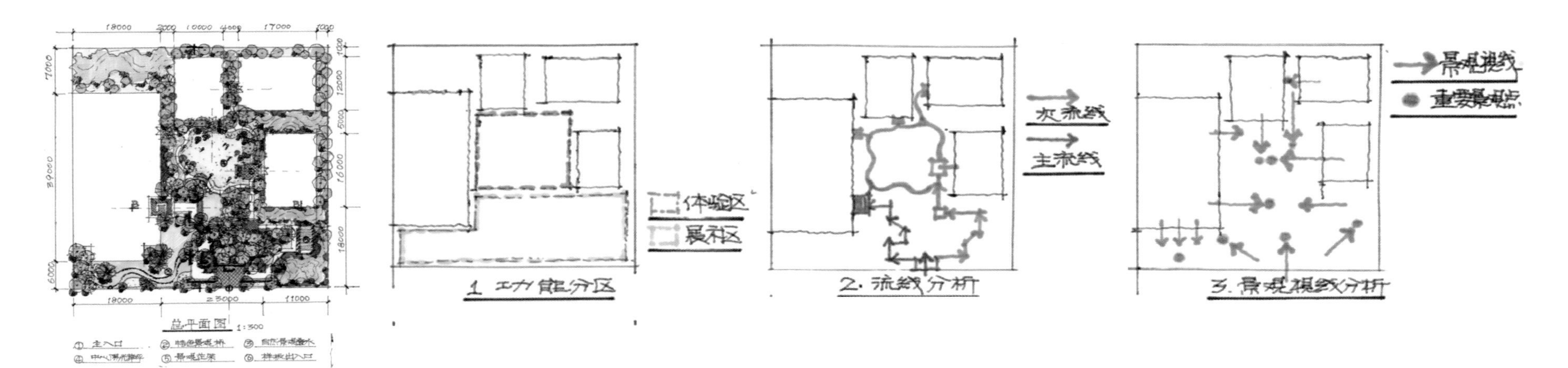

图3–45　景观分析图范例一

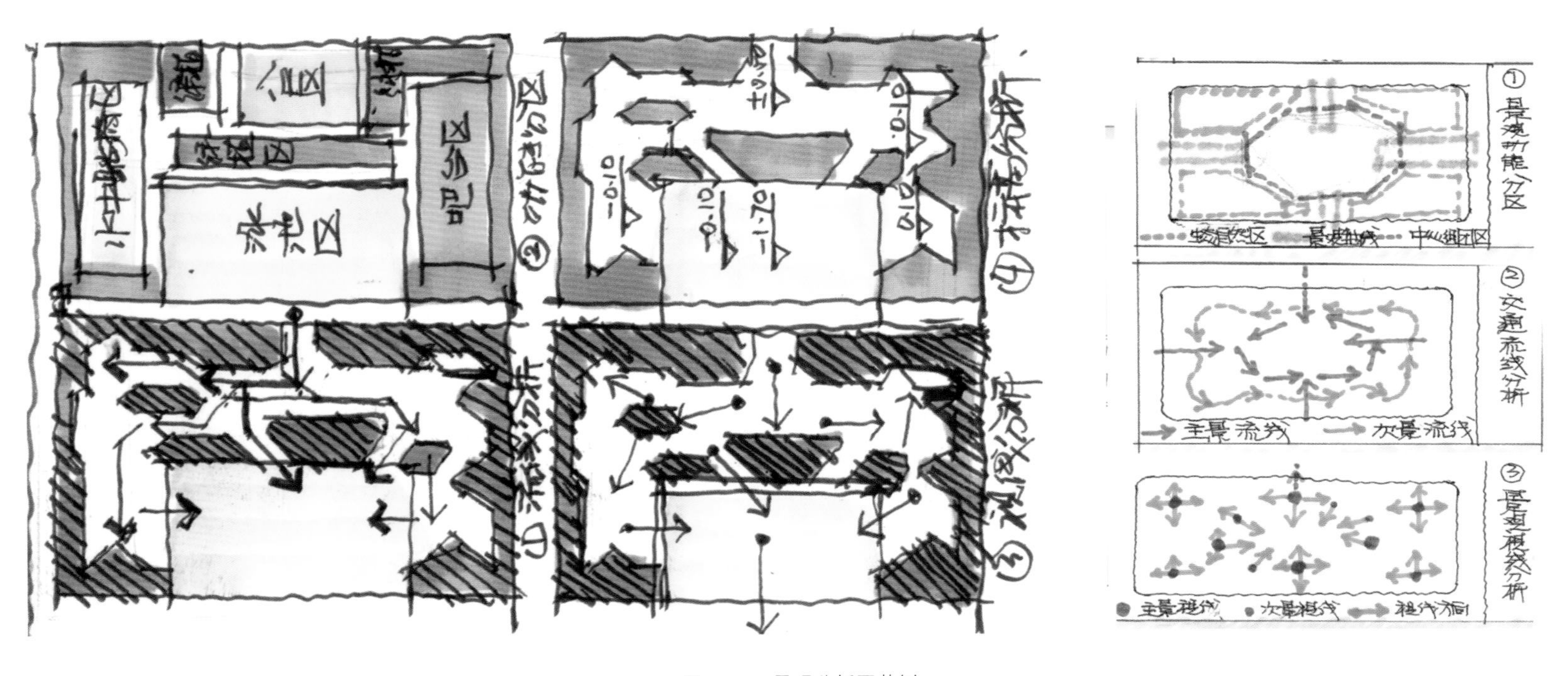

图3–46　景观分析图范例二

3.7.1 功能分区分析图

功能分区分析图是在平面图的基础上以线框简单地勾画出不同功能性质的区域，并给出图例，标注不同区域的名称（图3-47）。功能分区的线框通常是具有一定宽度的实线或虚线，功能区的形态根据表达的意图可以是方形、圆形或不规则形，每个区域用不同颜色加以区分，为了增强表达效果可以在功能区的内部填充和线框相同的颜色，也可用斜线填充。对于场地的设计，重要的是功能分区的界定。这些功能分区图暗示邻近关系和最终解决的可能性安排。功能分区图是在平面图的基础上以线框按概略的方式框出不同功能性质的区域，并在图的空白处标注清楚分区的名称。

正确的表达方法：在绘图时使用规范的符号，将不同的分区作为概略的框选，然后在内部可以填充较透明的色块。每一个分区框线和填充色都使用同一种色彩，各个不同分区用不同色彩加以区分，再用图例在空白处标注出来。如果考试允许用透明拷贝纸或硫酸纸来“蒙图”描绘分析图则更好；如果规定必须在一张或两张给定的纸面上完成，可以用缩小的平面图概略地描绘，表述清楚是分析图表达的重点。

3.7.2 交通流线分析图

一般来说，在绘制交通流线分析图时，应当明确分清基地周边的主次道路、集散广场、主要的车行和人行交通的组织及方向，然后用不同的图例将其表达出来。交通流线分析图主要表达出入口和各级道路彼此之间的流线关系，绘制时应该以不同的色彩和线条标注出不同道路流线，道路的等级越高线条越粗，利用箭头标注出入口。

绘制交通流线分析图时一般采用点画线（也有的采用虚线）结合箭头标示出路线的两端走向、道路容量。级别不同宽度不同，主干道通常采用最粗的线条，次干道、支路、行人步道等逐渐变细，且用不同颜色加以区分，再用图例在空白处标注出来。无论使用哪种表现手段（彩色图例、单色图例），都要力求使分析图清楚易读，让读图人一目了然地把握景观与环境的关系，了解设计意图。流线一定要表达清楚，这对于阅读者审查功能型的交通问题很重要（图3-48）。

3.7.3 景观视线分析图

景观视线分析图主要包括景点的位置，景观方向或视线区域范围，开敞空间、半开敞空间、封闭空间的景观序列，以及不同景观视线的界面位置等（图3-49）。

3.7.4 景观结构分析图

景观结构分析图主要表达图面中景观元素之间的关系，在景观快题设计中主要表达出入口、主要道路、节点、水系之间的关系。如果存在轴线，可以用一定宽度的虚线或点画线标示出主轴、次轴或实轴、虚轴的关系。水系用蓝色的线条勾出主要边线，节点可以用各种图形来表示。视线关系也可在图中用线表达。

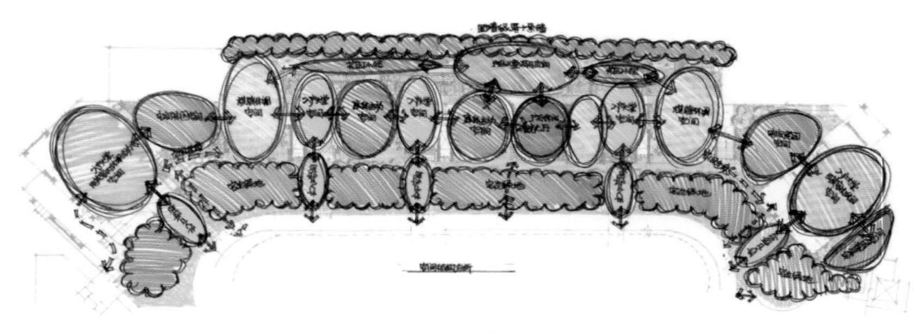

图3-47　功能分区分析图

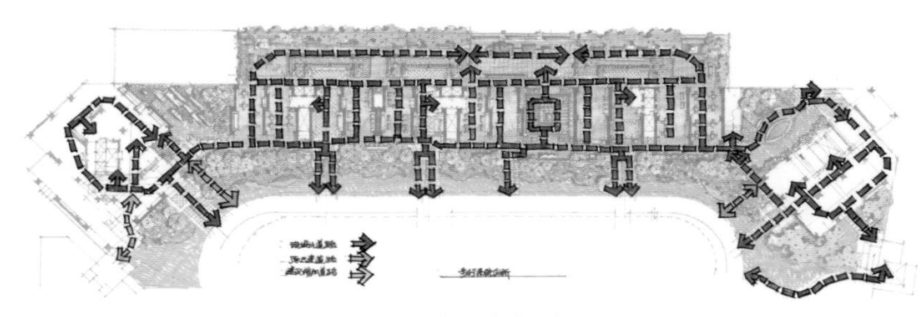

图3-48　交通流线分析图

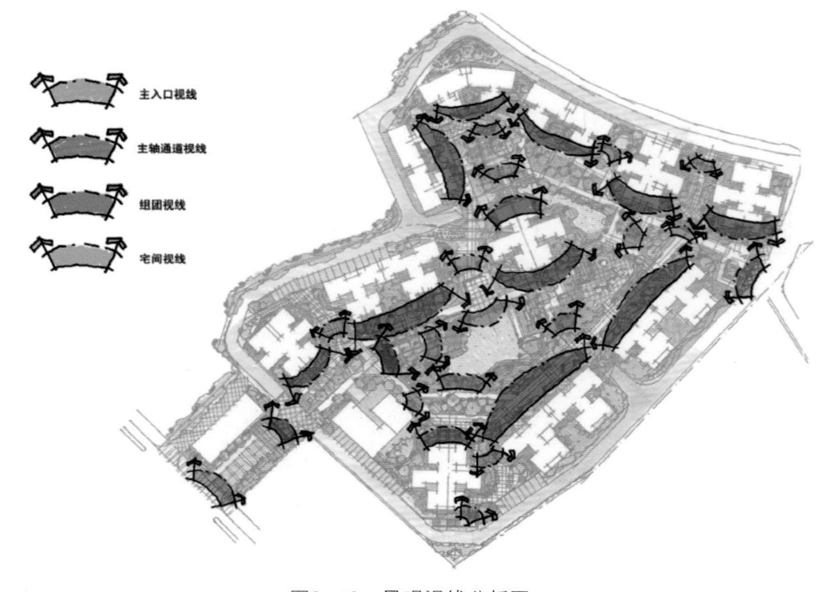

图3-49　景观视线分析图

3.8 定稿与排版

虽然快题设计考查的是设计者的方案设计能力和表达能力，但有经验的评阅人完全可以从排版情况和图面的整体效果判断出设计者的修养和基本功。同时，整洁美观的图面会给评阅人以良好的第一印象。排版时注意要把重要的图放在整张图纸的视觉中心。绘制表现图时表现方式自选，应体现设计者一定的审美能力，表达设计意图，并显现个性和风格，尽量隐藏和弱化设计者的不足。表现图应该注意比例、透视、构图，以素描关系为基础，稍加阴影交代清楚即可确保表达清楚设计者的想法和设计思路。设计说明应突出重点、简明扼要，主要内容包括功能布局、交通流线、景观分析等。

版式设计要点：版面匀称、表达重点突出、简单明快、布局紧凑（图3-50、图3-51）。标题的书写虽然不影响得分，但是也需要尽可能美观，可以事先多练习自己比较喜欢的字体，要求简洁工整，如果时间允许可适当增加部分装饰性的元素（图3-52）。

（1）检查与完善。

①检查题目要求有几部分内容：景观方面的要求、功能要求等。

②检查建筑面积要求：总面积是否超过或不足（一般允许有10%的出入）；绿地面积等。

③检查图纸的要求：总平面图、立面图、剖面图、透视图或轴测图、设计说明、分析图、节点详图等。

④检查基地要求：注意基地的特点，有无要保留的树木、古迹等；出入口方位是否正确。

⑤检查表现方式：一般说来，总平面图、立面图、剖面图等用墨线绘制，而透视图或轴测图可适当上色。

（2）其他注意事项。

①平面图上须配备指北针，部分需要风向标（园林规划类快题）。

②比例尺不能忘记，一般有两种方式（一种数字式比例尺，一种图例式比例尺）。

③景观快题中效果图尽量以鸟瞰图为主，再搭配景观节点或小景图。

④设计说明可以从主体、分区、植被、特色方向进行阐述，条理清晰即可。

设计说明主要通过文字叙述的手段表达构思、手法和从图面中不能够直接看出来的设计相关意图，考试通常会对设计说明的字数有不少于多少字的要求，要以表明和传达设计的意图为目的，字数达到考试的要求，但不宜花大量的时间，设计说明考查的是是否能清晰地表达设计的构思，不是文字功底。

设计说明在快题中是必不可少的一部分，很多同学往往忽视了文字的重要性，实际上在评分过程中，文字说明占有一定的分值比例，简短的文字可以传递相当丰富的设计信息。

（3）写作套路。

①设计的依据和原则（场地综合现状分析、行为心理学、环境生态学……）。

②设计的定位和构思。

③介绍如何进行功能分区和景点的设置。

④空间的组成特色与风格特征。

⑤对于复杂地段提出空间解决方案和技术（高差处理、现状大树、商业隔离等）。

⑥阐述植物配置设计。

⑦总结（以期为……创造一个什么样的景观环境）。

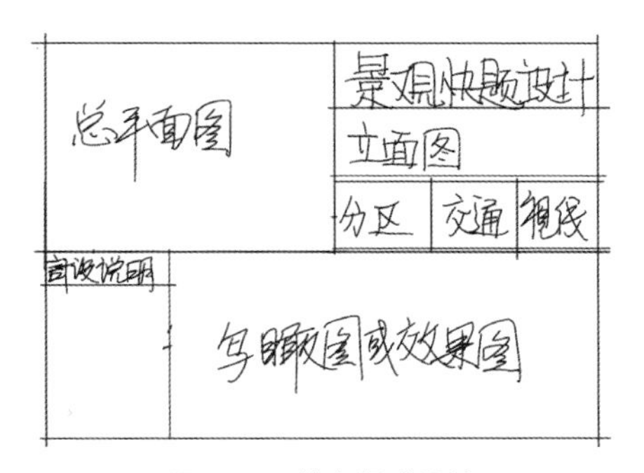

图3-50　横向版式设计

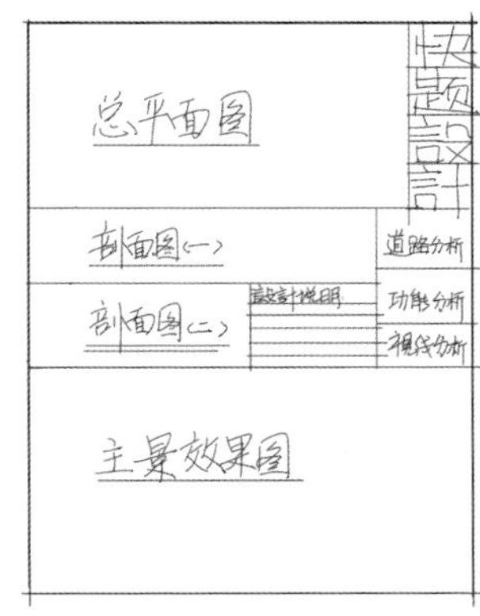

图3-51　竖向版式设计

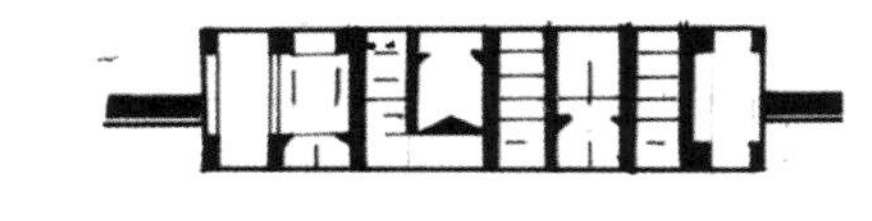

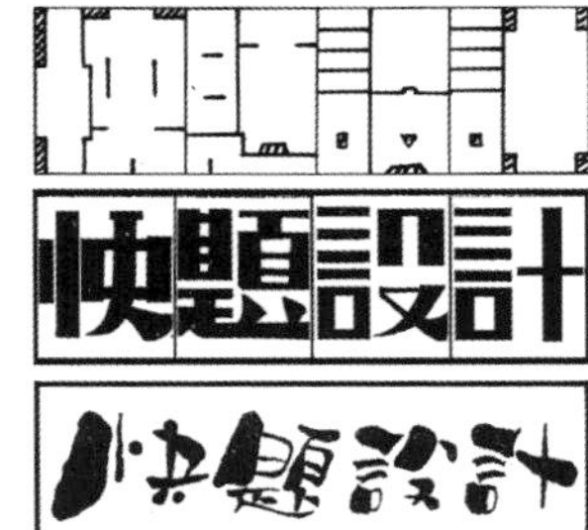

城市公共绿地設計

图3-52　常见标题范例

景 观

快 题 范 例 解 析

快题设计过程与方案创意构思

LANDSCAPE ARCHITECTURE SKETCH DESIGN

4.1 快题设计的一般过程与时间安排

通常快题设计的一般过程包括：审题—现状分析—概念构思与布局—深化设计—方案表现—图纸漏项检查等6个阶段。在设计过程中，各个阶段并不是绝对独立存在的，经常会相互交叉进行。如在审题、现状分析过程中，自然而然地伴随着概念构思与布局，甚至是设计方案的思考和比较；在深化设计过程中也伴随着对布局和结构的反思、调整；在方案表现过程中也涉及方案的细部设计等。同步思考是设计的一个特点，快题设计更是如此。本节按照快题设计的一般过程介绍快题设计中各个步骤及时间安排。

不同的快题设计在考试时有不同的时间要求，有3小时、6小时或8小时等。快题设计的时间非常紧张，对于任何人来说都不是一件轻松的事情。尤其是3小时的快题设计，在考试过程中大部分人的方案都是一遍成形，几乎没有反思、调整和修改的机会。因此，考试过程中如何合理安排时间是一个重要问题。最佳的应试方式是在考试前的一个月，按考试时间要求自己模拟完成一套考题，了解自己的能力、特点和状态，制定一个符合自己特长的时间表，并按此时间表进行模拟练习，直至达到要求。

快题设计的时间安排，虽然对于不同的考生、不同的试题会有差异，但大体上有一个可参照的时间计划。下面给出一般的时间安排计划，仅供参考（以3小时和6小时快题设计为例）：

1. 3小时快题

审题：5～10分钟
现状分析：5分钟左右
设计构思＋功能布局＋景观结构：30分钟左右
深化设计＋总平墨线：60分钟左右
其他图纸线稿：剖面（10分钟）＋透视（15～20分钟）＋分析（5分钟）
上色：30分钟
设计说明＋图名比例、指北针、标高、剖切、标注、图纸项目检查：15分钟

2. 6小时快题

审题：5～10分钟
现状分析：10分钟左右
设计构思＋功能布局＋景观结构：60～75分钟
深化设计＋总平墨线：90分钟左右
其他图纸线稿：剖面（20分钟）＋鸟瞰（60分钟）＋分析（15分钟）
上色：60～75分钟
设计说明＋图名比例、指北针、标高、剖切、标注、图纸项目检查：15分钟

如有剩余时间要注意查缺补漏，一定要检查所有图纸的指北针、比例尺的绘制，以及图纸编号等。

在平时的训练中应当注意时间的分配，可以选择目标学校或单位的试题进行有针对性的训练。

4.2 任务书信息解读

对题意的理解是展开快题设计的第一步，也是决定设计方向的关键性一步。理解对了，可以把设计思路引向正确方向。理解偏了，则导致设计思路误入歧途。总的来说，审题主要分为读题与解题两个阶段。

读题是基础资料收集与整理的过程。在快题设计中要迅速地获取任务书和图纸信息，抓住关键词，把握题目中的“明确要求”。

在开始快题设计之前，一定要通读和细读任务书上的每一个字，并用笔画下要点和数据，全面审题，不要着急动手。

景观快题任务书的内容一般包括4个方面：基地概况、设计要求、图纸要求、时间要求（图4-1）。基地概况是设计的出发点，对设计起到关键性的指导作用，基地特有的信息使方案具有独特性。

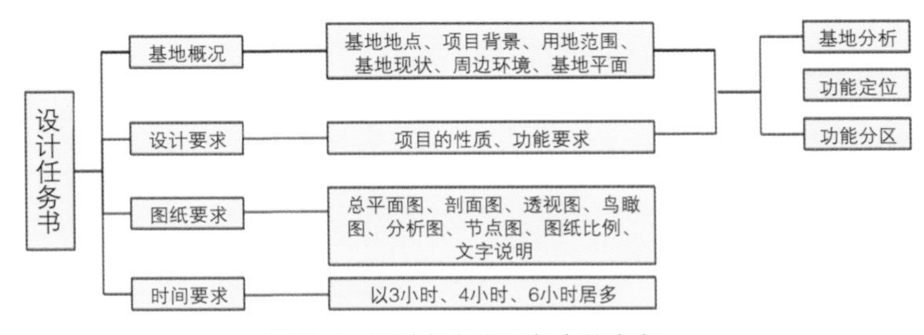

图4-1　设计任务书所包含的内容

解题是分析把握需要解决的问题，理解题目中考点或重点的过程。这一过程主要是考验设计者的反应能力、理解能力，需要快速读懂题目中的“引导性要求”，从而明确需要解决哪些问题，设想解决的方式与途径，为下一步的分析打下基础。

在进行文字工作的同时，读懂图纸是另一个重要方面。有些信息并没有在文字中反映，如地形地貌、建筑位置、保留物、道路走向、用地范围等信息。尤其需要注意的是，任何一个已经存在的场地，必然存在着自我特征，有其自身的结构和方向，需要理解和把握。

在设计中，是强调现存的个性，还是改变它，以及改变的程度如何，这都是审题时要考虑的问题。

在快题方案设计开始之前，需要从以下几点着手进行任务书的解读。

1. 文字性说明基地现状

（1）场地类型、面积、特殊要求（停车场、茶室、现状建筑……）一定看仔细。

（2）设计建议（设计风格、特殊……）。

基地地点、方位、项目背景、红线范围、用地面积、基地地形、场地内现状植物和建筑设施等。

常见基地现状因素：基地原来的性质和用途、分期建设（不同分期的衔接）、现状地形（山坡、陡坡、高差等）、现状大树或其他现状保留植物、现状建筑设施的完整度和风格（改造还是保留利用）、场地内需要遮挡适当隔离的设施（垃圾站、变电站等）、场地内的现状水体（鱼塘、洼地、湖泊）等。

2. 图纸性说明周边环境

周边环境指周边的用地性质和可利用的景观资源。不同的周边环境会对设计定位和边界的处理产生不同的要求，会对基地的出入口设置、基地内部的交通组织、功能划分和布局以及方案整体的形式处理产生较大的影响。

（1）周边环境：周边用地性质、周边用地出入口、建筑出入口、道路等级、交叉入口等。周边可利用的景观资源（湖、河道、场地外景观建筑等）、周边需要遮挡的要素（厂房、城市干道等）等是阅卷老师首先考虑的关于方案设计和周边环境的关系，这一点是最重要的，也是我们需要着重把握的。如果设计没有考虑题中给定的外部环境，对场地的把握很差，得分会很低。

（2）自然条件：水体、地形、植被（古树、拟保留植被群落等）。

3. 地域区位

景观设计本身具有明显的地域特征，不同地区自然条件不一样，所选植物品种、地形处理方式、水景的面积也有很大差别。审题时要确切了解题中基地所属的地域区位（部分考题会要求自拟），不同的区位属性会影响基地的功能定位（如城市中心商业区场地；城市边缘或郊区场地的处理区别）。此外，部分考题对场地的文化特征也有说明。

常见基地地域区位因素包括南方、北方、考生自定城市、城市中心区、新城开发区等。

4. 使用人群

景观快题设计中有些任务书会明确提出基地的服务对象，而对于没有明确提出服务对象的基地，通常可以通过基地的周边环境分析出基地的潜在使用人群。不同类型的人群对功能的要求会有所不同，使用人群的定位对基地的功能分区、节点的设计会产生较大的影响。

常见基地使用人群包括居住区居民、商业休息停留人群、老人、儿童、办公人员、厂房员工、老师、学生、其他常规游览人群等。

5. 隐含条件

（1）场地的功能需求（大面积集散广场、多个活动空间、室外展示空间等）。

（2）场地内节点个数、分布方式（根据场地面积、形状、现状地形来决定）。

注意：在任务书中，场地条件有时是通过文字的形式叙述的，有时表现在图纸上，需要设计者仔细读图，敏锐地分析和把握场地的各类条件。

6. 景观结构

景观结构主要有3种形式：自然式、规则式、混合式。先从整体上把控整个设计场地，为后续的深化设计打下基础，并确保基地方案的合理性。基地面积越大，考虑因素越多，景观结构越复杂。

4.3 设计思维与平面创意设计方法

设计思维的类型很多，如线形、规则形、放射形、圆形等，理想的设计思维不是纯粹感性拼贴，也不是理性的推导，要善于利用脑海中的设计常识、自己的设计经验，以及他人成熟的设计方法案例来作为新方案的思维起点。由于在快题考试中，时间限制很大，不可能反复地进行推敲与尝试，所以需要高效成熟的设计思维方法，要做到这一点必须要有扎实的基本功，同时也要对设计思维的特点有一个深刻的理解与运用。设计无定法，以下所总结出来的一些设计方法也是根据日常实际工作进行的归纳与总结，不可以偏概全。

形式构成可定义为将一个功能泡泡图中的大体分区转化为具体的形式。形式构成是设计过程中的关键性一步，因为它直接影响着整个空间的美观。大多数人如果没有在一个空间里居住或研究一段时间的话，他们就不能判定这个设计在功能上是否好用。

另一方面，人们对看到的形式反应迅速。通常，对一个设计是赞同还是反对往往快速地、主观地决定于由形式构成所形成的视觉结构。

创造出其相互间在视觉上相联系的过程。泡泡图中的每个区域在形式构成中将被赋予确定的位置和轮廓。

在同种图解中，功能泡泡图和3个不同形式的线组成了各式各样的设计主题，不同的主题为景观设计创意构思提供了更多选择，有些主题由一种形式组成，而有些则包含两种形式（图4-2）。但是，由两种以上的形式构成的组合形式很难获得一致性的主题。

利用几何形为主题来组织景观可以从以下几种基本形状演变得出：①曲线主题；②斜线主题；③矩形主题；④直线主题；⑤圆形主题。

所有这些构成中的空间与功能图解相比往往在大小、比例和功能上都相似，但在形式和位置上却更为精确。

从概念到形式是一个反复修改组织的过程，那些代表概念松散的圆圈和箭头将变成具体的形状，可辨认的物体将会出现，实际的空间将会形成。

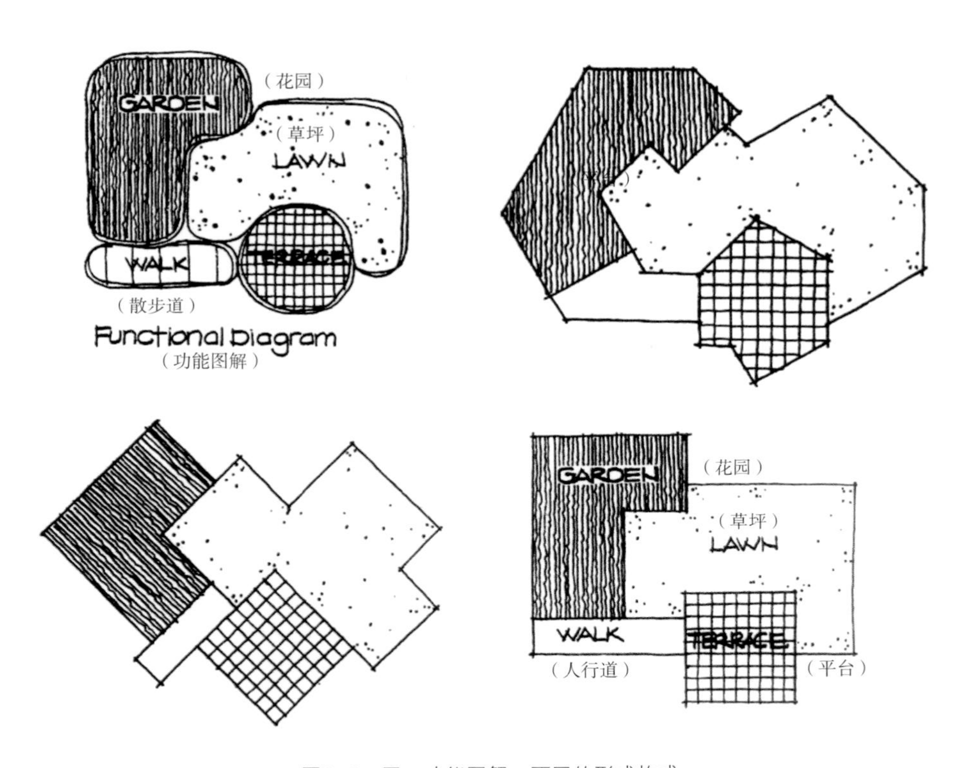

图4-2　同一功能图解、不同的形式构成

除了确定形式的边界以外，形式构成同时也形成了一个视觉主题。因为它是由某些特定形式经多次重复而形成的，所以它能令人产生一致感和整体形式。整体形式的一致性是在景观设计中获得秩序的一个必要手段。

当我们面对设计题目无从下手时，具体的形式演变可以激发大脑的构思，从而产生设计灵感，这种方法不能等同于公式，但是是设计手法的一种方式，同时应用这些方法来完成初步构思进而演变成为具体的方案。对于考生来说，主要问题还是要解决如何快速地产生合理有效的形式。下面我们依次介绍几种常见的设计形式，采用合理高效的图示方法，希望能够帮助大家快速地提高设计能力。

（1）曲线主题设计。

就像正方形是建筑中最常见的组织形式一样，蜿蜒的曲线也是景观设计中运用最广泛的形式之一。从功能上讲，曲线是一些景观元素的理想选择，如有地形变化的人行道与车行道适用于这种平滑流动的形式。所以，曲线主题是一个很常见的主题，通常作为自然式与自由式的代名词。曲线在平面中还分为抛物线、弧线、双曲线等线形，通常给人以优雅、流畅、轻快、活泼的感觉。曲线具有一定的柔美感，在自然景观中能起到很好的协调作用。中国古典园林设计中，曲线的应用可谓是经典至极。曲线对于空间的围合和划分也有着重要的作用，能够形成简洁、流畅、醒目、规整又不乏柔和的景观空间，在形式上呈现明快的如画风格。

从功能上说，曲线形状是设计一些景观元素的理想选择，如某些机动车和人行道适用于平滑流动的形式。在空间表达中，曲线常带有某种神秘感。沿视线水平望去，曲线似乎时隐时现，并伴有轻微的上下起伏之感。在景观设计中不单单是道路可以应用到曲线，观景座椅、水池边缘、绿篱的修剪、花境的处理都可以应用到曲线。曲线非常优美，在生活中也非常常见，一些典型的自然梯田的肌理，富有曲线的美感，在我们设计的过程中，也会对自然形态进行提炼，寻找设计灵感来源，运用隐喻的手法进行创作（图4-3～图4-5）。

图4-3　自然曲线的提炼

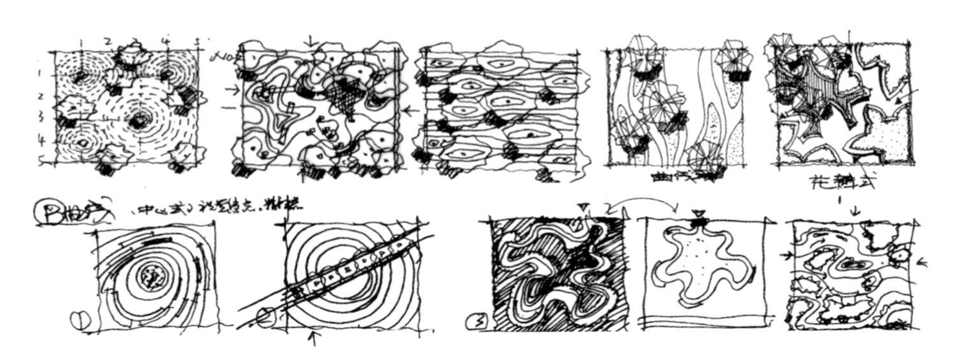

图4-4　10m×10m空间曲线主题设计思维发散训练　作者：柏影

屋顶花园景观快题设计

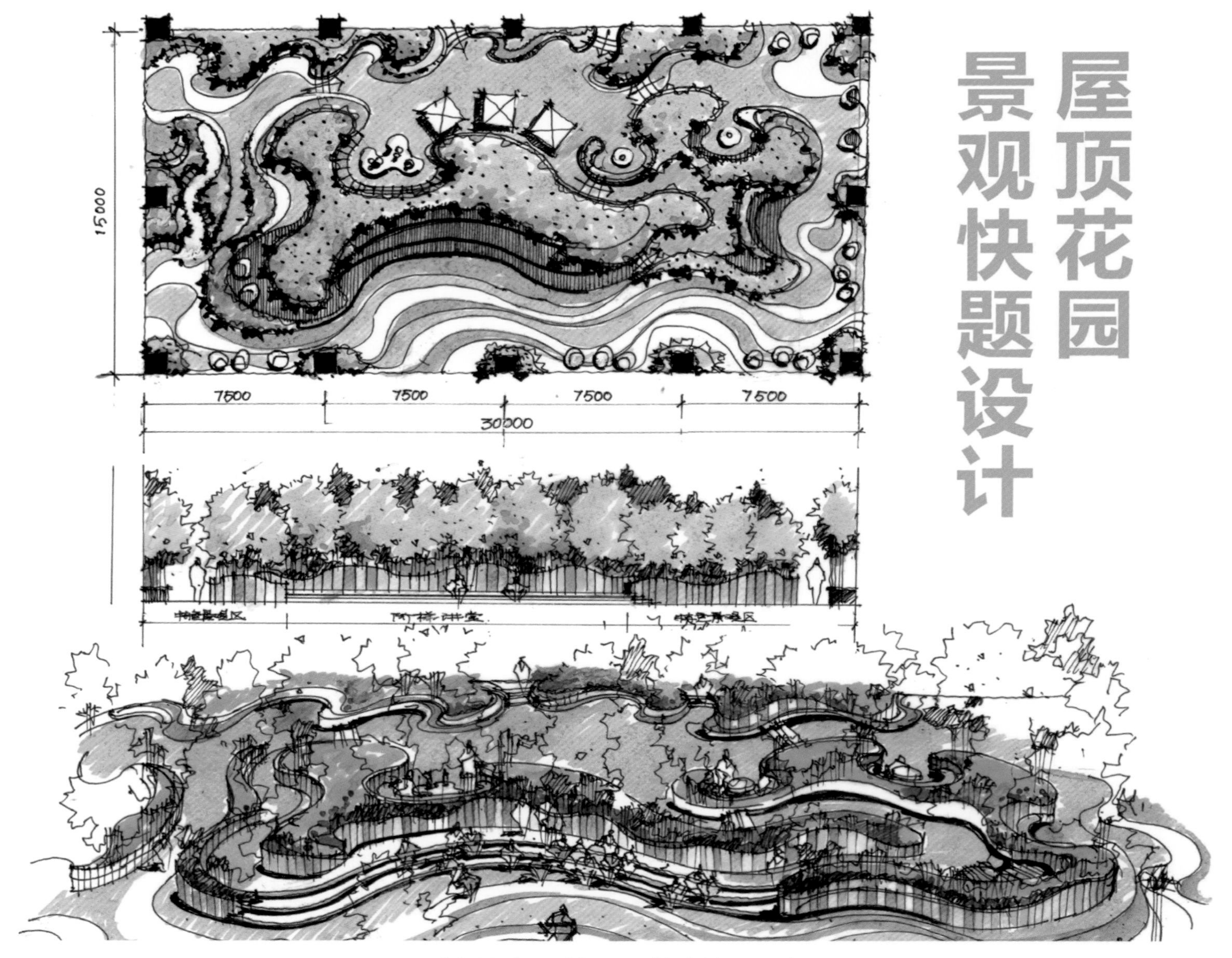

运用曲线主题进行设计构思，形成简洁流畅的平面布局

图4-5　屋顶花园景观快题设计　作者：柏影

（2）斜线主题设计。

纯粹的斜线主题，实际上是一个与矩形形成一定角度倾斜的矩形主题。倾斜的角度有多种，一般常用的有60°或者45°，还有多方向的线条，有助于减少锐角。

斜线主题在强调这种倾斜的时候，往往会取得不错的构成效果。当设计时，适当地调整构图，形成斜线主题，可以有效地拉长空间进深效果，加强空间进深。这种主题的设计形式非常大胆而且极具动感。

斜线主题的主要特征如下：不对称、活跃不规则、独特多样性、新奇、视觉感强。

以下在一个10m×10m的空间中进行斜线主题的发散思维，通过思维发现我们可以得到不同形式的斜线主题，这就为我们在设计创意的过程中提供了很好的设计思路（图4-6、图4-7）。

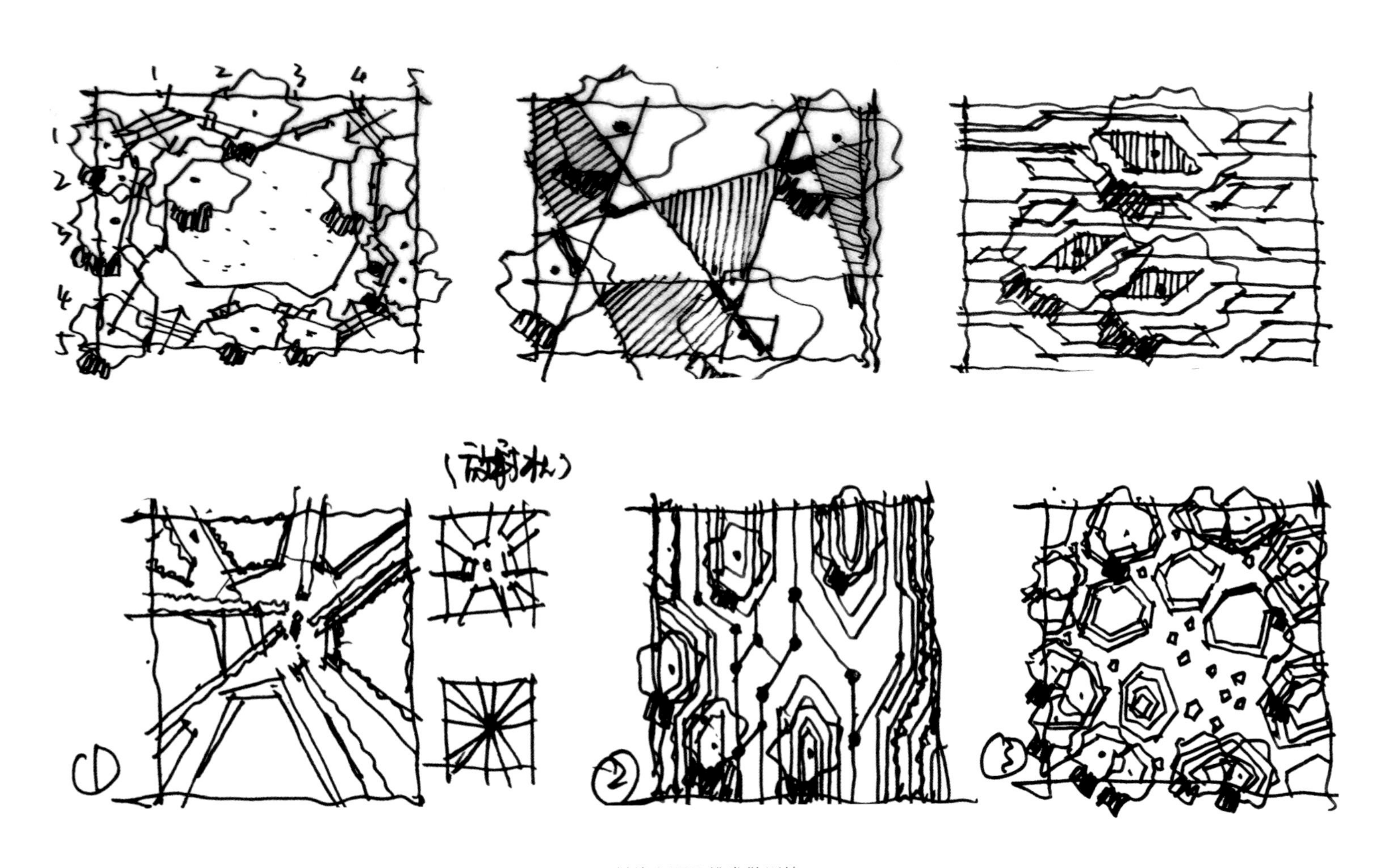

图4-6 斜线主题思维发散训练

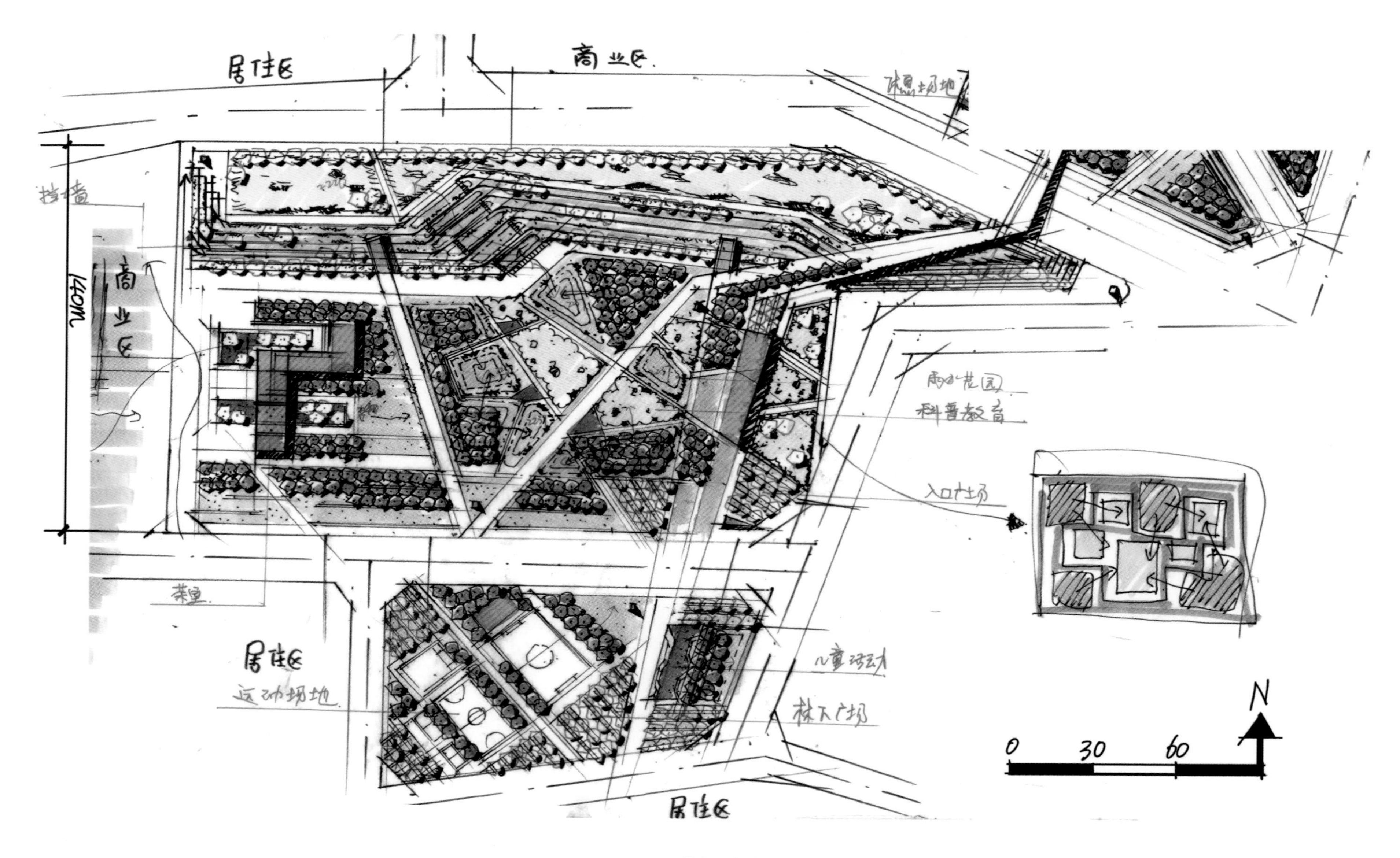
居住区
商业区
休息场地
挡墙
140m
商业区
屋外花园
科普教育
入口广场
绿道
居住区
运动场地
儿童活动
林下广场
居住区
0
30
60
N

图4-7　作者：李劲柏

（3）矩形主题设计。

矩形主题是由正方形与矩形组成，并且所有的线条与线条之间成90° 角，这种主题可以设计得十分正式，也可以设计得轻松随意。在做矩形设计时需要考虑以下几点：

①大小要多样性。

②多样性之间的叠加。

③各种形式之间的叠加。在矩形的主题中，会使用大量的矩形以及正方形，以便形成趣味性的视觉主题，同时在构成中按照空间的重要性形成层次，设计中最重要的空间应该最大、最突出，次要的空间则较小（图4-8、图4-9）。

④结合场地的功能分区，可以有多种形式的功能布局，几何形较强的布局往往显得规整与简洁，多用在中小尺度的场地或者大型尺度的局部地段（图4-10、图4-11）。

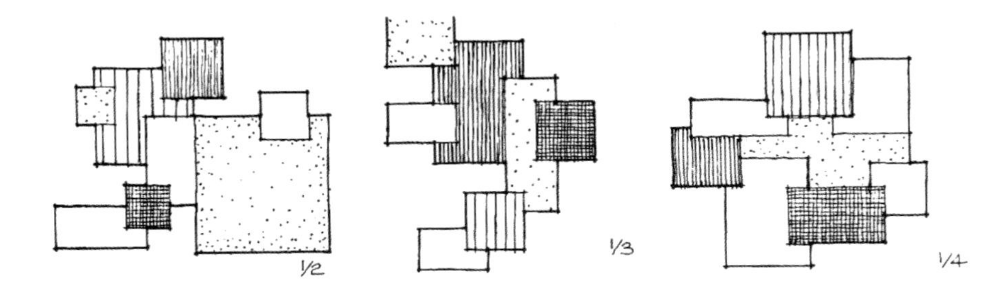

图4-8　矩形的连接形式分析

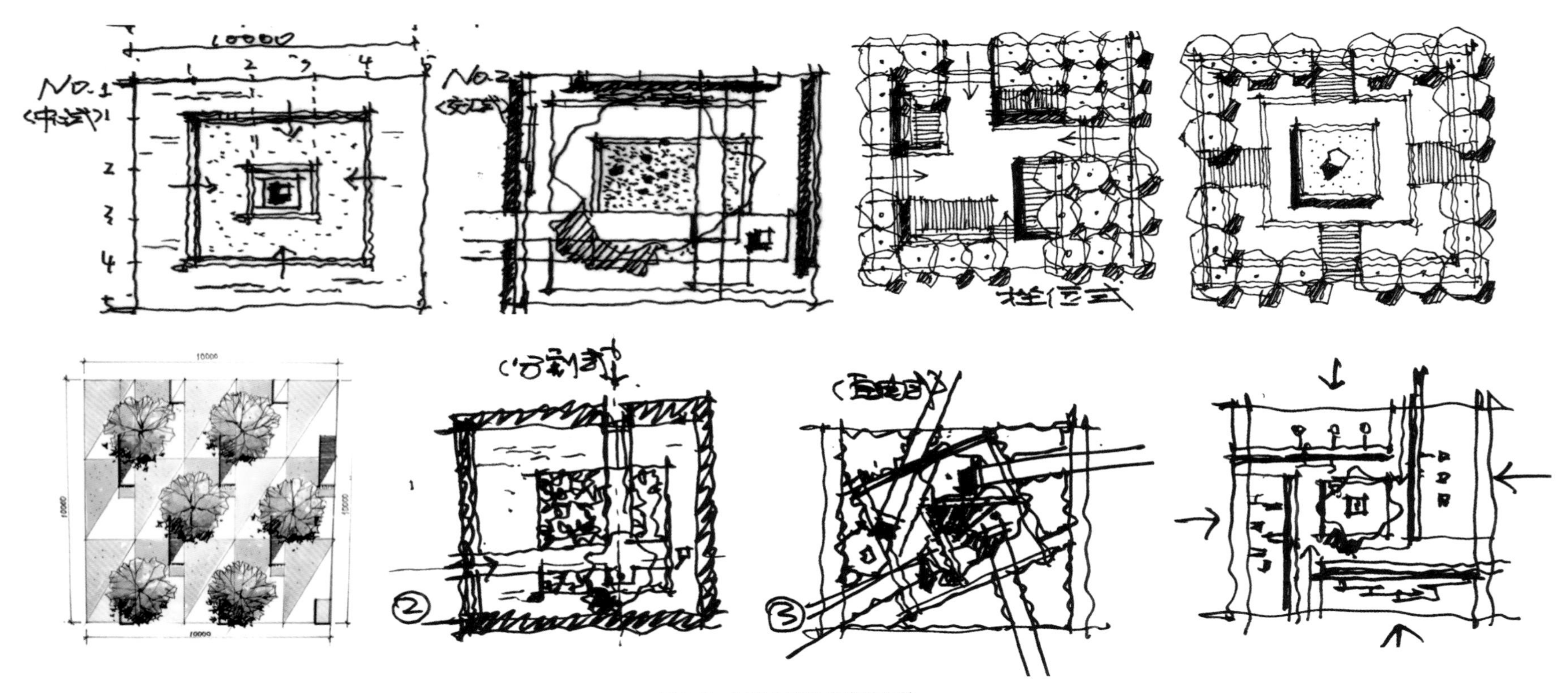

图4-9　矩形主题思维发散训练

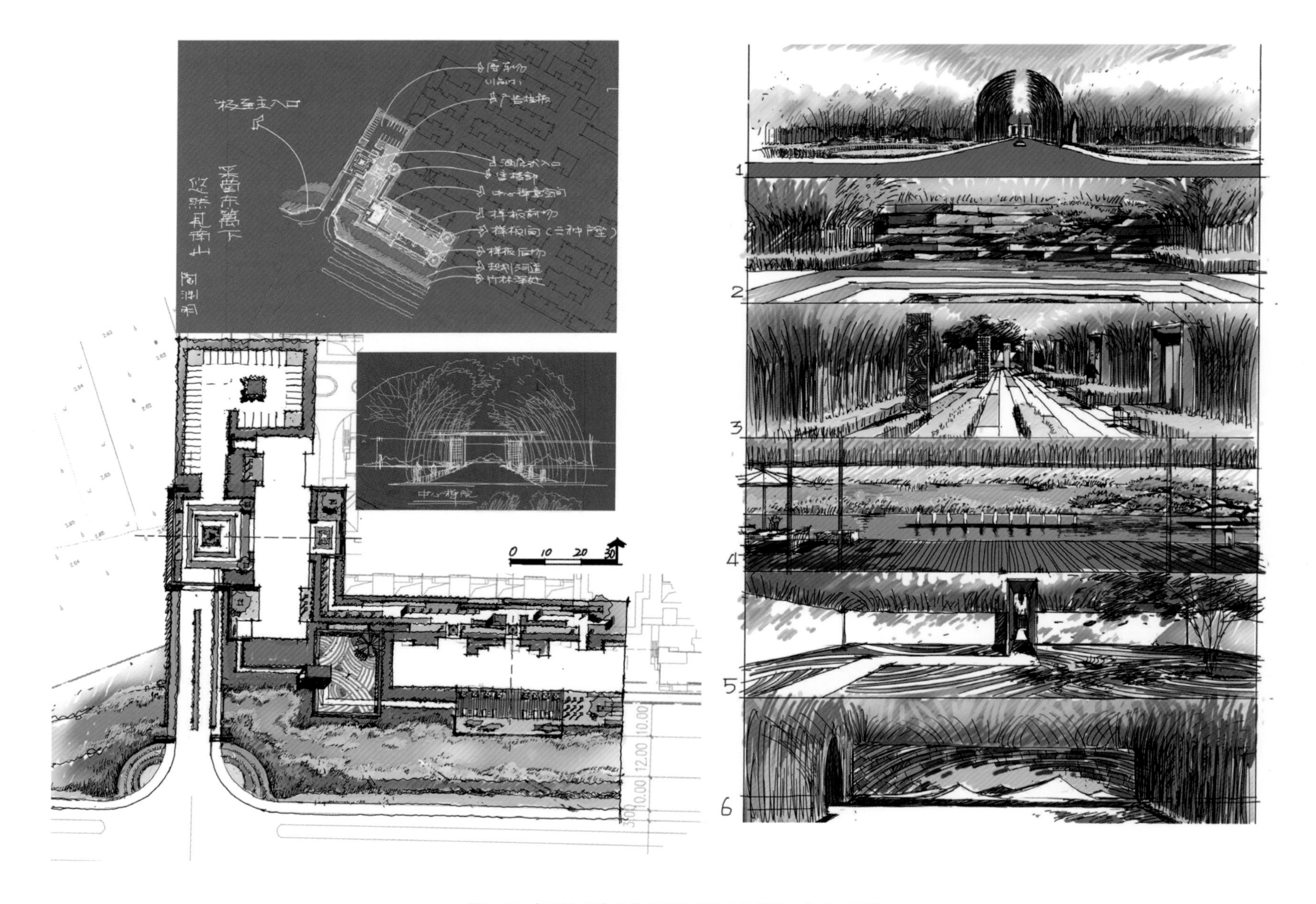

图4-10　矩形主题在居住区绿地设计中的应用　作者：柏影

（4）直线主题设计。

直线主题设计主要是由线条的间隔变化而形成的一种主题性设计。线条在我们的日常生活中十分常见，它的形式感十分明确，单根的线条往往显得孤独，而重复排列的线条往往很容易形成一种序列感与秩序性。几何特性十分明显，这跟直线的特点有直接的联系。

直线主题设计是基于线条序列性的变化，由直线间隔性地排列而形成的主题设计类型。通过序列的变化从而产生一种节奏的美感，可以是重复的变化，十分统一；也可以是不重复的变化，显得十分活跃（图4-12）。

在进行平面构成的时候，需要有一定的韵律感与节奏感，在统一的前提下有一定的大小变化。

直线空间形式处理往往会显得比较单调，但是地面铺装或者种植的时候经常会出现规律性的变化，铺装在空间设计中会经常用到（图4-13）。

也正是由于简单的规律性变化，很容易形成视觉上的统一。

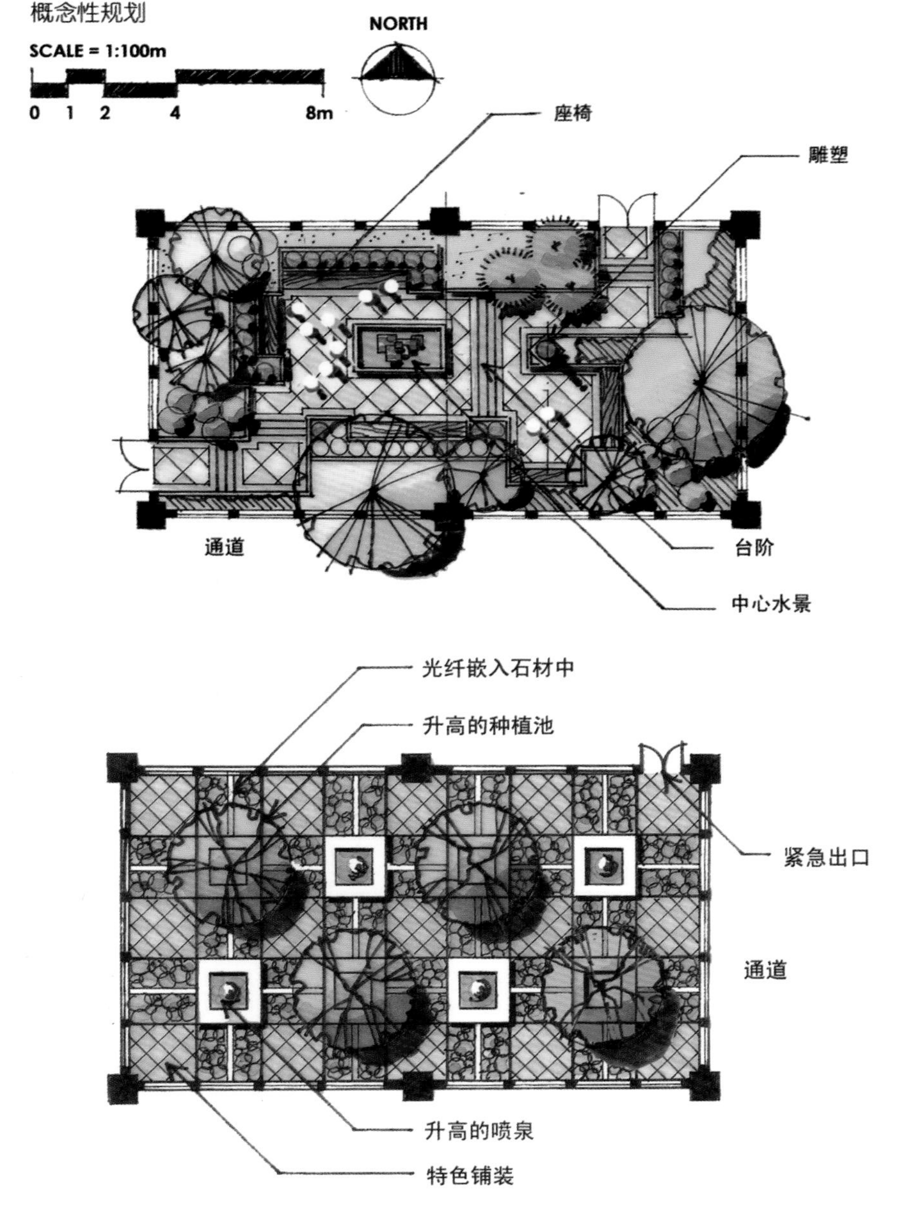

图4-11　矩形主题在庭院景观中的设计应用

图4-12　直线主题的概念与应用

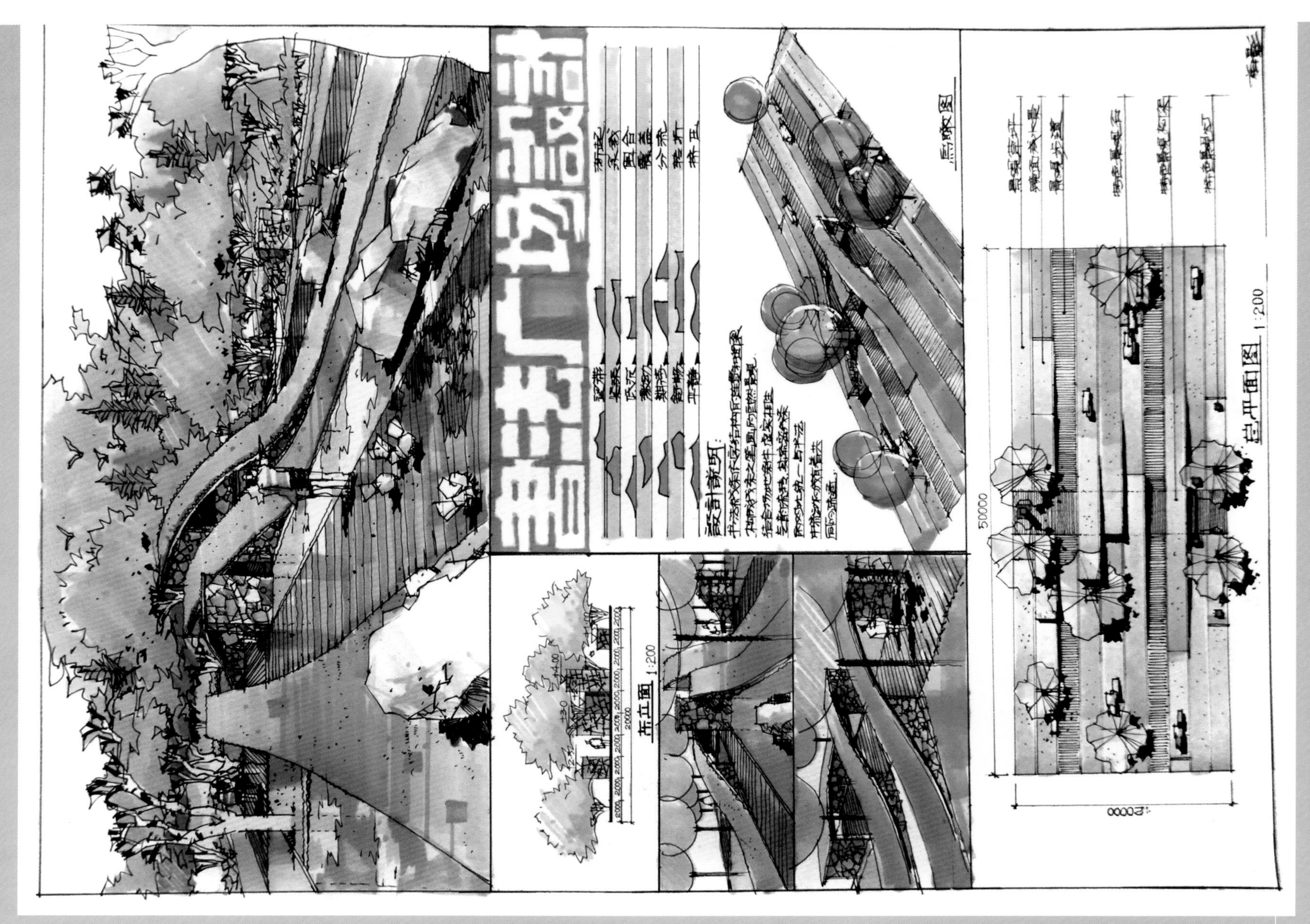

图4-13 小广场直线主题设计应用范例

（5）圆形主题设计。

首先，圆的大小宜多样。每个构成里应包含一个主导空间或主体形式。根据这点，构成中的一个完整的圆形区域就会凸显出来成为突出的主体，这样的一个圆形区域可以设计一个草坪或主要的娱乐空间、起居空间，或是设计中的另一个重点区域。除此以外，其他圆的尺寸应较小一些，大小也不必一样。当要将两个圆交叠时，建议让其中一个圆的圆周通过或靠近另一个圆的圆心。这有两个原因：第一，如果两圆有太多重叠部分，那么其中一个往往变得不可识别，因为有太多部分在同一个圆里；第二，两圆若重叠得太少，就有可能会出现锐角。

叠加圆提供了几个相互联系但又区分明确的部分，当设计中要求有许多不同的空间或区域时，这个性质就很有优势。另外，叠加圆主题可以有很多朝向，这可以使设计具有多个良好的景观视线（图4-14）。

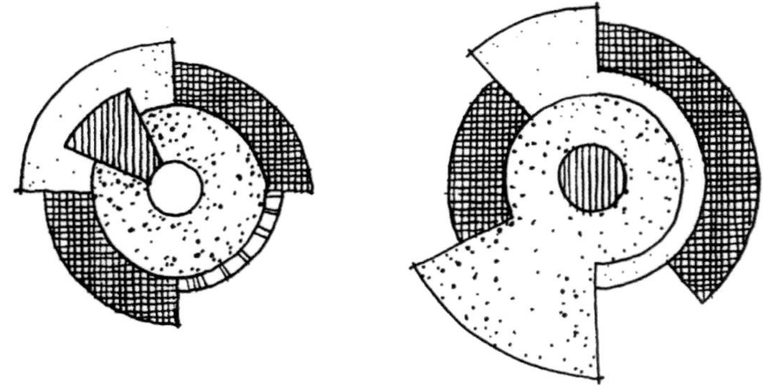

通过变换半径、半径延长线的长度以及旋转角度可以使同心圆主题有多种变化

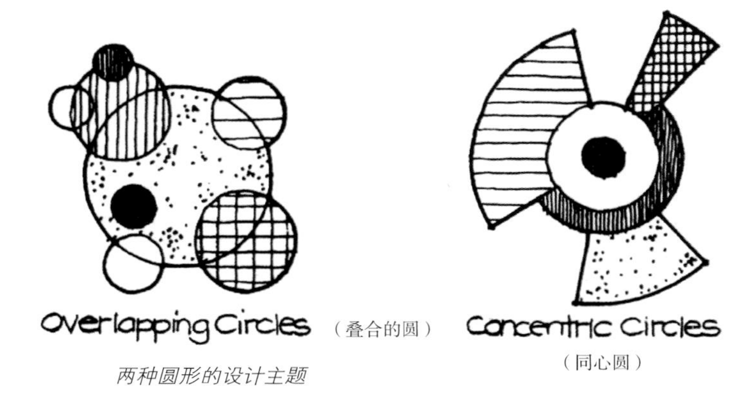

两种圆形的设计主题

图4-14

同心圆是一个强有力的构成形式，它们的公共圆心是集中注意力的焦点，因为所有的半径与延长线均从此点出发。在同心圆的主题设计中，要忽略圆心的重要性几乎不可能。同心圆主题中的多种变化要通过变换半径和半径延长线的长度以及旋转来实现。同心圆主题最适用于设计元素非常重要的空间，以及形成视觉中心。同心圆的圆心不能够随意地在基地上设置，它应该在空间构成上有非常重要的价值，通常用于诸如别致的图案铺装、水景喷泉等视觉焦点，来凸显整个设计的重点（图4-15～图4-17）。

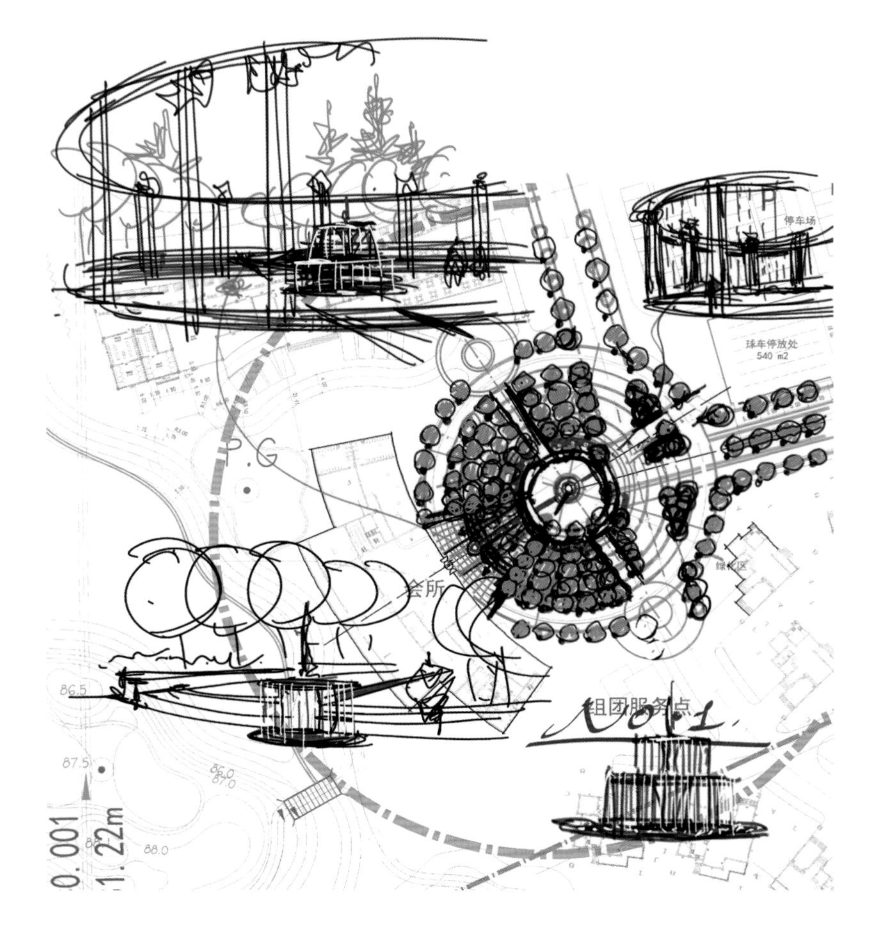

图4-15　圆形主题广场设计草图

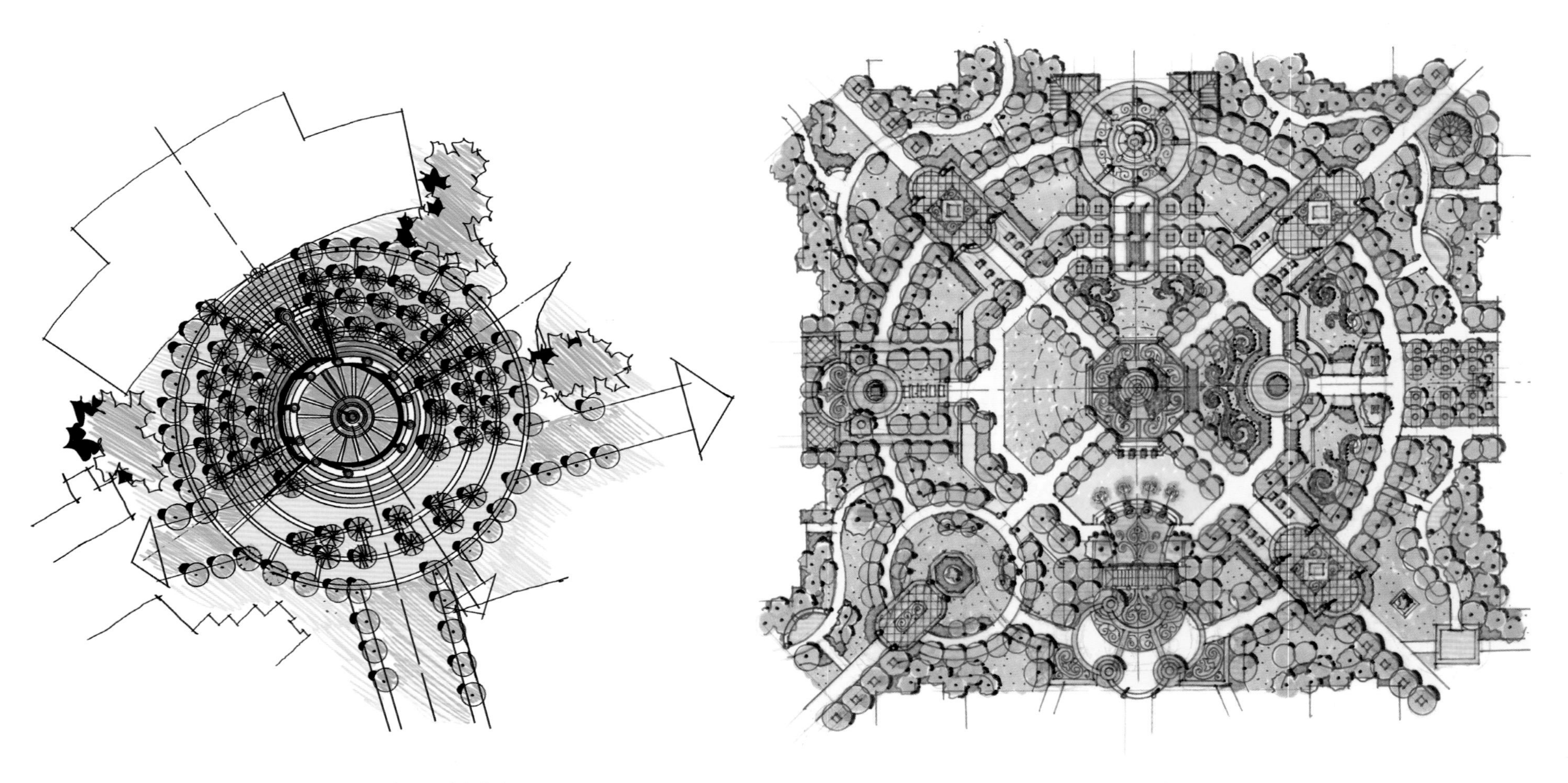

图4-16　圆形广场设计完成稿

图4-17　圆形主题方案设计

4.4 平面概念创意设计案例解析

上一节介绍了不同类型的设计方法，我们在做整体训练之前，可以先做一些发散练习，侧重以平面方案为主，有针对性地解决创意设计问题以及对不同的设计思维方法熟练地运用，可以考虑以下3个步骤进行训练：

（1）概念方案发散训练。先从一些小的场地开始进行分析，整合自己的构思和空间的处理形式，侧重设计形态的操作，以放松的心态来完成发散的思维训练，这样有助于我们保持敏锐的观察力、好奇心以及全面的创造力（图4-18）。

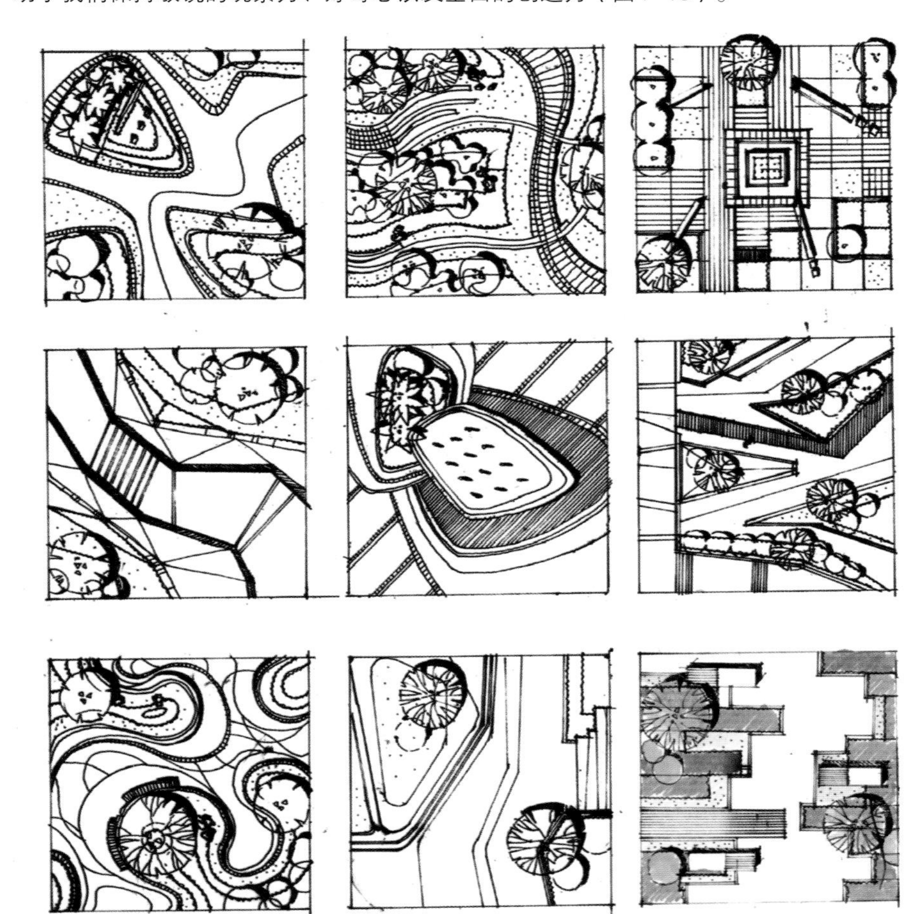

图4-18　不同形式的概念发散思维训练　作者：魏军

（2）设计方案思维综合实战训练。在自己能够熟练地处理一些简单的空间形式后，需要逐步加强整体方案设计能力、空间处理能力，所以在后期应当采取实战性强的真题来进行训练，有助于提高设计的应变能力以及时间的把控能力。

（3）找到一些往届的考研真题或者实际项目。通过前面的学习，把设计方法应用到实际的设计项目中，进一步熟练地掌握这些平面创意设计的法则，从而能够快速地进行平面创意方案设计。

·案例一：小场地概念景观发散思维训练

以下是一个20m × 30m的办公休闲庭院景观空间平面设计案例，满足基本的休闲、绿化以及交通功能，见图4-19。

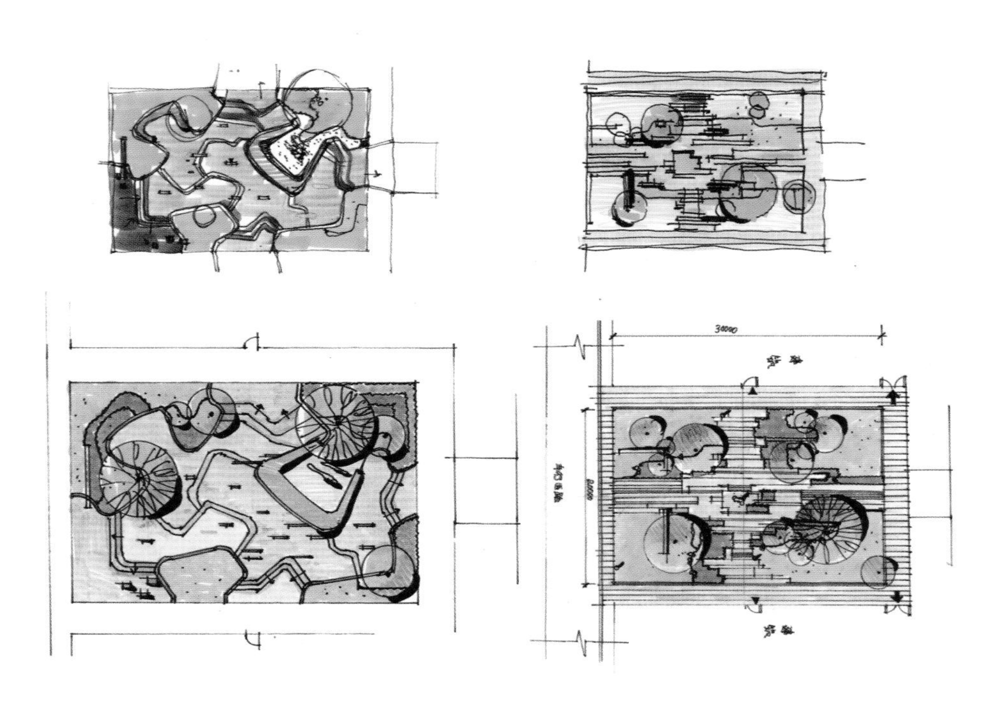

图4-19　作者：魏军

· 案例二：酒店景观方案平面创意设计（图4-20）

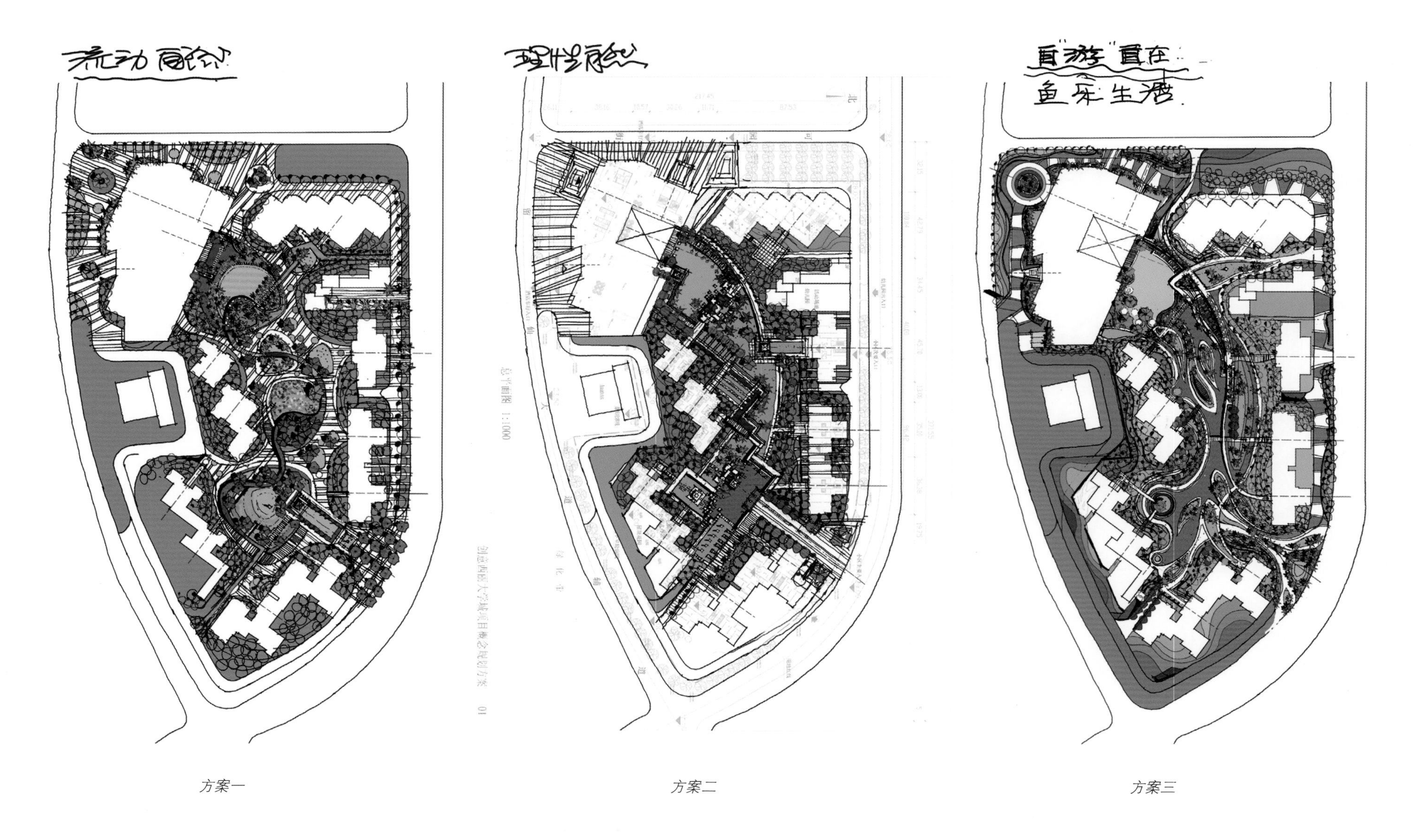

方案一

方案二

方案三

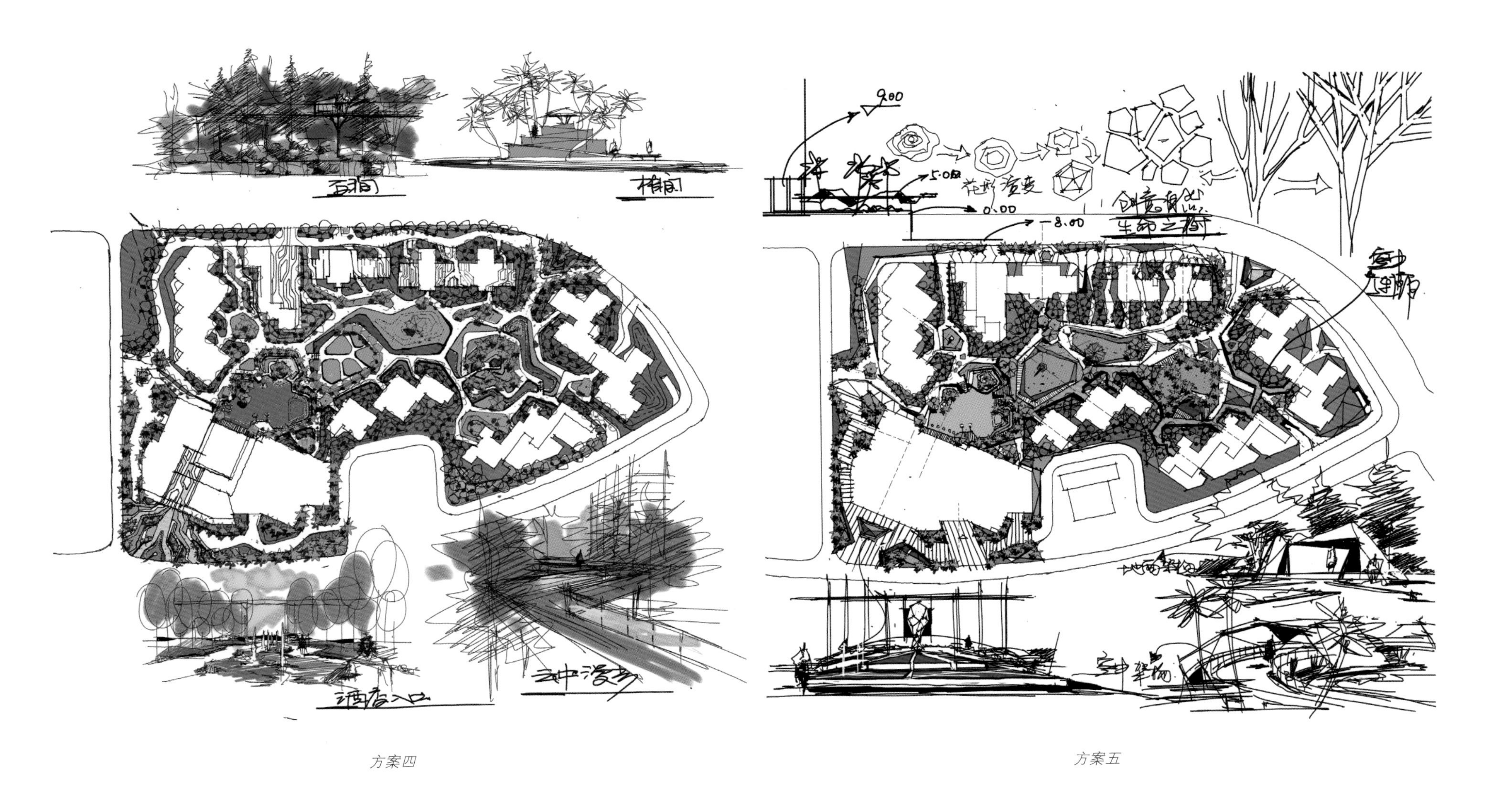

方案四

方案五

图4-20　酒店景观方案平面创意设计　作者：柏影

· 案例三：校园纪念广场景观快题设计实战训练

江南某高校为纪念风景园林学院独立设置，拟在校园内建一座风景园林学院成立纪念小广场，其场地地势平坦（地形及边界范围见附图所示），用地红线面积约5775m^2。具体设计要求、设计内容及时间安排如下：

1. 设计要求

（1）在小广场内设置一纪念亭，纪念亭可独立设置，也可成组设置。

（2）纪念亭造型要简洁，面积可自定。

（3）设置一景墙，以记载学院大事记及相关名人。

（4）充分利用原有地形，合理安排纪念亭、纪念墙及小广场，考虑学习、交流及娱乐等活动，为师生提供交流、休憩与观赏空间。

（5）以展现风景园林专业文化为主题，对纪念亭、纪念墙及小广场进行整体环境设计。

2. 设计内容

（1）总体规划图1：300，1张。

（2）局部绿化种植图1：300，1张。

（3）景点或局部效果图2个，植物配置效果图1张。

（4）剖面图1：300，1张。

（5）400字规划设计文字说明（在图纸上）。

3. 图纸及表现要求

（1）图纸规格为A2（594mmx420mm）。

（2）图纸用纸自定（透明纸无效），张数不限。

（3）表现手法不限，工具线条与徒手均可。

4. 考试时间

3小时。

案例表现见图4-21、图4-22。

附图

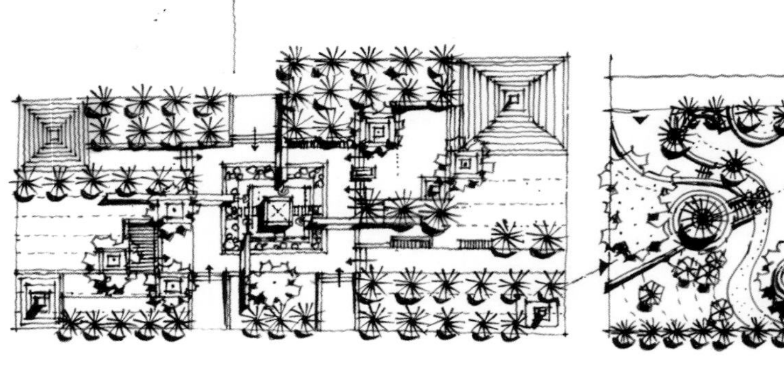

直线形设计

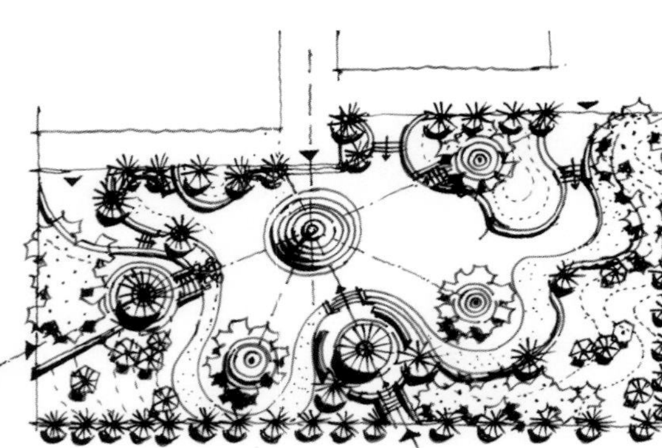

圆形、半圆形相切设计

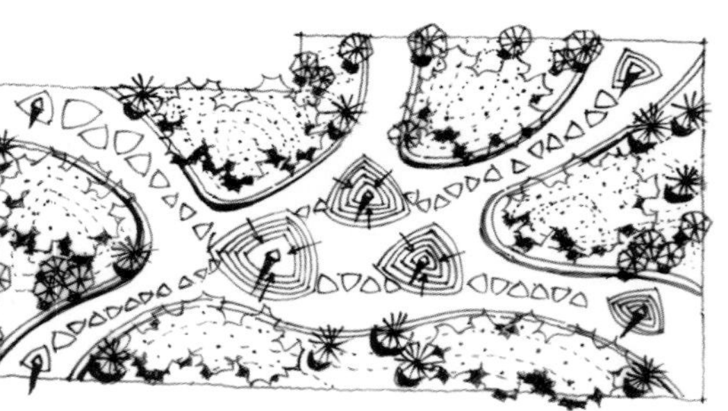

曲线形设计

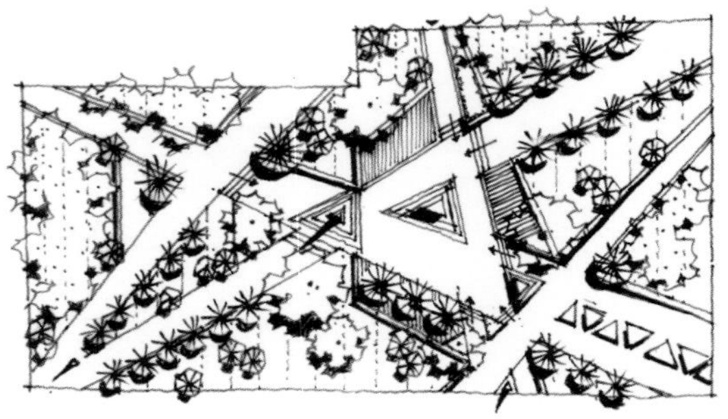

斜线形设计

图4-21a 构思草图 作者：柏影

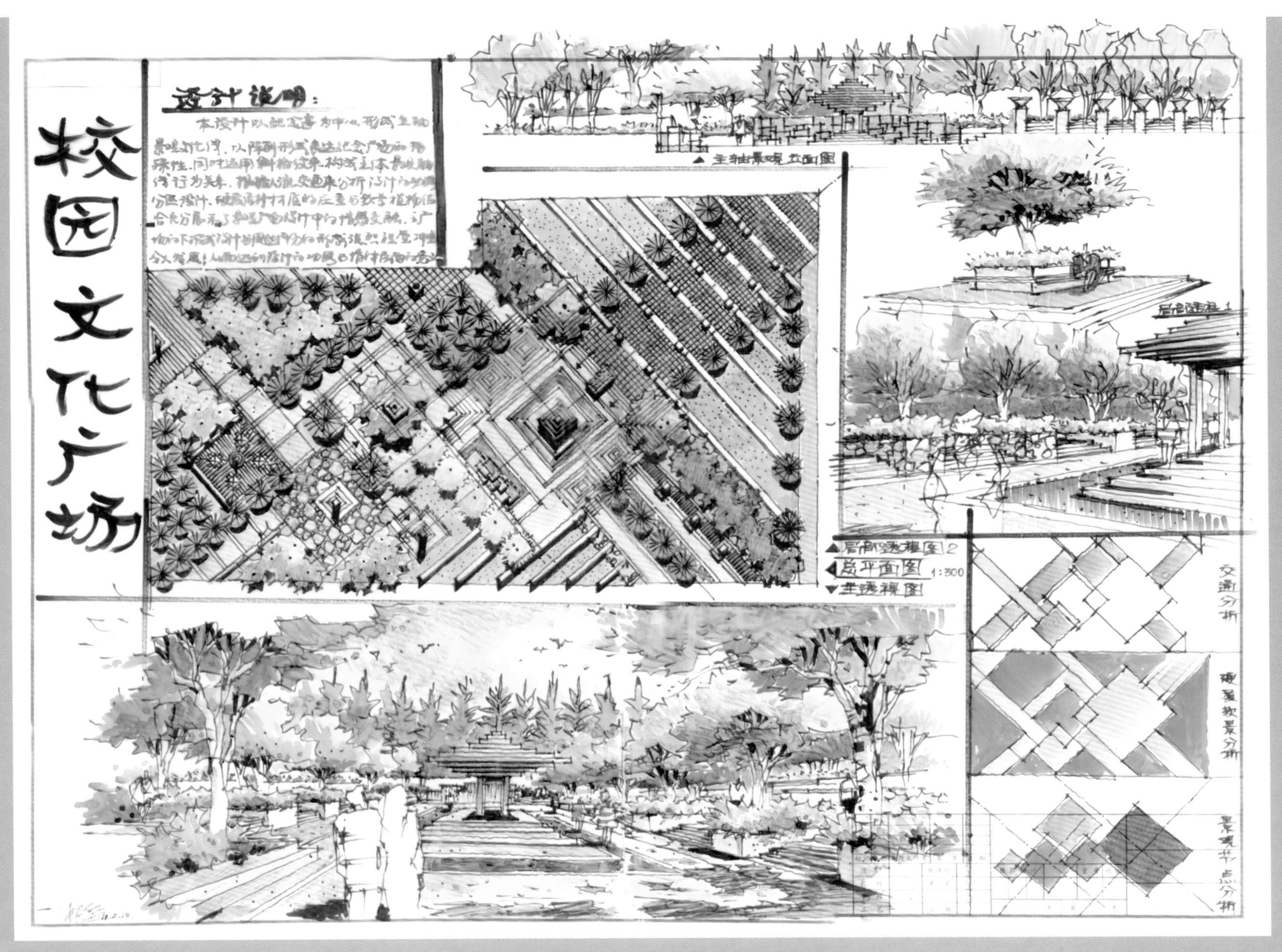

图4-21b　校园纪念广场快题设计范例一　作者：柏影

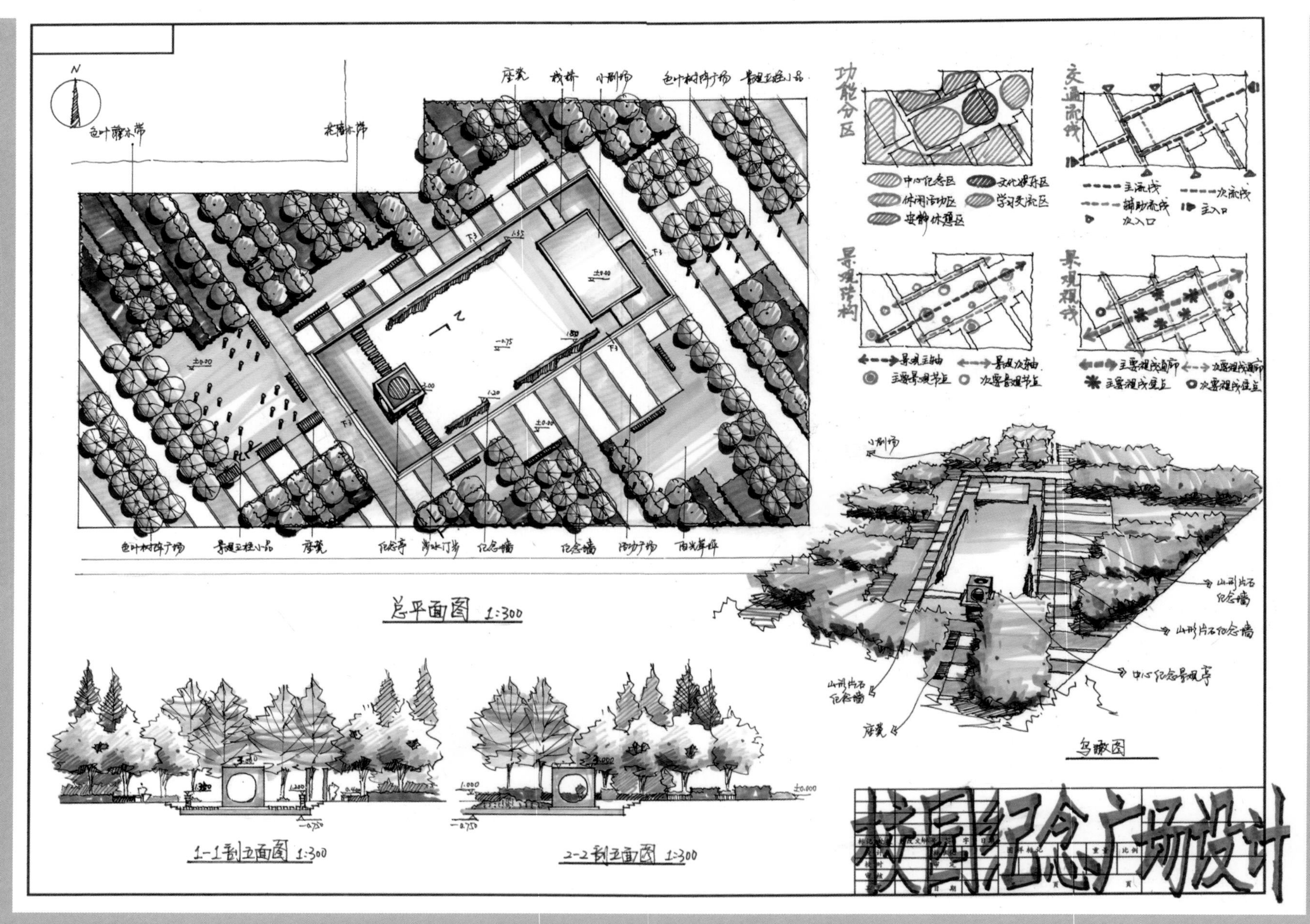

图4-22　校园纪念广场快题设计范例二　　作者：刘克华

景观

快 题 范 例 解 析

景观快题主题设计解析

LANDSCAPE ARCHITECTURE SKETCH DESIGN

5.1 城市滨水景观设计

城市滨水区是构成城市公共开放空间的重要部分，并且是城市公共开放空间中兼具自然景观和人工景观的区域。

（1）滨水区设计的构成要素。

①水体；②绿化；③道路；④护岸；⑤建筑。

（2）滨水区设计的基本要求。

①可达性（亲水性）；②可视性（通透性）。

滨水景观设计利用水生植物或者亲水的乔木进行植物的设计，在丰水期或是有洪水的日子中植物虽然被淹没但是堤坝的防洪功能并没有被减弱，在满足市民的文化需求、城市景观的优化发展的同时还必须具备防洪的功能。

滨水景观是一种独特的线状景观，是形成城市印象的主要构成元素之一，极具景观美学价值。滨水植物景观是滨水景观的重要组成部分之一，因此，充分重视和建设好滨水植物景观，有助于城市形象的改变与提升，强化地区和城市的识别性。城市滨水景观在提升城市形象、扩展城市休闲空间、发展旅游等方面起到了一定的积极作用。

·案例设计：滨水景观设计

场地概况：该区域位于一块海滨商业区与居住区之间，北临大海，西北方为居住区，东北方为商业区，道路距岸线30m，高差10m，常年水位245m，最高水位247m，道路标高255，大小150m×30m，建筑平面见附图。

设计要求：

（1）考虑周边的环境，充分利用周围的景观，合理设置景观区域。

（2）考虑该场所与周边建筑的关系，合理规划出入口与人流路线。

（3）充分考虑硬地的铺装变化。

（4）设计满足日常生活和休闲公用景观。

图纸要求：

（1）平面图1张，剖面图两张，比例自定。

（2）景观分析图、道路分析图各1张。

（3）总体鸟瞰图1张，低视点透视图若干，表达设计意图即可。

（4）设计说明不少于200字。

·题目要点分析

（1）考题思路分析。

①首先要对场地现状进行高清解读（如建筑、河道水位、性质、功能、人群等）。

②方案构思依据：交通、人流、视线、功能、植物等。

③动静区域的划分、标志性的对景、平台等。

④构思到构图的转变，可实施性的体现。

⑤项目的定位。

（2）考题要点与盲点分析。

①交通分析。题目中设计区域在商业区与居住区之间，那么应该是处于城市的繁华地带，对于交通的要求是比较高的，也是此题的主要考查点。对于人流的分析以及交通的出入口的设计必须要谨慎。

②区域分析。滨水区应提供多种形式的功能，如林荫步道、成片绿茵休憩场地、儿童娱乐区、音乐广场、游艇码头、观景台、赏鱼区等，结合人们的各种活动组织室内外空间。点、线、面相结合：线——连续不断的以林荫道为主体的贯通脉络；点——在这条线上的重点观景场所或被观景对象，如重点建筑、重点环境小品、古树；面——在这条主线的周围扩展开的较大活动绿化空间，如中心广场、公园等。在重点地段设置城市地标或环境小品。室外空间可与文化性、娱乐性、服务性建筑相配合，需在适当的地点进行节点的重点处理。

③地面铺装。题目中的要求重点强调了地面铺装的变化，所以铺装不能太过死板，滨水景观设计中铺装设计包括软质和硬质。硬质景观则运用上下层平台、道路等手法进行空间转换和空间高差创造。软质可运用草坪和其他结合进行再创造。

④创意性的体现。设计要在变化中遵循统一的原则，如没有十足的把握，考研快题考试中就不要有太大的创意设计，最好选择保守的设计方案。

⑤水位、驳岸分析。水位高差比较大，驳岸可设计些水草等自然生态植物，城市中缺少自然和原生态，水生植物可以让人更加亲近自然，也可以稳固驳岸。

⑥绿化分析。在滨水区沿线应形成一条连续的公共绿化地带，在滨水植被设计方面，应增加植物的多样性。这样为城市提供了多样性景观和娱乐场所。另外，增加软地面和植被覆盖率，种植高大乔木，以提供遮阴和减少热辐射。城市滨水的绿化应多采用自然化设计。

此外，设计过程中还应充分尊重地域性特点，与文化内涵、风土人情和传统的滨水活动相结合，保护和突出历史建筑的形象特色。

案例设计见图5-1～图5-3。

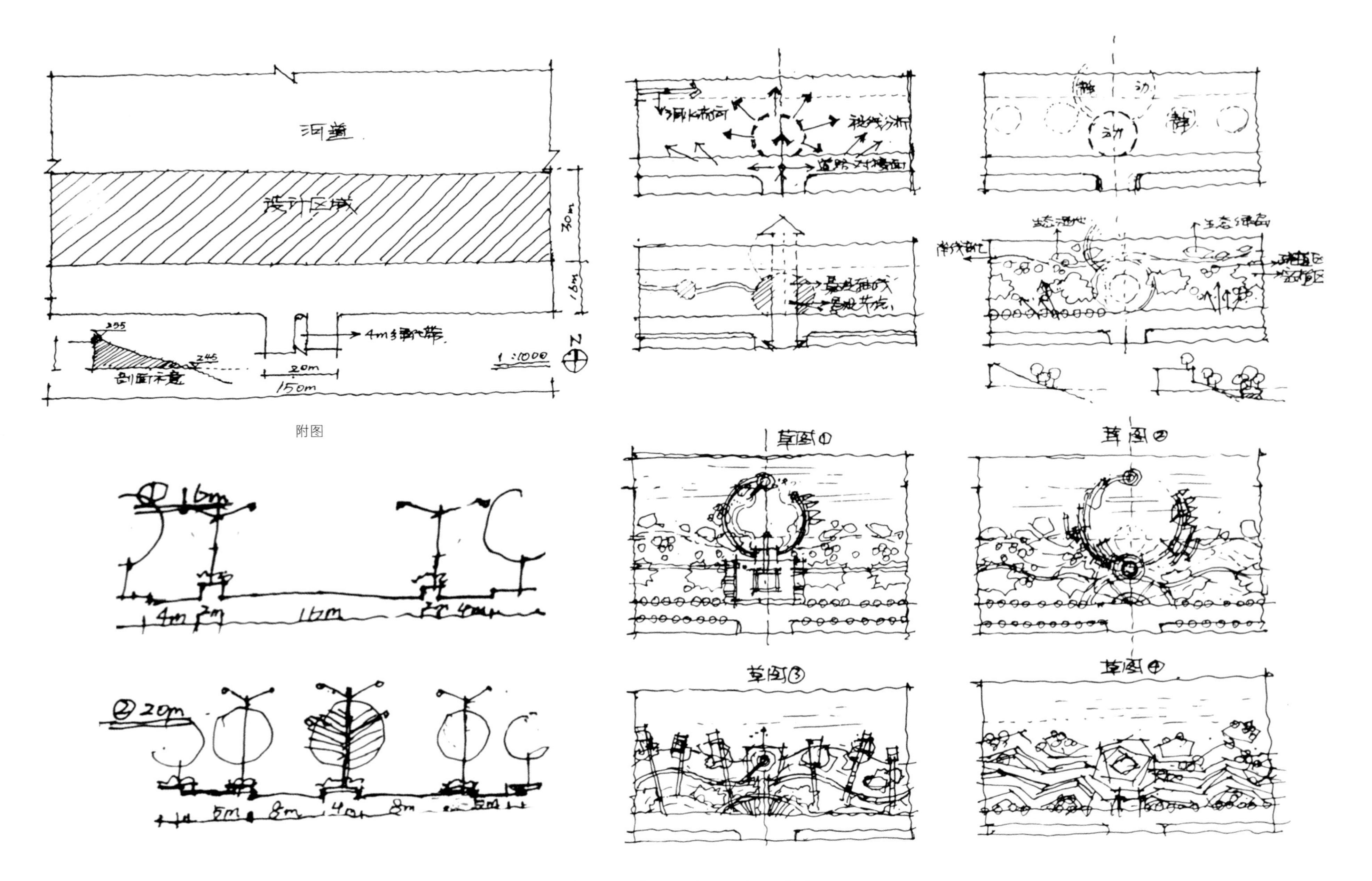

图5-1　方案一：分析图　作者：柏影

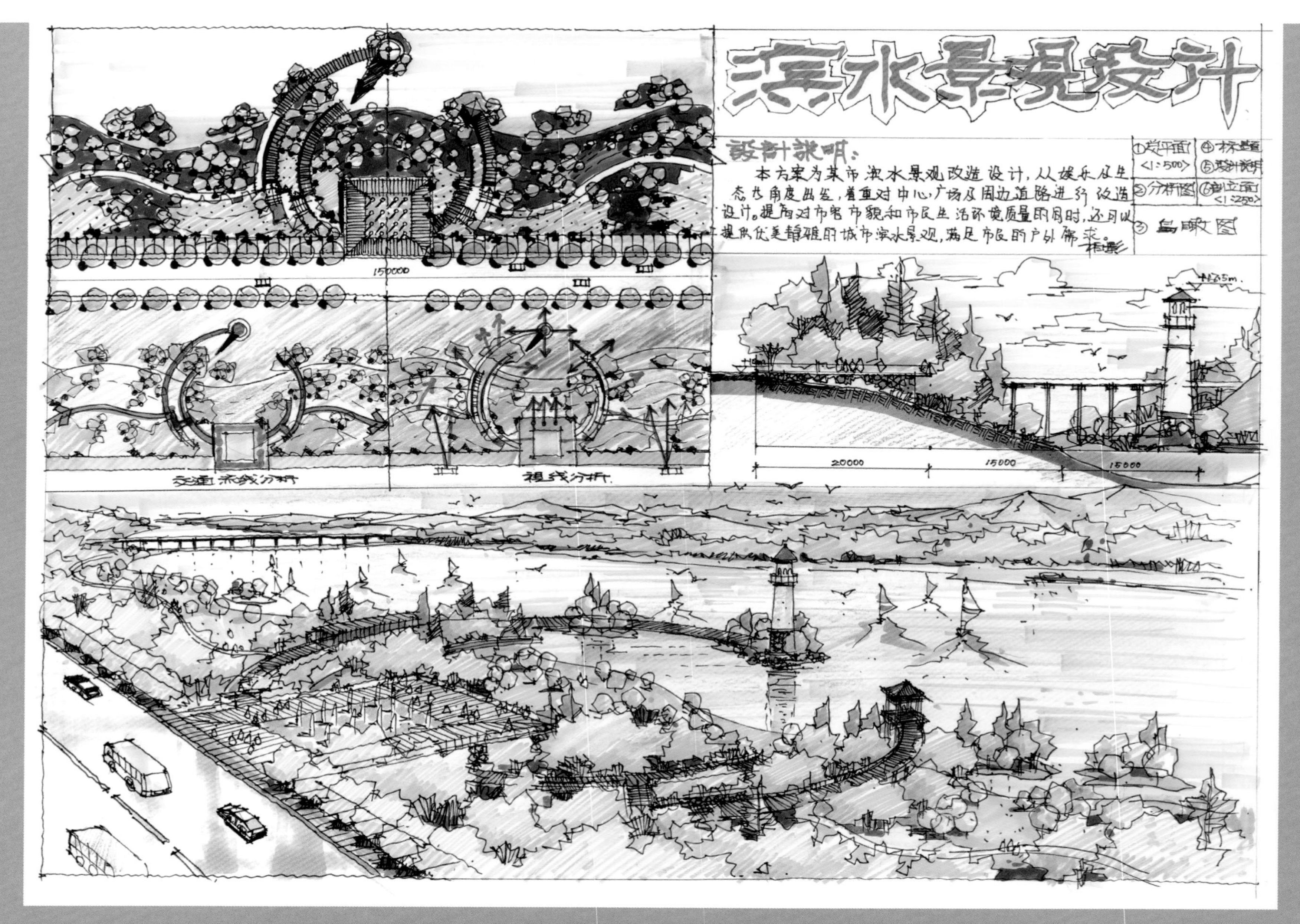

图5-2 方案一：方案设计完稿 作者：柏影

图5-3　方案二：滨水景观方案设计　作者：柏影

5.2 城市广场景观设计

基地概况：该场地位于市区的一块空地，地形基本平整，面积为40m×20m，见附图。

1. 设计要求

（1）考虑周边的环境与地形高差的变化，合理地规划该区域的出入口与人流路线。

（2）合理地划分公共空间的开敞与封闭区域。

（3）场地的规划设计要满足人们日常的休闲、交流活动。

（4）注意植物的多种处理手法，使该地成为市中心的一块绿地。

2. 图纸要求

（1）表现方法不限。

（2）平面图1张，剖立面图两张，比例自定。

（3）总体效果图1张。

（4）小品设计图若干张。

（5）设计说明不少于200字。

设计案例见图5-4、图5-5。

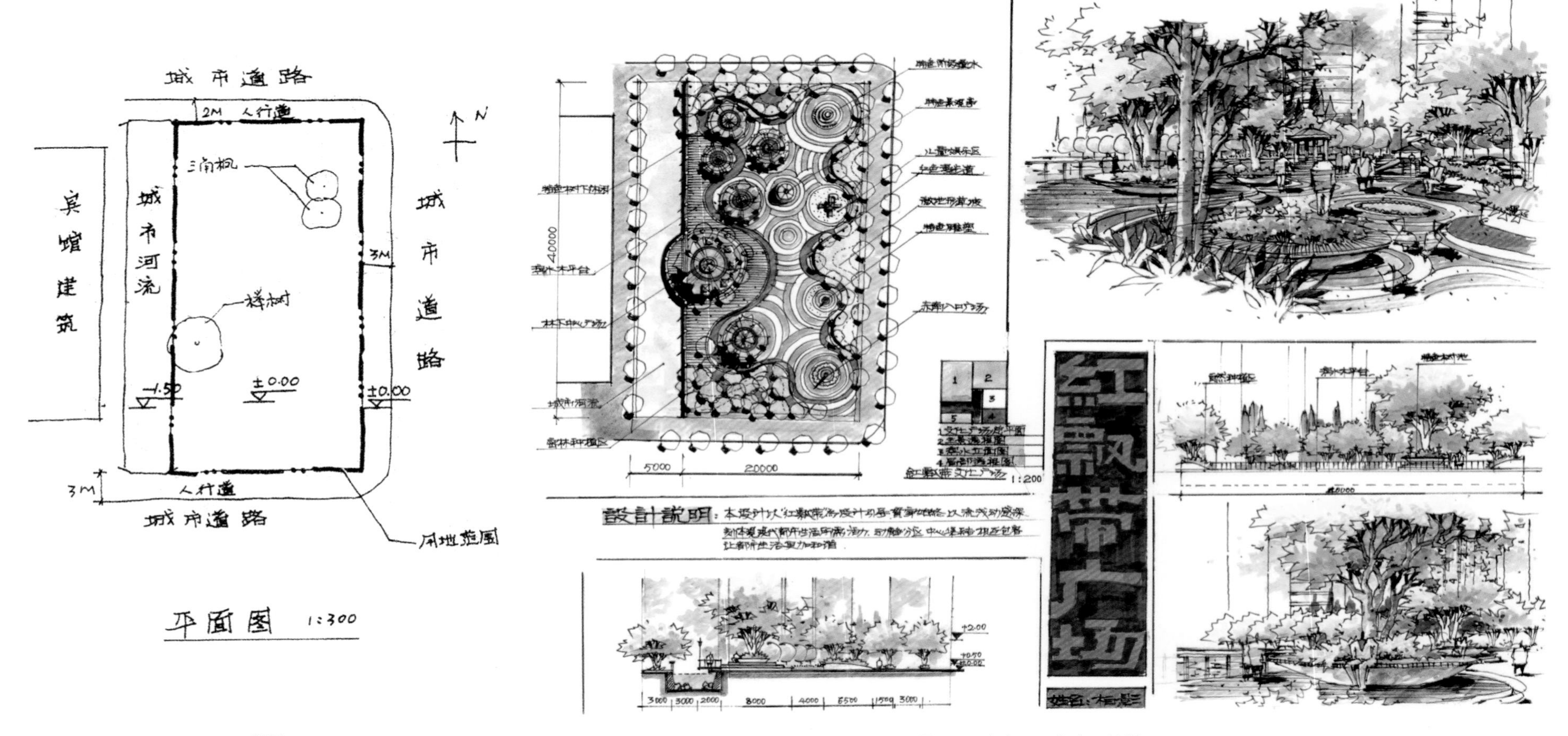

附图

图5-4 方案一 作者：柏影

图5-5 方案二 作者：柏影

5.3 中庭庭院景观设计

某办公楼之间的一块空地约10m×30m（见附图），景观环境用地位于办公楼中央庭院，为长方形用地，拟改造后供员工休息娱乐之用，楼高4层。

1. 设计要求

（1）为员工休闲、交流提供必要的空间与设施。

（2）布置庭院道路与铺装，倡导生态型的办公环境。

（3）做好种植设计，注意所选择的植物种类与习性应该与庭院的小气候和空间大小相适应。

（4）空间以静为主，富有一定的艺术性。

2. 图纸要求

（1）平面图以及设计说明。

（2）主景立面图。

（3）透视图1张。

比例自定，时间3小时。

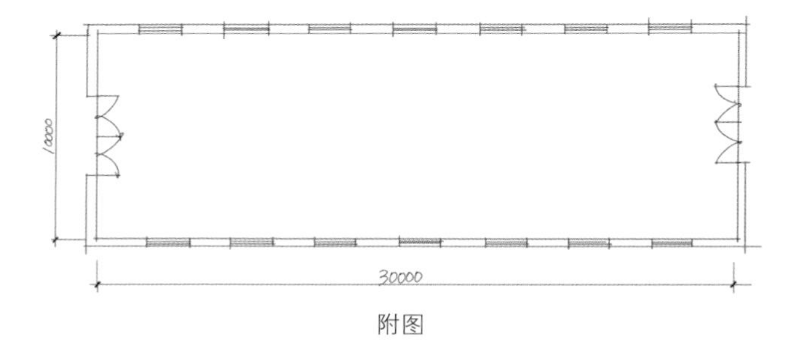

附图

方案一：中庭设计说明方案构思

中庭环境要给人的情感感受，透过明净的玻璃门窗，丛丛的植物青翠欲滴，踩在洒满斑驳光影的林间小路，感受绿波荡漾，闲坐树荫之下，卸下一天的疲劳，汲取其精神的力量，洗涤人的灵魂和思想，使其得到升华。

（1）中庭现状分析。

中庭面积约为300m^{2}的庭院，矩形，长30m，宽10m，四周由建筑围合，由东西侧两个主入口相连，中庭是封闭的外部空间。建筑的主要功能是供员工办公生活用，中庭主要服务对象是在办公楼的普通员工，要解决他们停留、休息、交流、观赏的功能。中庭四面围合，感觉比较狭小、封闭，要解决小中见大的问题。办公楼为高品质的现代办公空间，如何通过庭院景观设计提升场地的艺术性，在统一中寻求个性，解决景观的生态性、艺术性的问题。

（2）设计构思分析。

通过圆的主题构成形式、色彩和质感传达同样感受的信息，将所有的存在物连接为一个整体景观，营造一个幽静的意境空间。

（3）空间分析。

①空间的小中见大。东方园林通过空间的曲折幽深、空间的渗透、空间的多层性来实现。西方园林则通过多节点放射性的视景网络和步道网络以及几何图案来实现。两种手法的本质都是通过视觉和空间的变换产生一种更为丰富、深远的空间体验。本案采用不同大小圆形的半围合空间增强空间的变化，东西向轴线的起伏变化加强了空间的体验性，人在通过时有景可看。场所空间边缘的起伏，增大视觉空间体验。

②可用的庭院空间。作为一个中庭，应是一个非正式的交流场所，具有良好的可进入性，能让人驻足停留，可在其中自由地漫步、轻松地交流，不同大小的圆形半围合空间形成一些静态的空间。根据横向的交通轴线，形成动态的、过渡性的、静态的不同空间，在统一的基础上最大限度地解决人们对不同功能空间的需求。

案例表现见图5-6、图5-7。

方案二案例表现见图5-8。

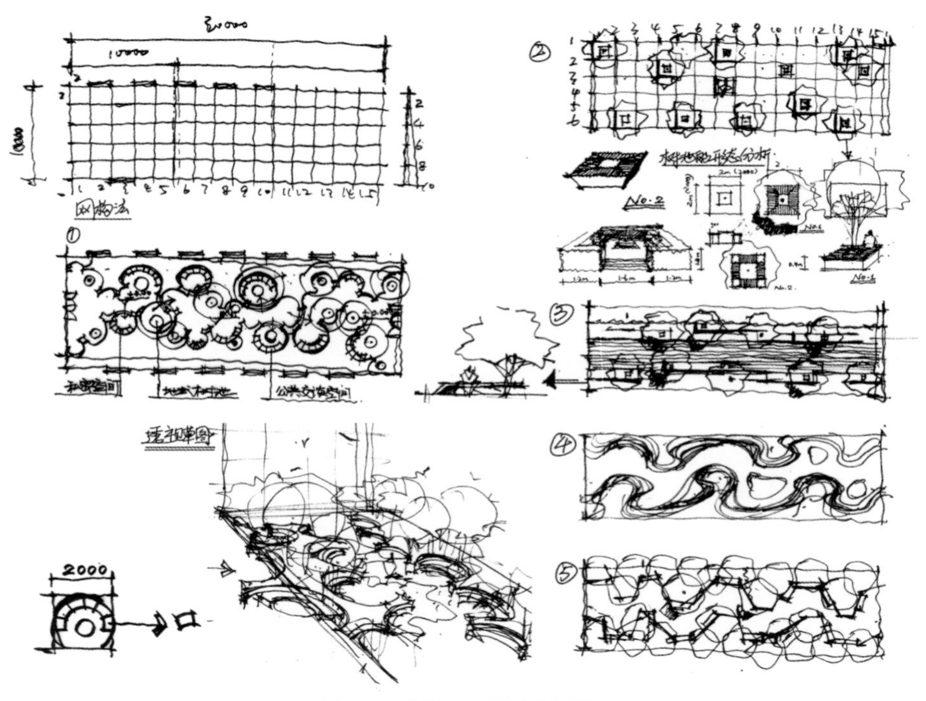

图5-6 方案一：设计分析图

图5-7　方案一：方案设计完稿　作者：柏影

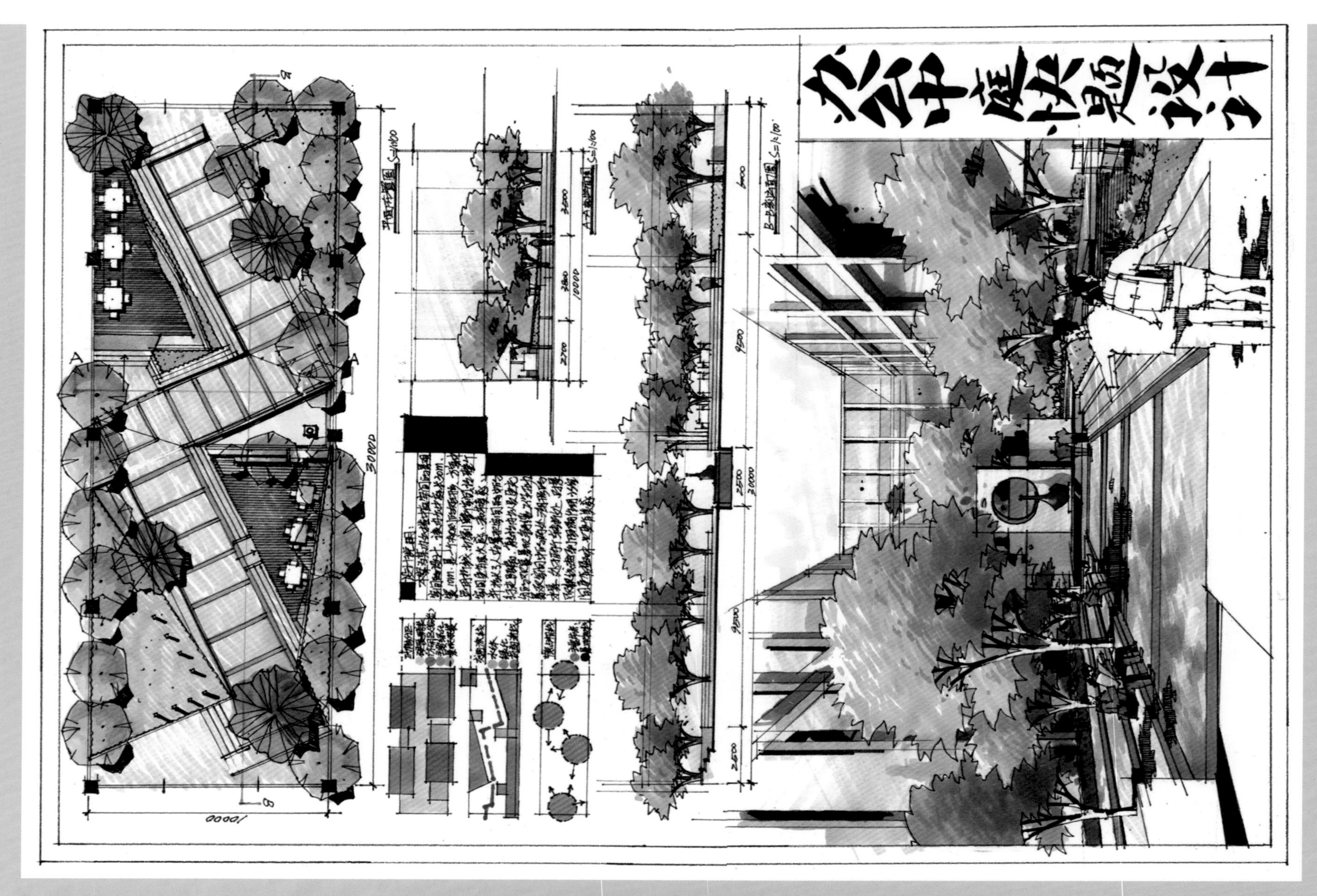

图5-8 方案二：方案设计完稿 作者：王姜

5.4 居住小区会所与空间景观设计

1. 设计条件

某居住小区会所与空间空地拟进行环境景观设计，东部是水面，西侧围墙外是废品收购站，用地尺寸84m×106m。

2. 设计要求

（1）功能与结构分区；

（2）总平面图；

（3）轴线与景观设计；

（4）节点及空间分析若干；

（5）主要景点透视图若干；

（6）设计说明要点（含植物配置内容）；

（7）比例自定，表现手法不限。统一为A2图纸，注意版面效果，基地平面图如下。

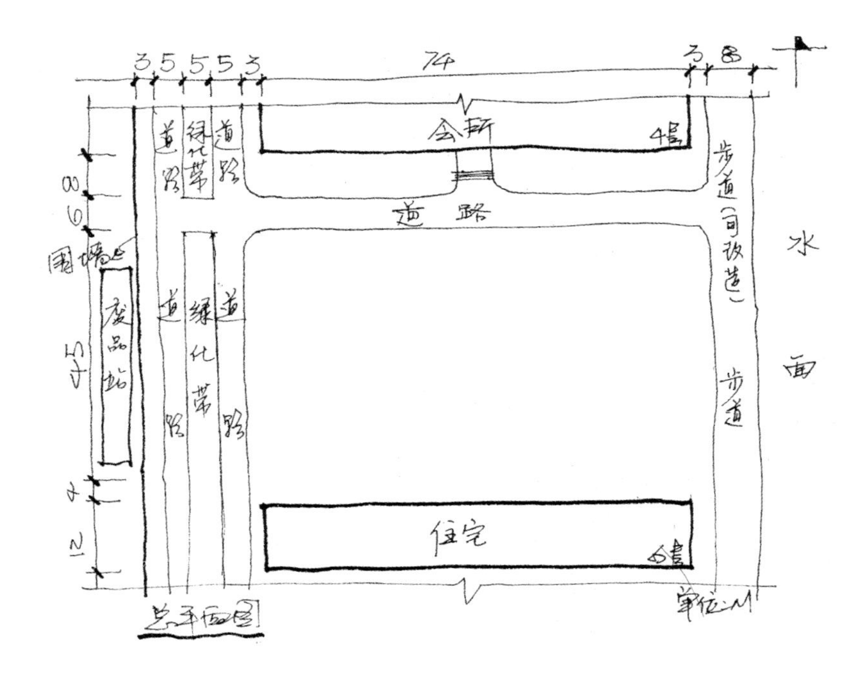

基地平面图

方案一：居住小区景观设计说明方案构思——走在“丛林里”的廊桥

（1）设计构思分析。

通过折线的主要构成形式使方案布局简洁统一却蕴藏着一丝玄机，空间透过一个环形的空中连廊紧密地串联在一起，营造一个似乎无所不能的丛林世界，从而让幽静的意境空间有了点意犹未尽之感。

（2）空间分析——空间的附加值。

通过空间的曲折幽深、空间的渗透，特别增设了空中连廊的多层变化。设计充分利用东面亲水面的良好资源，将水面的水进行了引源，真正实现了共享空间，充分将小区的景观设计空间达到优化与升级。地形的西面则是一个废品站，为了将其规避，首先是将地形微提处理，同时也植入大量遮蔽植物，在地块的东南面植入了清香植物以达到良好的去味效果。整个空间的最大亮点是空中连廊的设计，空间的丰富和最大化让景观无死角的初衷得以体现，而廊下地面空间围绕中心水面而设计仿若游走在一座空中花园的世界里。当水从微高差的点流向水中时，时间仿佛停止一样的唯美。环形的空中走廊让最远的距离变得不再遥远，而是享受。空间的起落变化大大加强了空间的体验性，人在通过时有景可看，场所空间边缘的起伏，增大了视觉空间体验，从而让漫步在空中丛林感觉更加深刻。

案例表现见图5-9。

方案二~方案五案例表现见图5-10~图5-13。

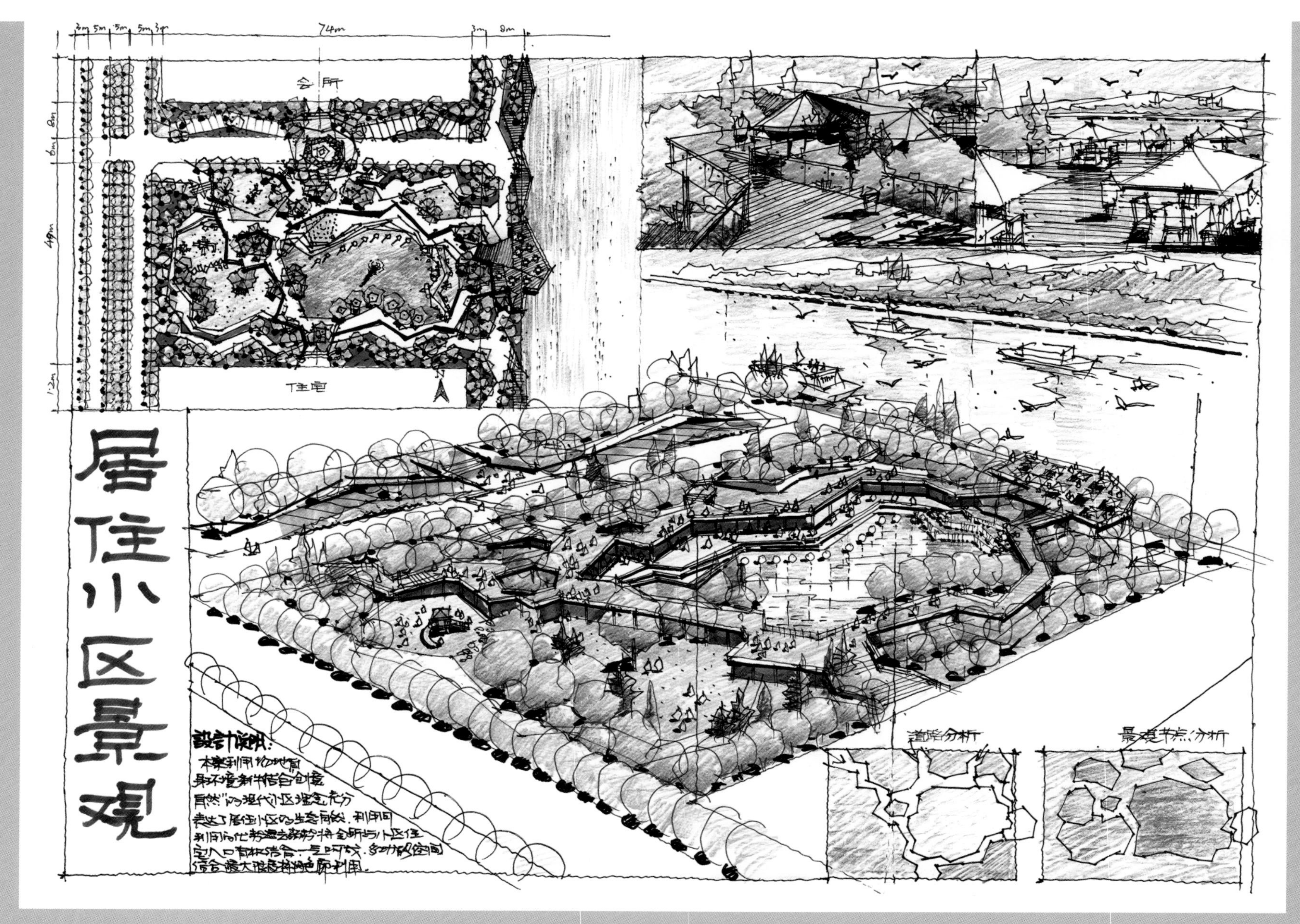

图5–9　方案一：方案设计完稿　作者：柏影

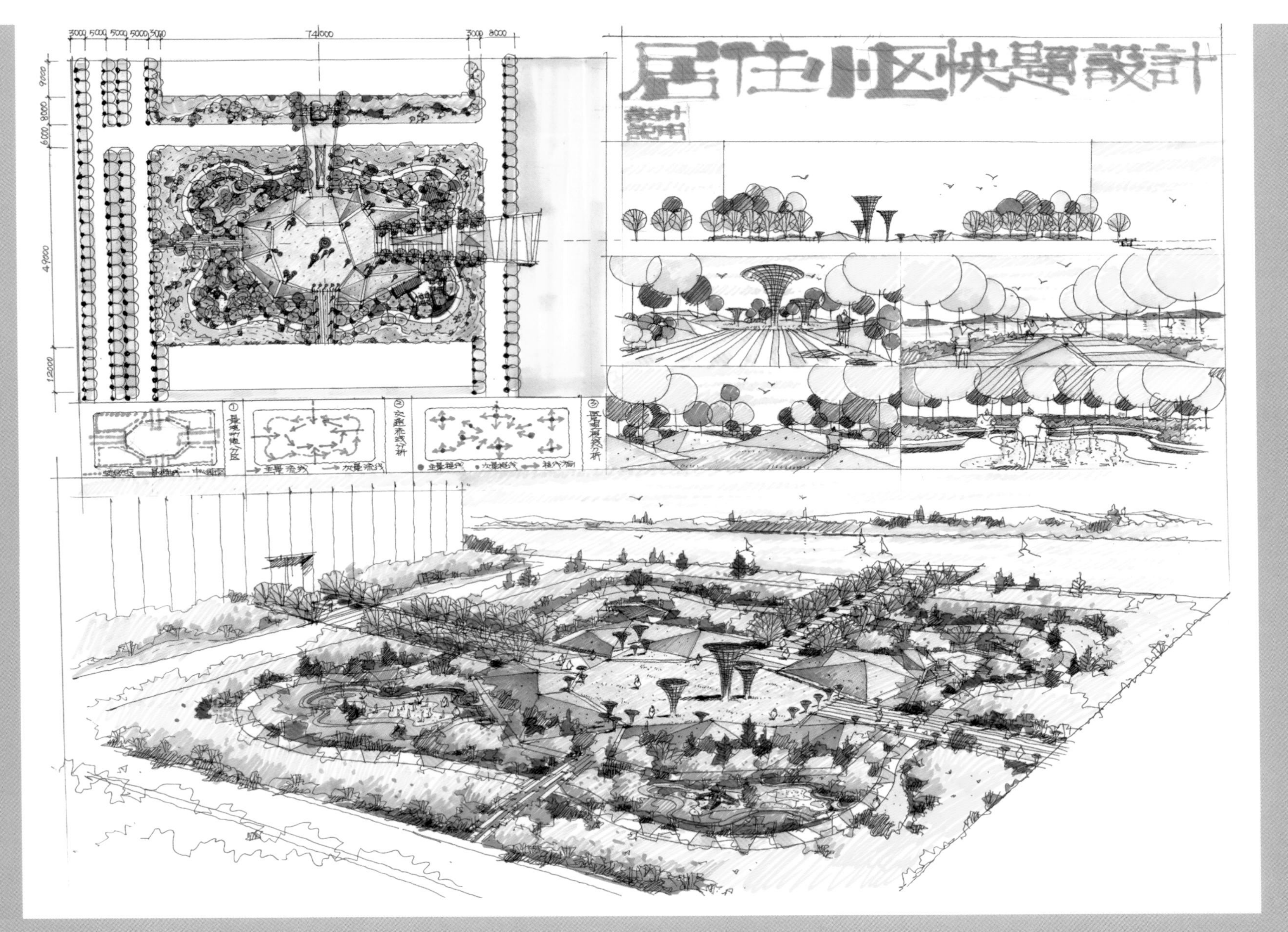

图5-10　方案二：方案设计完稿　作者：柏影

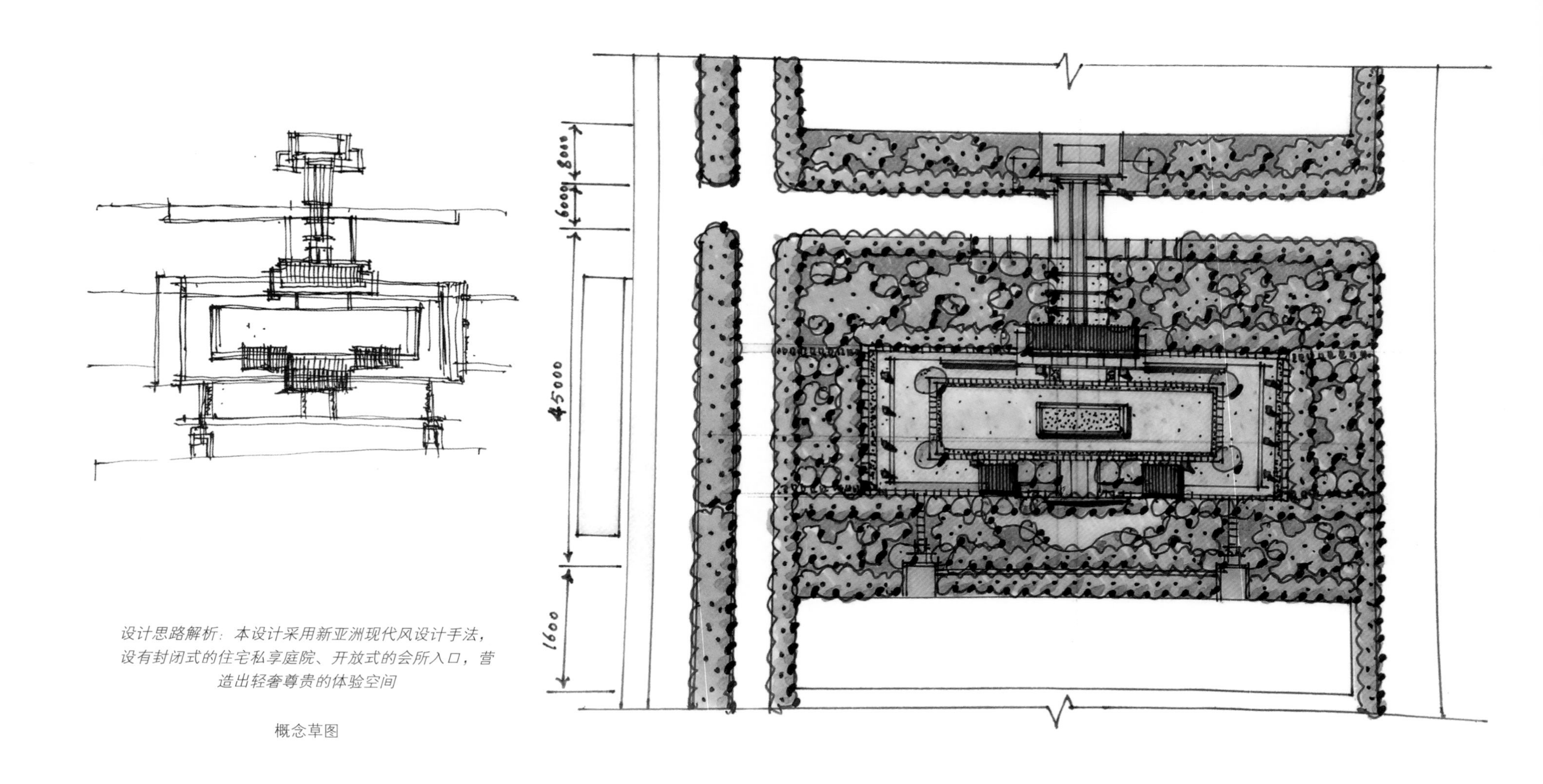

设计思路解析：本设计采用新亚洲现代风设计手法，设有封闭式的住宅私享庭院、开放式的会所入口，营造出轻奢尊贵的体验空间

概念草图

图5-11　方案三：方案设计三分析图　作者：魏军

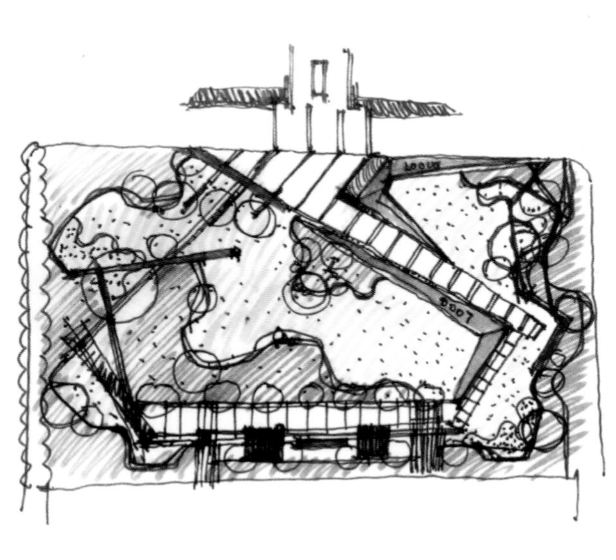

设计思路解析：该设计运用复古工业风景观，开阔的景观庭院中复古铁艺造型彰显了个性与设计张力，打造个性十足的居住景观体验空间

概念草图

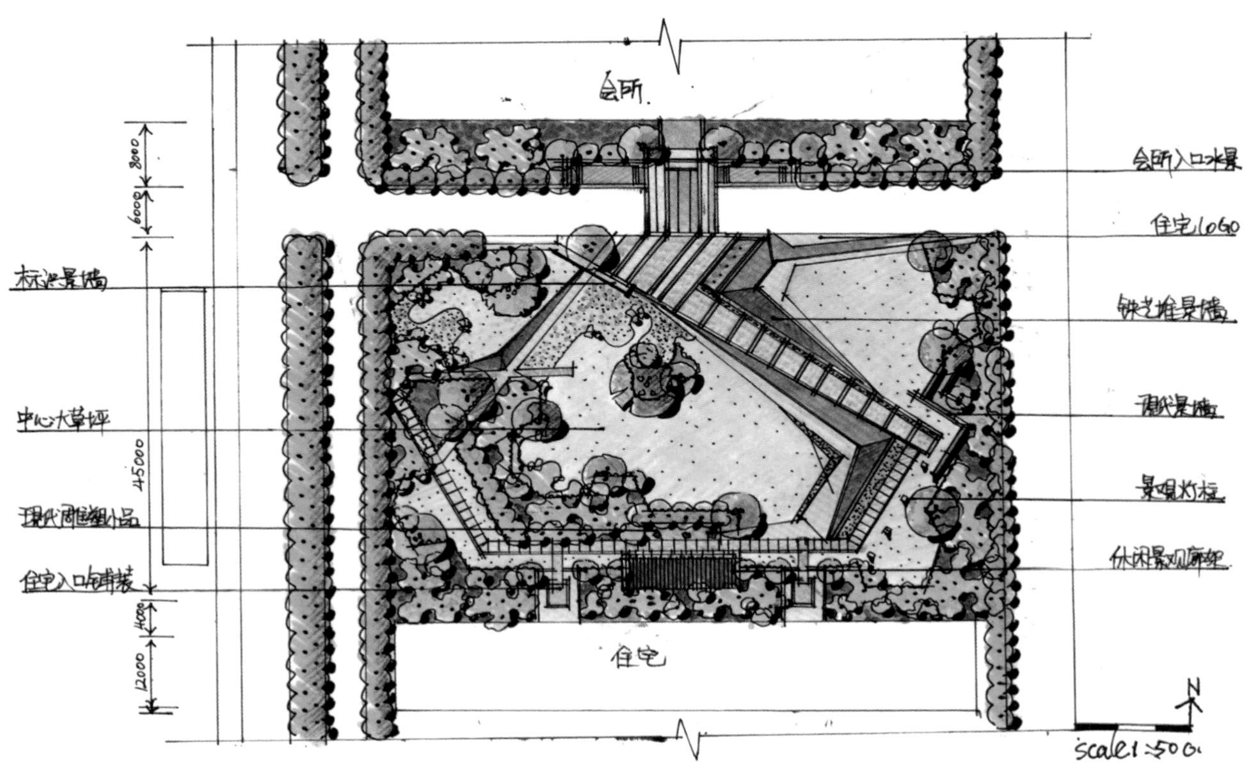

1:500

图5-12　方案四：方案设计四分析图　作者：魏军

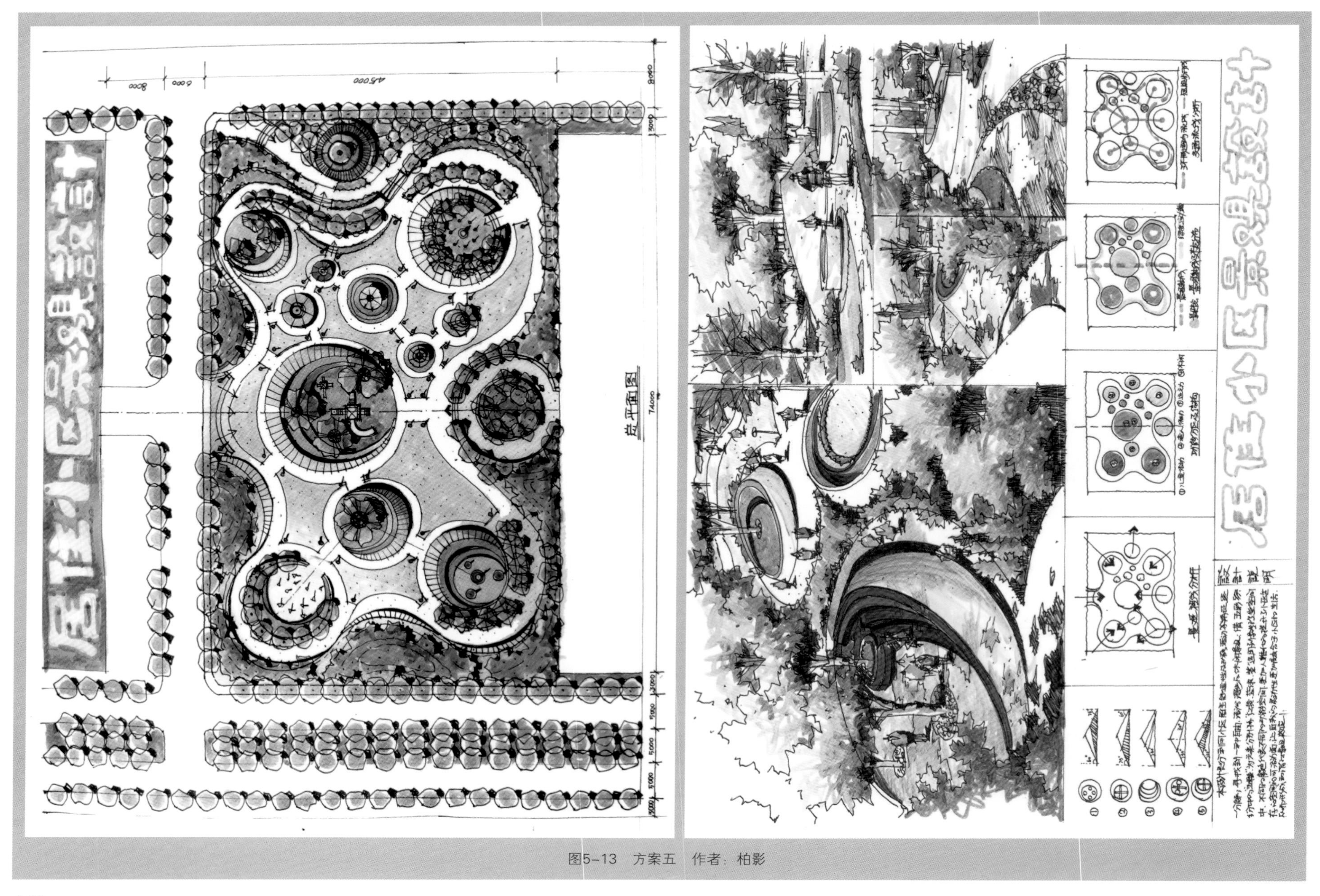

图5-13　方案五　作者：柏影

5.5 校园广场景观设计

以“和”为主题的校园广场景观设计。

1. 设计内容

以某校园的一块场地为对象，做景观设计，为在校师生提供一处休憩、交流、交往并可举行小型聚会的场所。

2. 场地条件

场地位于校园的教学楼前部，以及主干道一侧，呈半包围状。

3. 设计要求

体现校园环境精神，功能安排合理，空间组织灵活，形式手法多样，材料运用得当。

4. 图纸要求

（1）平面图1张，比例1：100（35分）。

（2）主要立面图1张，比例1：100（35分）。

（3）空间效果图1张，表现手法不限（50分）。

（4）以文字、图解方式说明设计意图，文字200字左右，图纸2～3张（30分）。

基地平面图如下。

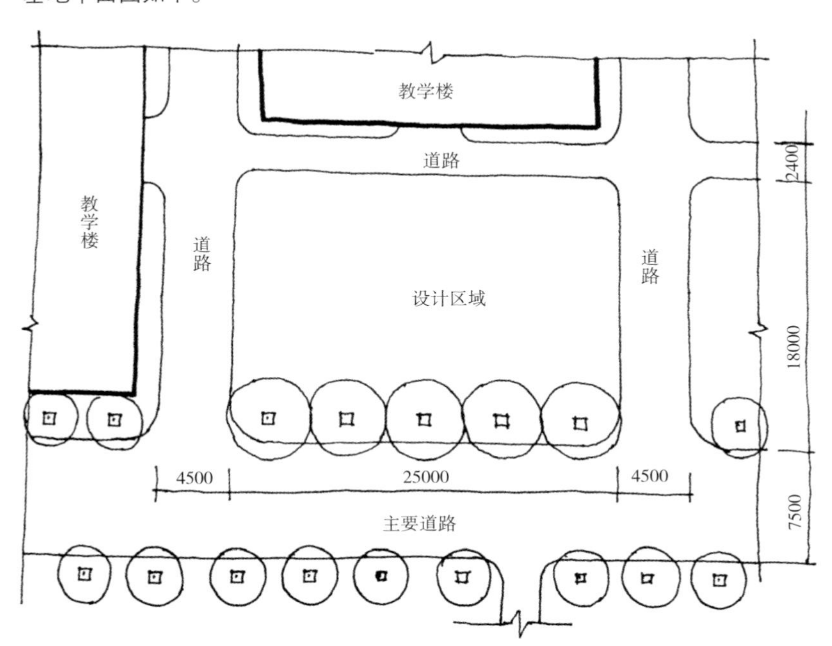

基地平面图

· 设计分析

这是一个以“和”为主题的校园广场景观设计，设计师在出草图方案时以中国古老的博弈方式“象棋”来设计。通过象棋中的棋盘格与棋子的关系来表现地面铺装与植被及周围景观架构的联系。

· 设计要点

（1）立面图的表达上注意树的树冠和高度的比例，要把握树、座椅与人之间的尺度关系。

（2）平面布置上，注意座椅与树池间的尺度。

方案一：“以和为贵”的景观境界

景观设计概念利用场地规则的形状，以中国象棋的排兵布阵为原型，进行景观空间划分。以水景、树阵、台地3个简单的元素来表达中国象棋中的双方阵营，以及士兵和统帅之间的关系。以中轴为界，划分为两个阵营，广场中轴设计一组互喷的水景廊，作为“楚河汉界”，两侧威武屹立的树阵代表着双方的阵营。向两侧逐级升高的台地，代表着各阵营不同职位的地位。通过这样一种简洁纯粹的设计手法，满足广场的休闲集散功能，同时潜移默化地传达出中国最典型的哲学思想：“以和为贵”。不动干戈，以和为贵，这才是弈棋的最高境界。

案例表现见图5-14。

方案二案例表现见图5-15。

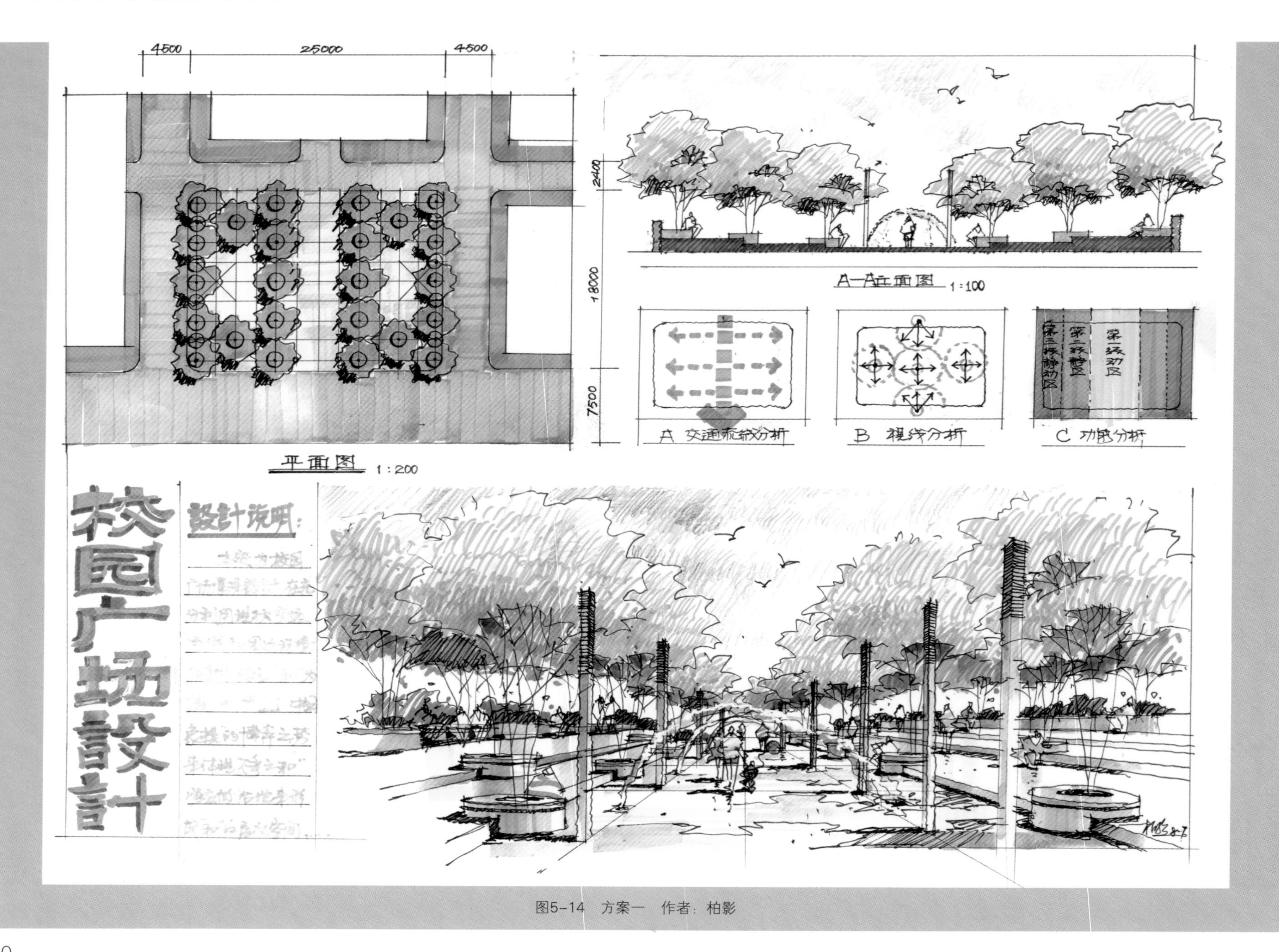

图5-14 方案一 作者：柏影

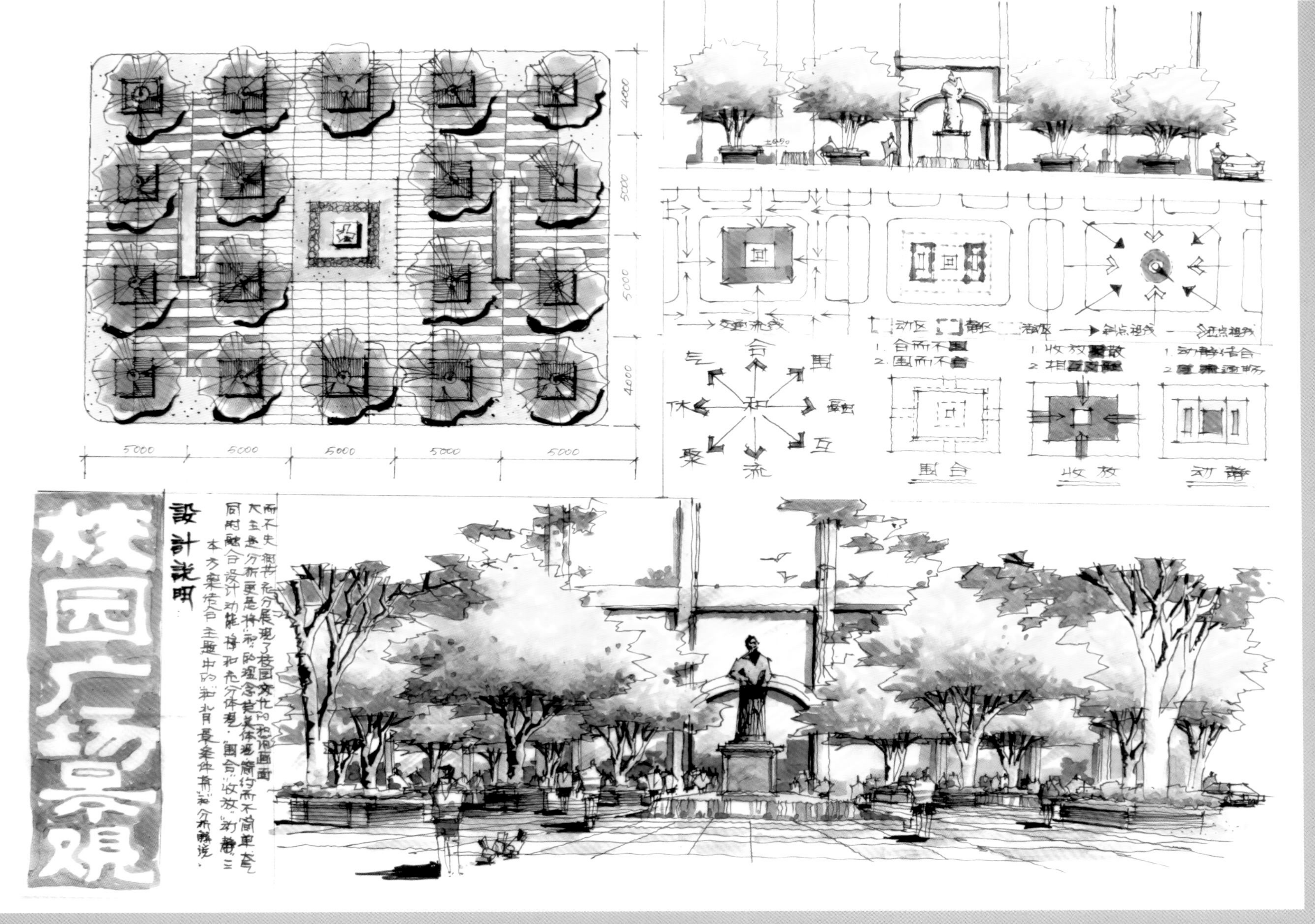

4000
5000
5000
4000
5000
5000
5000
5000
5000
合
围
融
互
流
聚
休
和
动区
静区
1. 合而不围
2. 围而不合
围合
收放
动静
校园广场景观
设计说明
本方案结合主题中的"和"背景条件，并"和"分析解说。
同时融合设计动能、静和充分体现，"围合""收放""动静"三
大主题分析更是将"和"的理念充分体现，简约而不简单，整
而不失细节，充分展现了校园文化的和谐画面

图5-15　方案二

5.6 售楼处入口景观设计

题目一：

根据所给的某商住小区售楼部入口景观区（见附图），结合风景园林专业知识及特点，对其进行景观设计。

设计要求如下：

（1）设计出虚线部分的景观总平面（彩色平面图）。

（2）对体现西安地域文化的主题、铺装、植物配置的设想，用透视图或立剖面的形式表现都可。

（3）在总平面设计的基础上，分析出景观节点的相互关系。并注意停车位与市政道路之间的关系。

（4）画出主要的设计分析图（功能、流线）。

注：图示及总平面图一律画在两张二号图纸上。

时间：3小时。

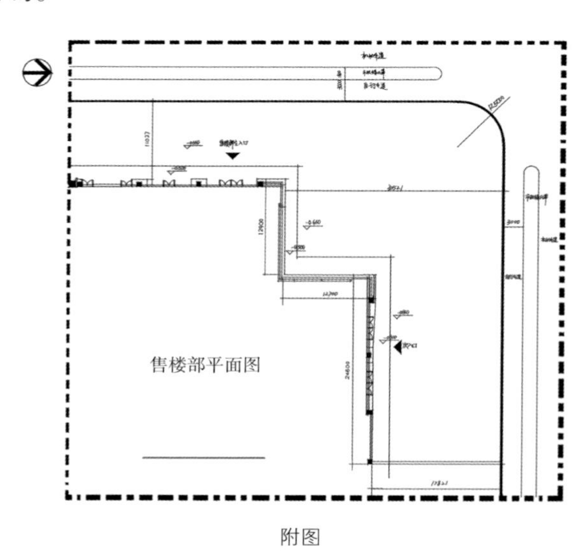

附图

· 设计分析

售楼处在地产营销中又被称之为销售案场，在房地产的整个营销体系当中，销售案场是集中展现楼盘项目特征、进行买卖交易和管理办公等所有功能的整合体。因此，售楼处入口景观的设计至关重要。五大注意：①主景树和主景点；②取消行道树概念，群落式布置苗木；③减小大面积水体，多布点状壁泉、点状涌泉或溪流；④植被丰满的窍门；⑤围墙选型和隔噪做法。

控制软硬景比例，减小面积，做出精致感。地块越小，容积越高，硬景比例越高。

· 售楼处入口处设计要点

（1）引导区（包含精神堡垒）。

引导区是整个示范展示区与周边道路、广场交界的区域及其适当延伸。其主要作用是提示本示范展示区的位置，引导人流和车流，形成初步的交通导向和视觉焦点。引导区区域不仅包括用地沿道路的区域，还应至少向外延伸100m。示范展示区周界工地应设广告围挡，高度大于6m。

（2）入口区。

入口区位于销售中心主入口前，是进入卖场的主要形象通道，应注意体现气势和序列感。

入口从销售中心大门开始，应设置红色地毯，宽度至少超出大门边0.3m，末端至少超出台阶外1.5m。

案例表现见图5-16、图5-17。

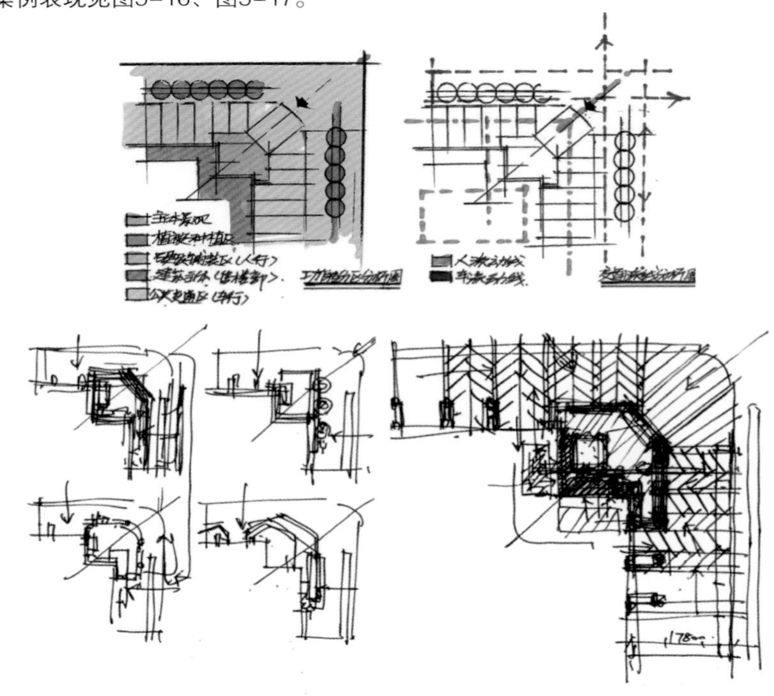

图5-16 分析图

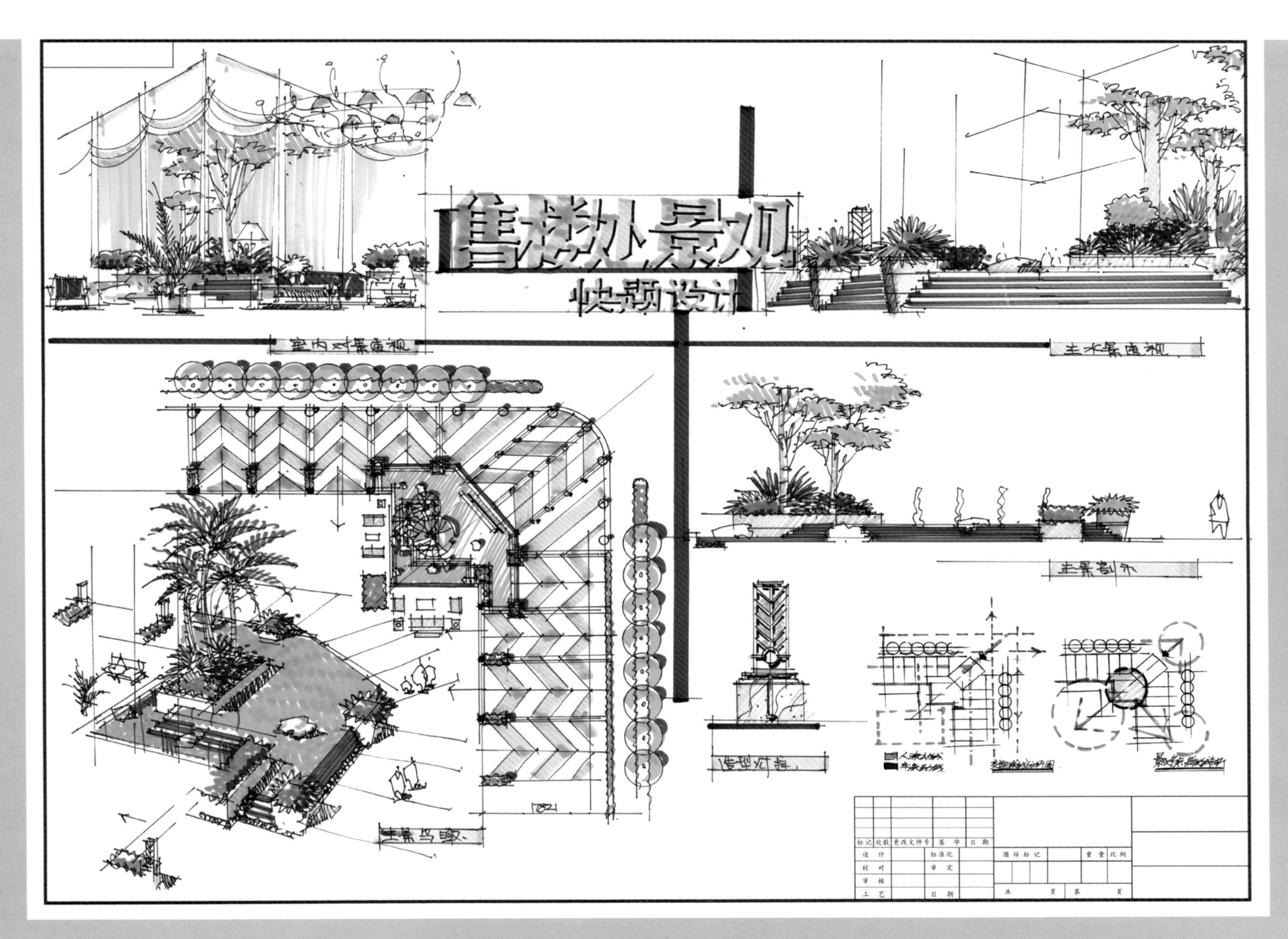
售楼处景观
快题设计
室内对景透视
主水景透视
主景剖面
造型灯柱
主景鸟瞰
标记 处数 更改文件号 签 字 日 期
设 计
标准化
图样标记
重 量 比 例
校 对
审 定
审 核
工 艺
日 期
共 页 第 页

图5-17　作者：王珂

题目二：城市公园绿地景观设计

某房地产商和政府部门达成协议，利用城市公园绿地的一部分为售楼处的景观用地，约1.5hm^2。基地情况如附图所示，有保留大树9棵，有一宽15m的河道纵穿基地，水位低于基地2.5m，水深只有0.5m。设计时河道必须保留，可以做适当改动。西北角边缘与商业街连接。

1. 设计要求

设计风格为现代简约。设计要有至少10车位的停车场，要有室外洽谈区（至少能容纳40个座位）、景观展示区、迎宾大道。设计的场地要在售楼处没有了之后继续满足市民需求，而且能与上下园林绿地衔接好，要有步道将南北公园绿地连接起来。

2. 成果要求

（1）总平面图1张，比例1：500。

（2）鸟瞰图1张（不小于A4图幅）。

（3）局部透视图若干张。

（4）扩初图，包括不小于150m^{2}的硬质景观，含平面图与剖面图，需表明植物配置与构筑物主要材质。其中，平面图比例为1：200或1：300；剖面图比例为1：200或1：300。

（5）交通分析图与功能分析图各1张。

（6）经济技术指标与不少于150字的设计说明。

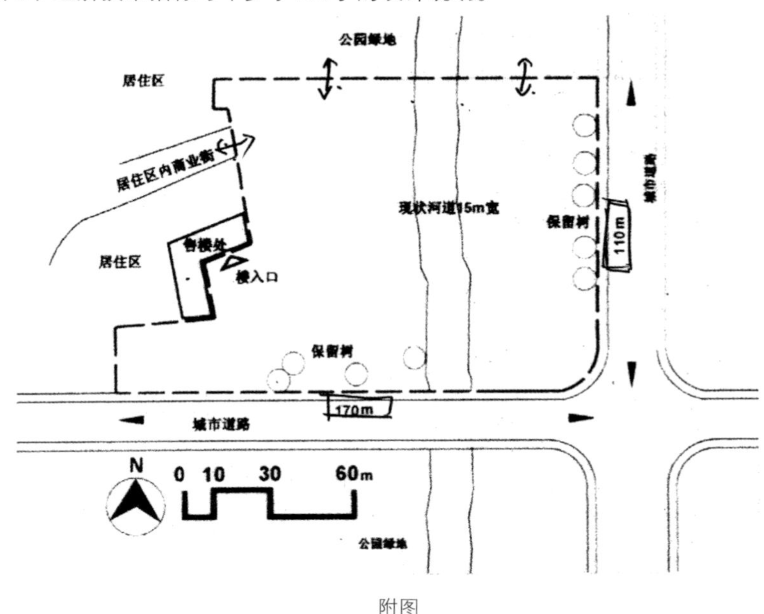

附图

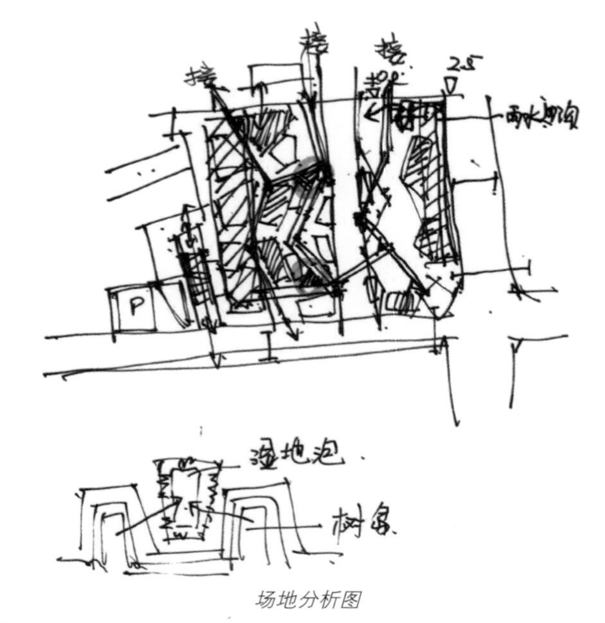

场地分析图

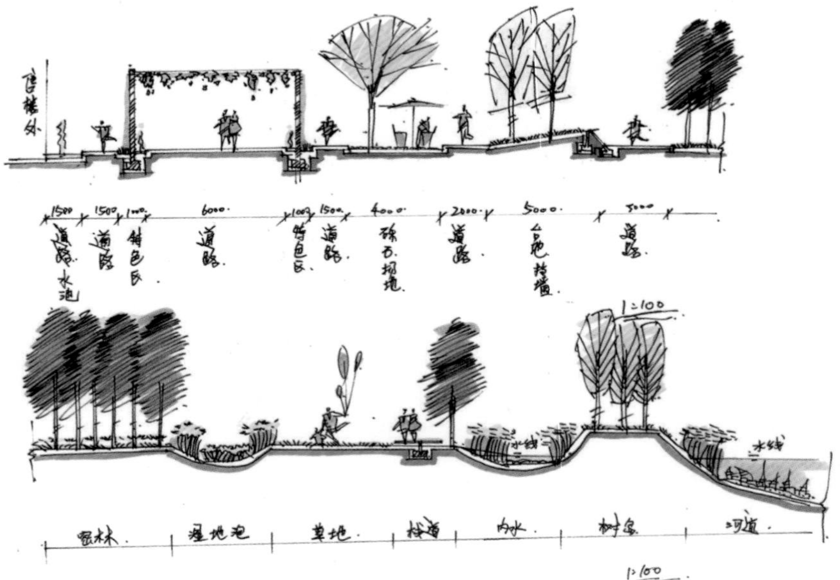

竖向设计分析图

图5-18

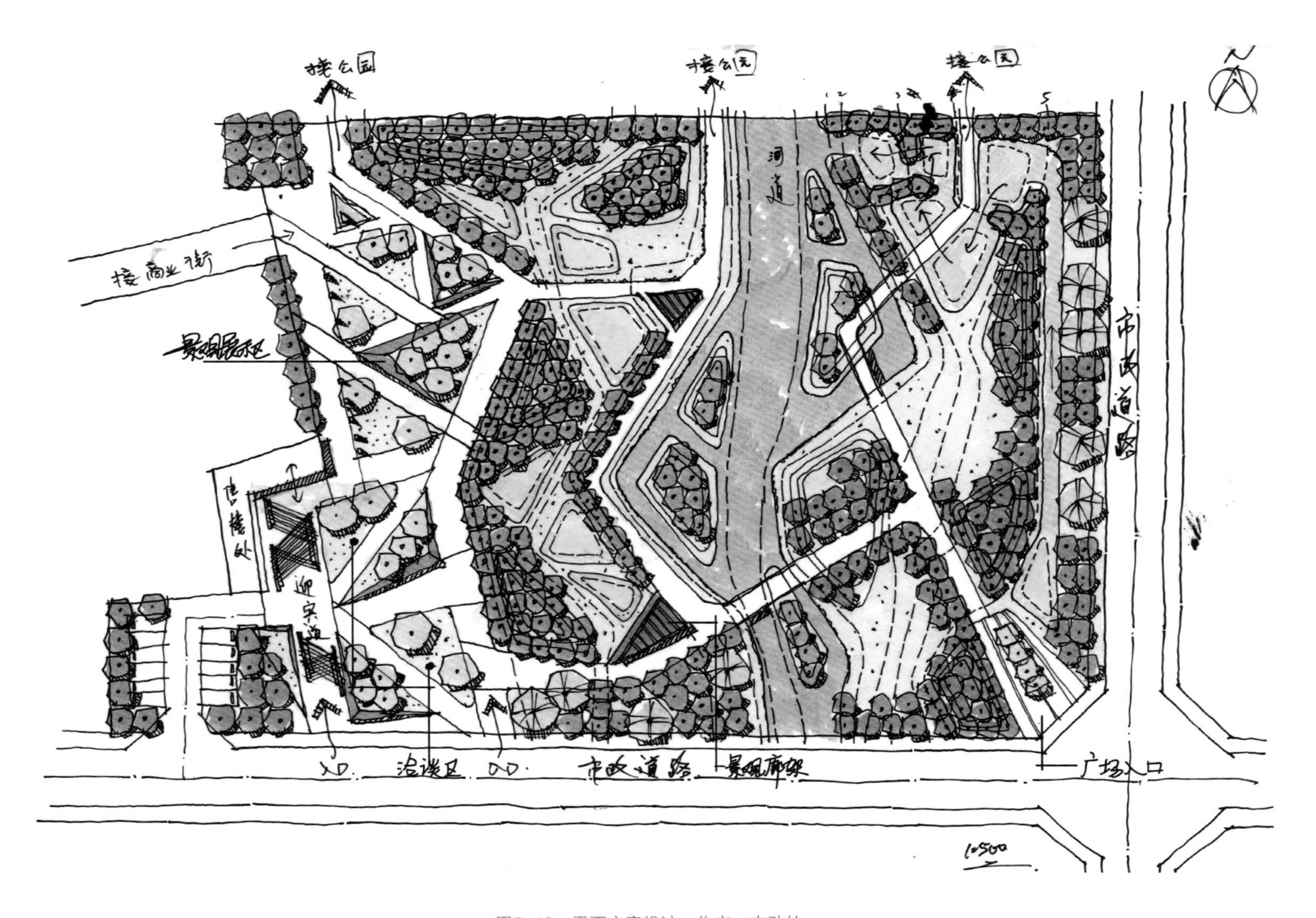

图5-19　平面方案设计　作者：李劲柏

景 观

快 题 范 例 解 析

景观快题案例设计评析

LANDSCAPE ARCHITECTURE SKETCH DESIGN

案例一：对市区沿河地段逐步进行景观改造（2011年某校园林设计快题真题）

1. 基地概况

地处河流与城市居住小区之间，长方形，两部紧邻小区围栏，东为河流，南北侧为城市道路（见附图）。

2. 规划要求

（1）现有城市河道为硬质毛石驳岸，需改造成生态型软质驳岸为主的驳岸形式。

（2）主题突出，风格鲜明。体现时代气息与地方特色。

3. 设计内容

（1）总平面图1：500，要标注主要景点、设施（要有一个厕所）。

（2）分析图（功能分区、交通组织、植物景观分布、景观视线分析，竖向设计图）。

（3）鸟瞰或效果图，不小于A3。

（4）规划设计说明（150字）和相应的规划技术指标。

（5）局部设计平面图（包括铺装和植物）。

（6）局部效果图。

4. 评分标准

（1）环境构思与规划造型（20%）。

（2）使用功能和空间组合（30%）。

（3）图面表现与文字表达（30%）。

（4）技术、经济与结构合理（20%）。

案例表现见图6-1～图6-4。

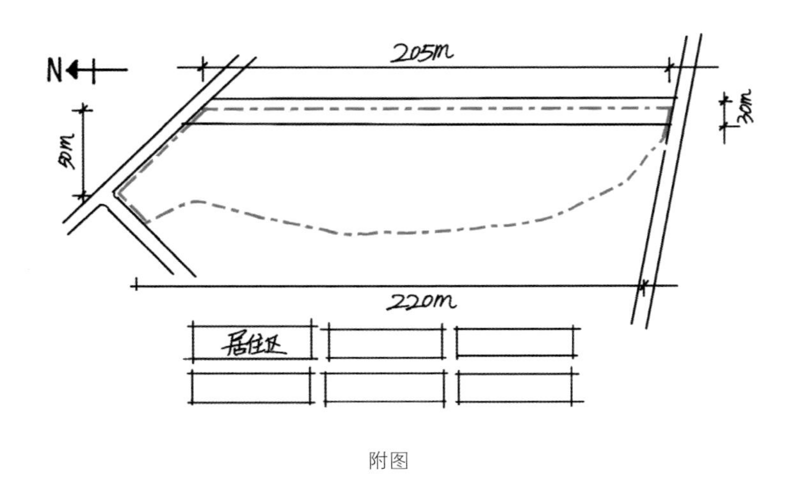

附图

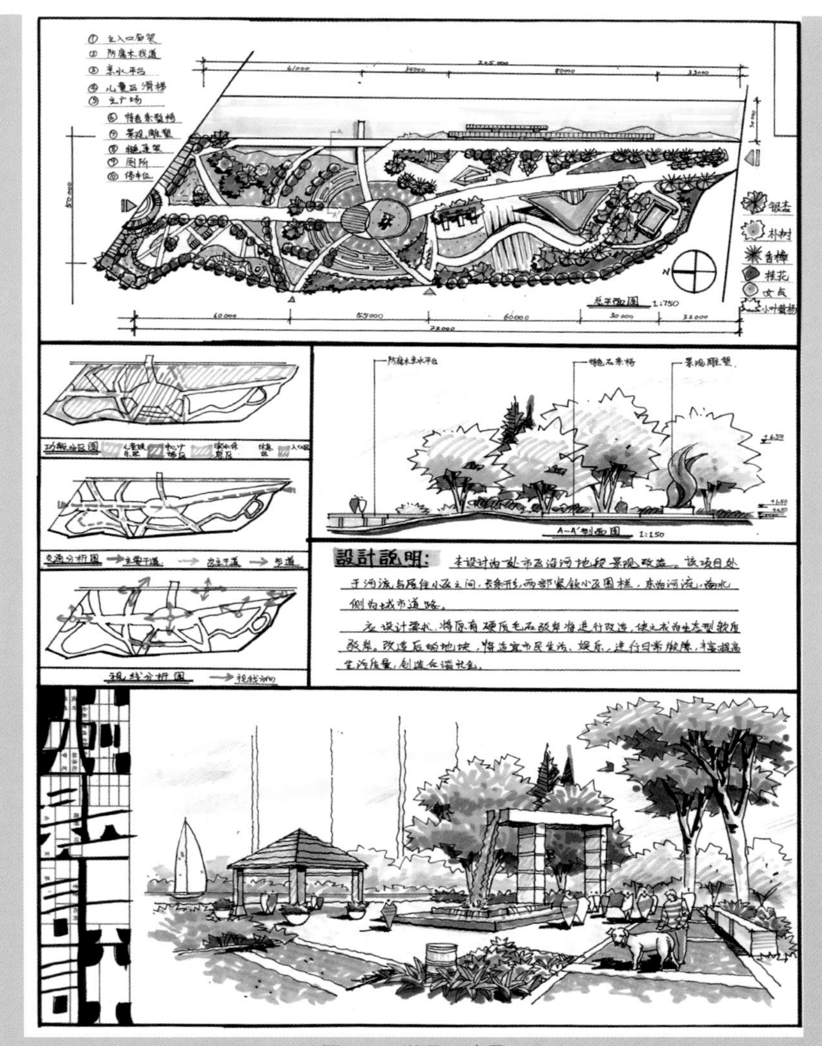

图6-1　学员：边导

评析：

方案内容较为丰富，整体表达效果较好，以中心广场为主体，通过两条主路及穿插路网联系节点和组织空间。但布局结构和整体形式都稍显杂乱，空间路网和节点杂糅，且节点内各景观要素的组织不太合理，如主入口廊架、中心广场铺装场地等，二级路网将场地切分得过于零碎，三级路网不够完善。滨水空间处理过于冗长、生硬和呆板，且未满足题干软质驳岸改造处理的要求。植物设计稍显单薄，场地空间过于开敞空旷。

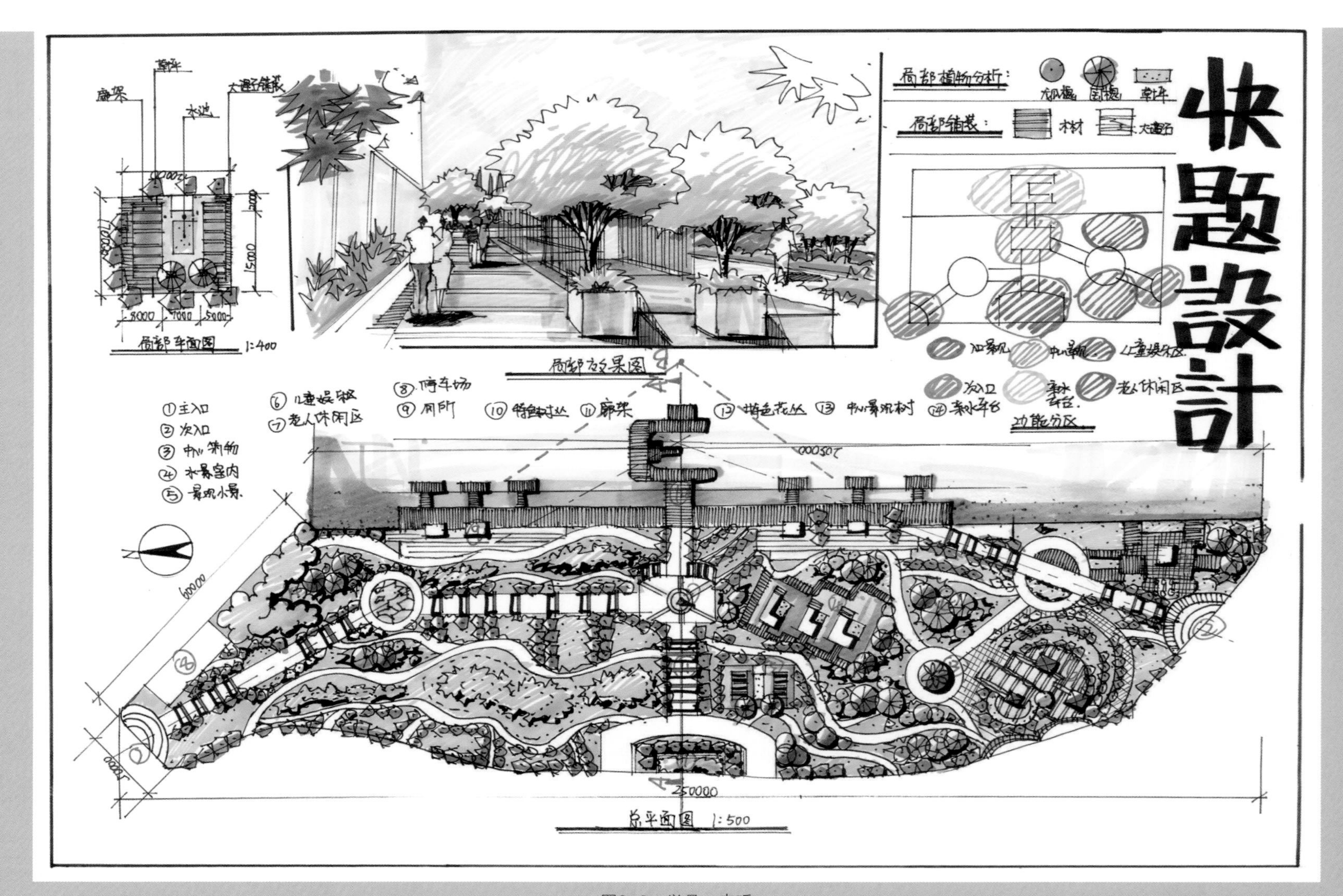

图6-2　学员：李昕

评析：

方案造景手法多样，节奏变化丰富，细部空间处理较为丰富细腻。整体图面表达效果较佳。但整体路网结构较为散乱，轴线与其他路网衔接处理不当，二、三级路网杂乱无序，结构不合理，将场地切分得过于零碎。方案缺乏主体活动空间，各个节点空间大小过于均质，主次不分明。细部空间过于零碎杂乱，路网之间以及路网与节点的交接处理手法皆存在较大问题。滨水栈道尺度过大，硬质滨水界面过多，界面生硬，且主栈道出挑尺度过大，与现状河道尺度严重不符，总体未满足题目对于软质驳岸改造的要求。主体雕塑尺度过大，种植设计较为杂乱，缺乏空间氛围的对比，厕所位置处理不当。

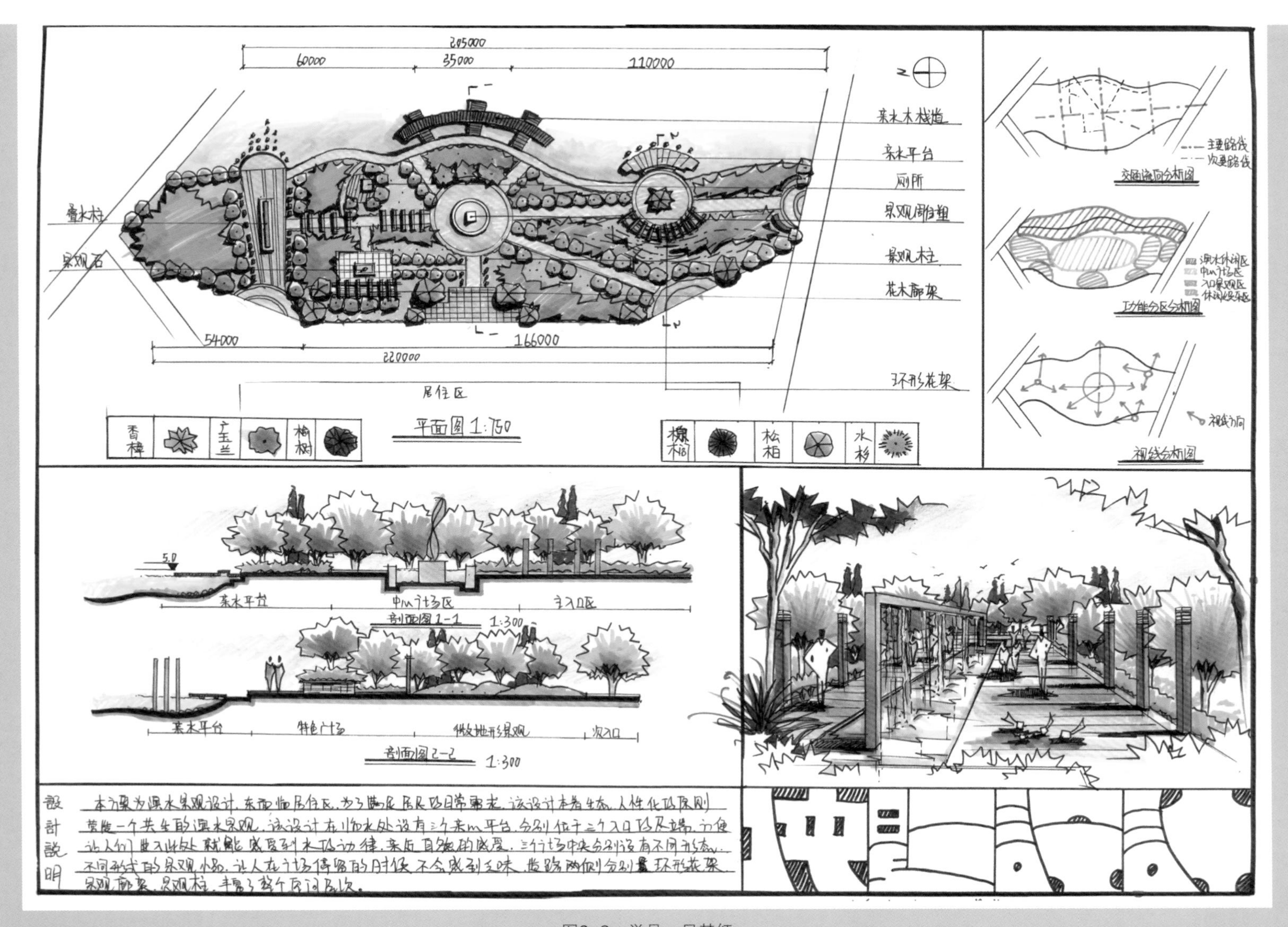

图6-3　学员：吴其红

评析：

方案内容较为丰富，整体表达效果较好，以中心广场为主体，通过两条主路及穿插路网联系节点和组织空间。但布局结构和整体形式都稍显杂乱，空间路网和节点杂糅，且节点内各景观要素的组织不太合理，如主入口廊架、中心广场铺装场地等；二级路网将场地切分得过于零碎；三级路网不够完善。滨水空间处理过于冗长、生硬和呆板，且未满足题干软质驳岸改造处理的要求。植物设计稍显单薄，场地空间过于开敞空旷。

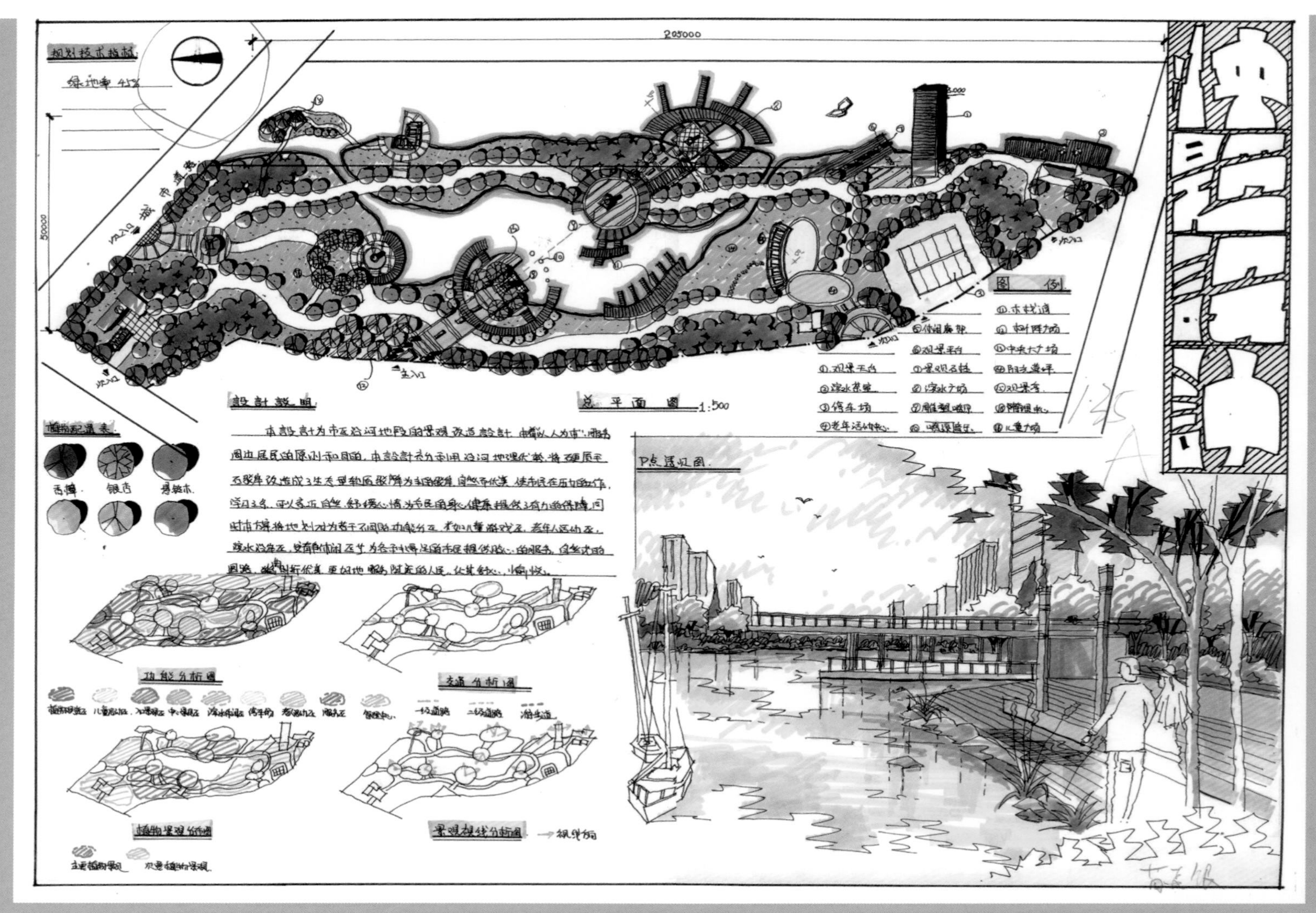

图6-4 学员：苗长银

评析：

方案结构较为清晰，造景手法多样，整体空间开合有序，节奏变化丰富，细部空间处理较为丰富细腻，整体图面表达效果较佳。方案通过中心主轴和环状路网组织整体景观结构，但由于场地东西向用地尺度的局限，总体处理稍显局促。主入口空间过于拥堵，中心引水水面形态处理不佳，围绕水面的4个节点布局过于局促压抑，滨水栈道和平台的尺度过大，河道内设置亭、廊、天台等景观构筑会阻碍行洪。场地尺度较小，北侧次入口管理中心稍显多余，停车场位置和布局手法不合理，植被种植手法稍显单一。

案例二："自然是最好的老师"

考生根据对"仿生"的理解，结合所选报专业，进行有针对性的创新设计表现。（时间3小时，共一题，150分）

要求：

（1）切题准确，体现专业特点，并写出简要的设计说明。

（2）手段不限，自由发挥。

（3）画面整洁，4K绘图纸。

（4）环境艺术设计方向以环境小品设计为主，主要面积为60m×60m的正方形，周围环境自定，要求平面图、鸟瞰图或效果图、立面图或剖面图、设计分析图。

· 仿生

此题目比较活，通过题目的"生"可以想到很多设计的灵感点，比如大自然的植物、纹理；动物的造型、色彩；建筑的肌理、造型、色彩；服装的色彩搭配、材质肌理等都可以成为此题的设计灵感。可以从这些设计点出发，设计抽象的景观效果，但是设计中涉及空间功能、道路出入口的问题；细节设计注意设计的文化元素以及植物配置等方式。

案例表现见图6-5～图6-7。

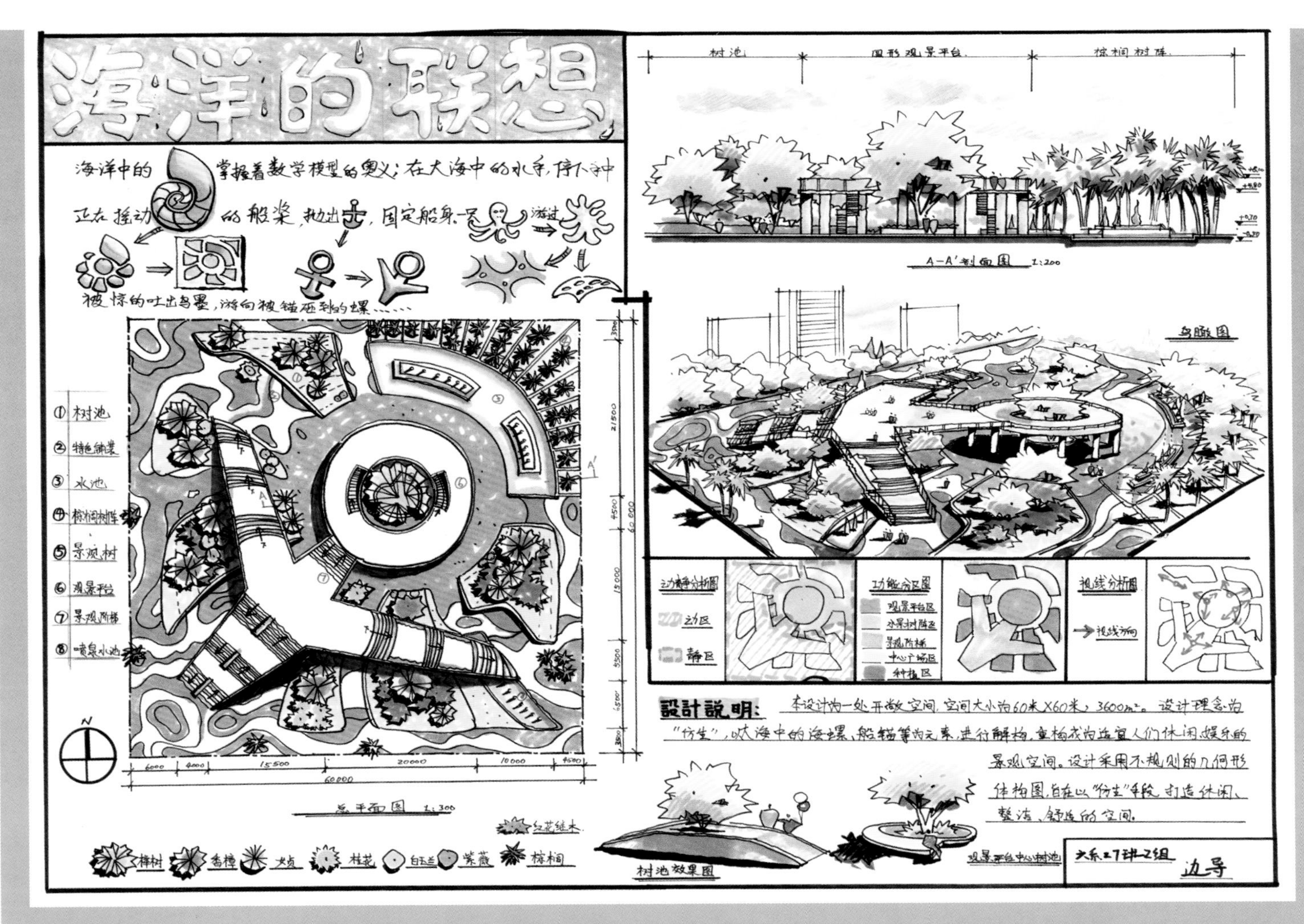

图6-5　学员：边导

优点

（1）该生由海洋生物为设计灵感，引发而设计出的景观空间设计形式，很有创意点；（2）整体画面排版比较整齐、完善、平衡，是一张较为完善的快题作品；（3）景观的色感较舒适，画面的颜色对比比较柔和。

缺点

（1）该场地设计的主次入口不明显；（2）整体设计的造型太过具象，设计以"仿生"为点，可以借造型的变化来抽象地设计；（3）设计高架桥类注意需要场地周围视野开阔，此部分可在设计说明中提及；（4）场地内设计功能分区较少。

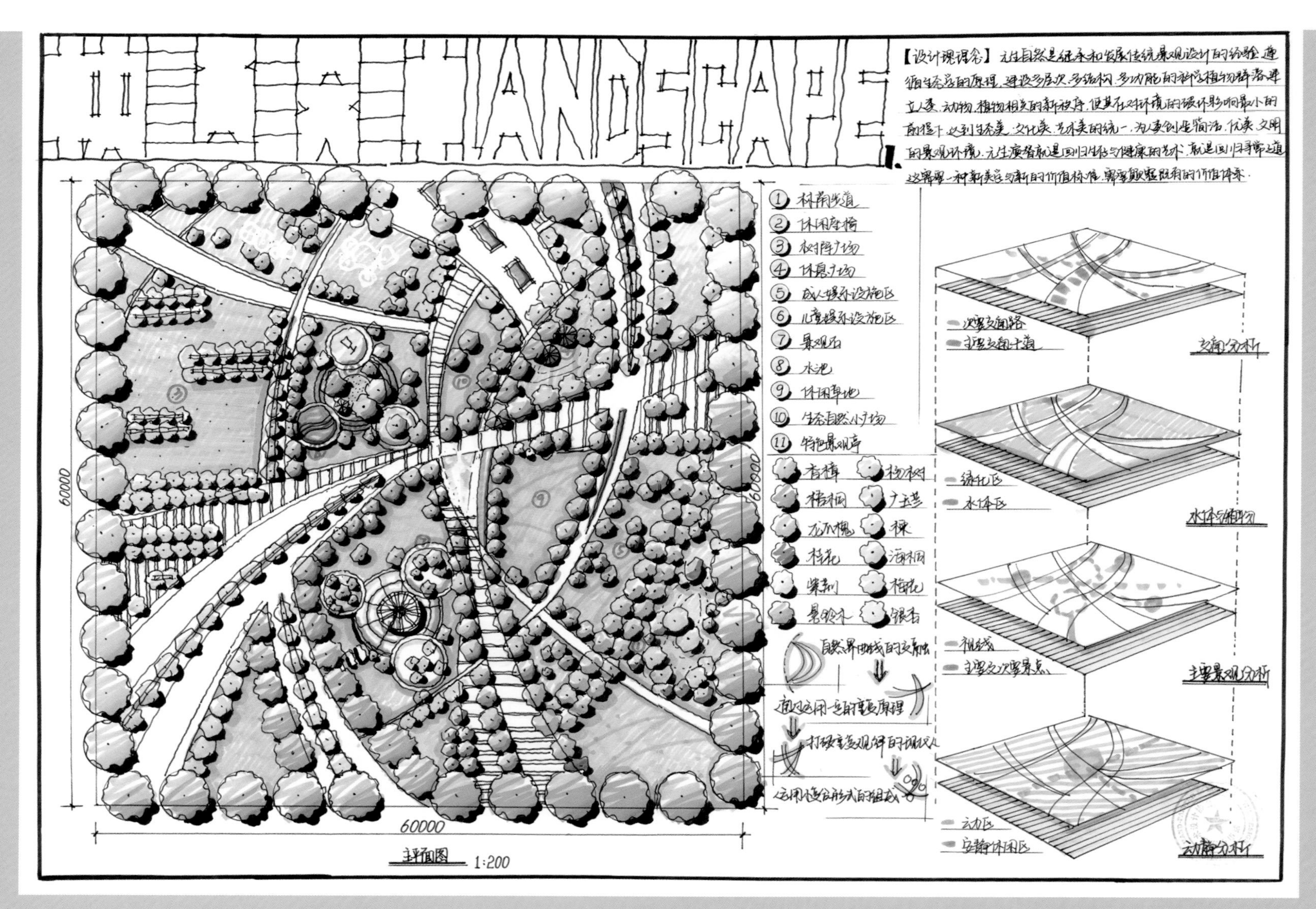

图6-6

评析：

该广场的景观设计运用生态美学艺术设计概念打造，布局层次丰富。但在整体交通路网上过于追求形式美感，使得整体道路略显烦琐。从平面图看，植物配置缺少中层次灌木及乔木自由组合群体，整体树阵过多，略有杂乱。

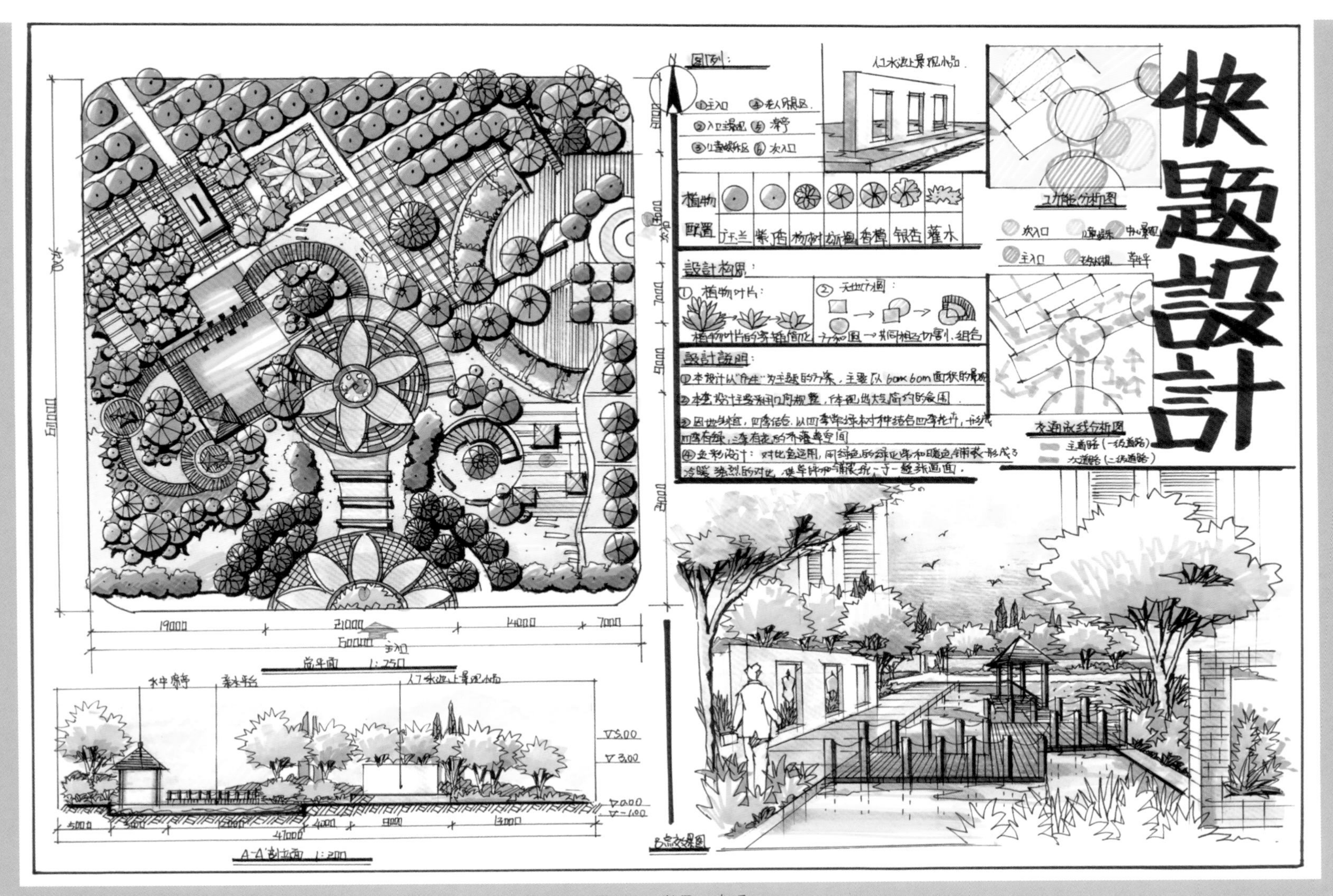

图6-7　学员：李昕

优点

（1）整体画面排版比较完善，画面的细节、图量大小均完整；（2）本设计的高差丰富，是其亮点；（3）整体画面小空间的设计很丰富，主次入口的设计分明有序。

缺点

（1）画面设计过于复杂，画面刻画上过于烦琐，应注意主次关系；（2）整体画面的铺装设计丰富多样，应当做减法；（3）整体画面节点注意形式的呼应与协调性，形式过于琐碎。

案例三：以“自然—人文—创造”概念为主导，设计一个社区中心广场

1. 设计条件

（1）广场尺寸为280m×80m。

（2）自定城市类型。

（3）地形平坦。

（4）社区交通方式及周边环境自拟。

2. 设计要求

（1）主题广场设计方案一套（60分）。包括平面图、立面图和剖面图，比例与表现形式自定。

（2）图文并茂，系统地说明设计思想（不少于400字，30分）。

（3）完成广场主要景观形态的表现（表现形式自定），同时设计一套广场设施，包括至少4个类型的公共设施，类型自定，用草图形式表现。

（4）卷面版式安排合理（10分）。

*注意题目“社区中心广场”为社区的人群服务，那么功能以及道路的设计是此处设计的要点，题中要求“自然—人文”借用自然的条件来设计相对应的景观设计，注意借用此地段的人文文化运用于景观设计中，使其景观更具文化内涵。

案例表现见图6-8～图6-10。

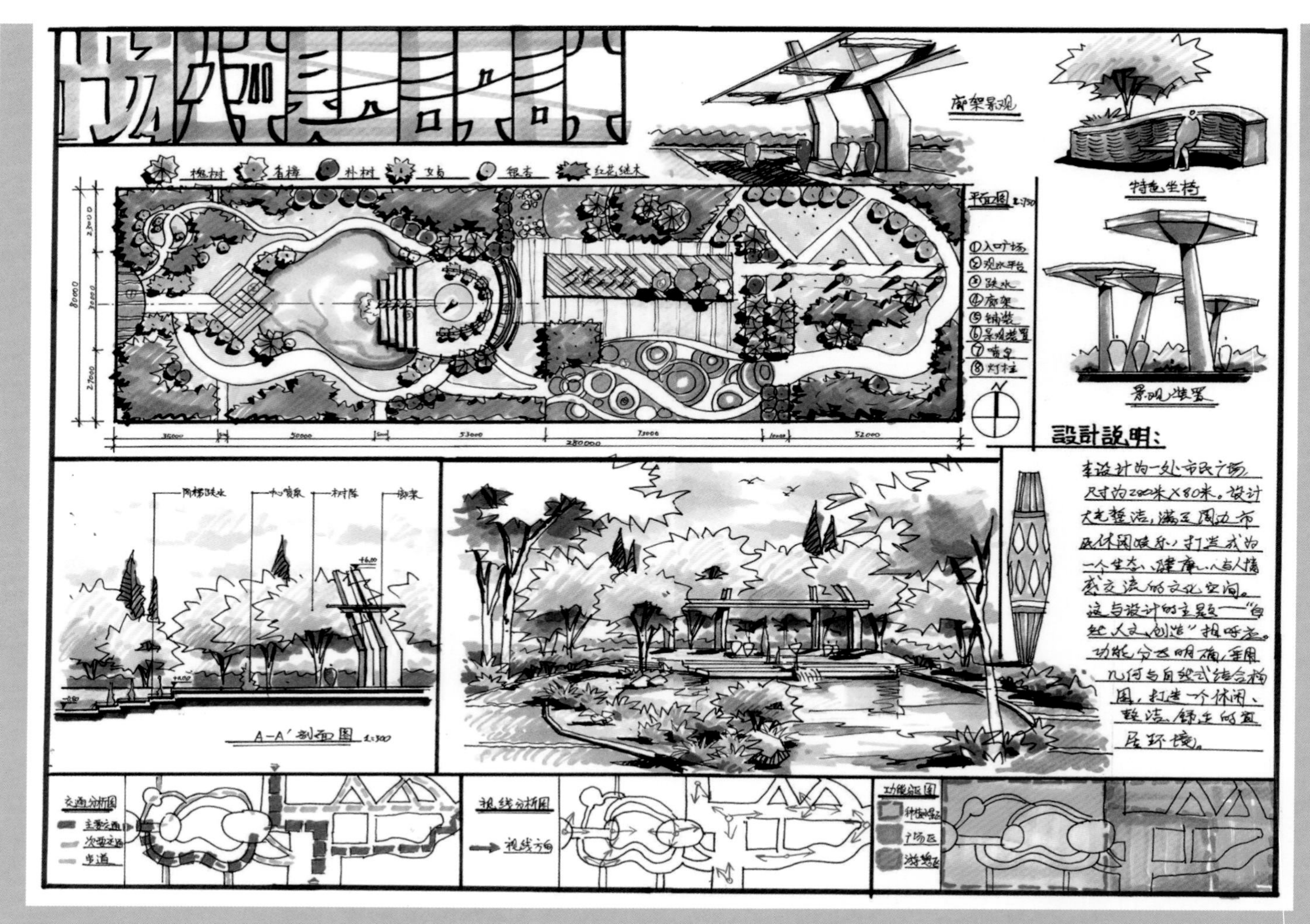

图6-8

优点

（1）此设计主出入口明确，功能分区清晰；（2）绿化率与硬质比例和谐，是一张较为完善的快题作品；（3）效果图、设计元素的表达是此快题的亮点。

缺点

（1）平面设计中注意设计台阶、景观小品的尺度，注意“尺度是设计的生命”；（2）设计上缺少文化内涵，可以多植入相关的“设计故事”；（3）在利用景观轴线设计的过程中，应适当注意左右两边的均衡；（4）左边入口广场进入水景区的亲水平台形式可以与入口的形式相呼应，方形形式显得突兀。

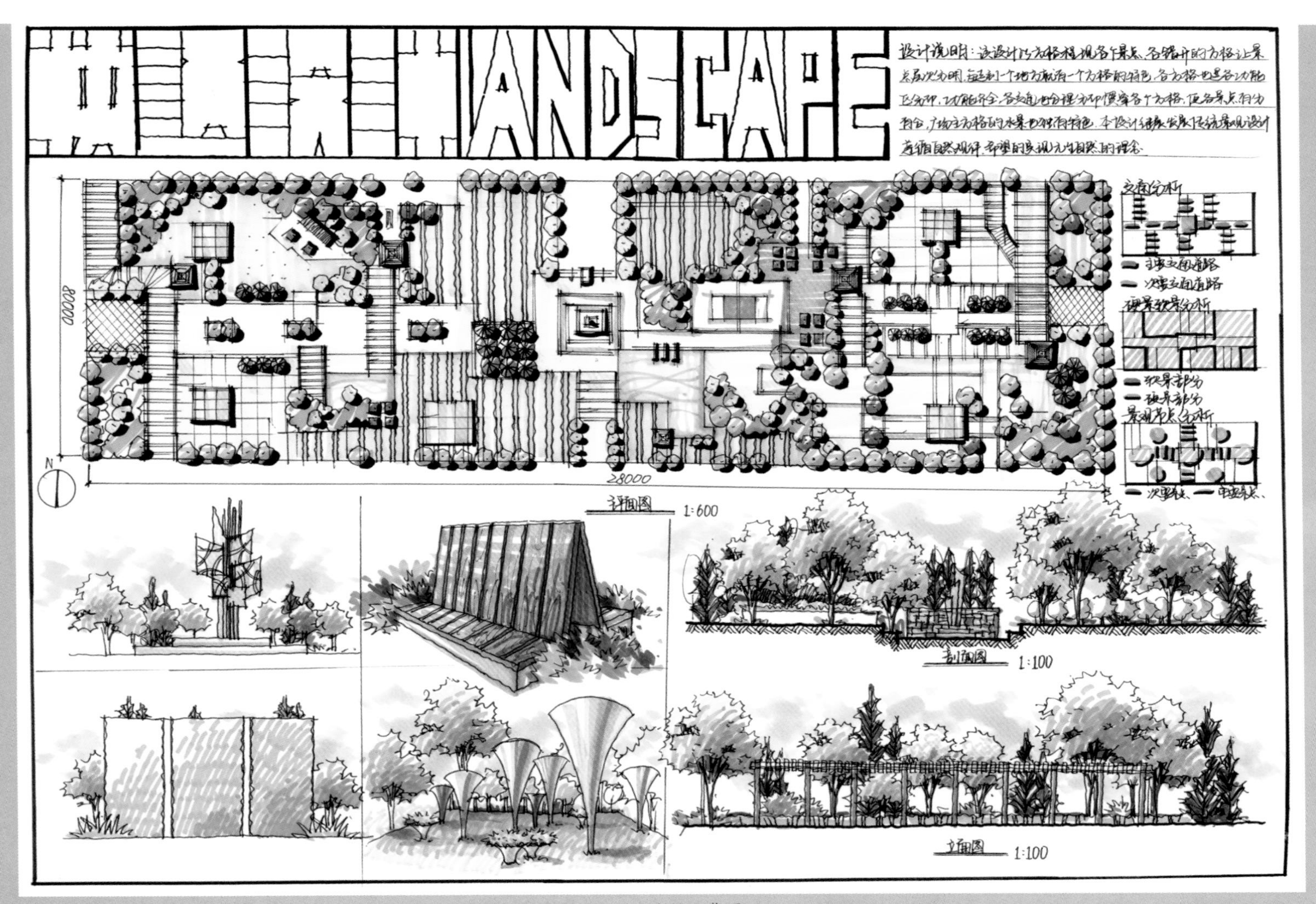

图6-9　学员：曹瑀

优点

（1）整体4张排版图量完整，布局合理，是一套完善的快题方案；（2）场地设计采用简单的几何方式，简单中细部设计丰富，功能分区合理，道路以及路网清晰；（3）细部设计的功能、高差的设计，以及相应的小空间布局丰富完善。

缺点

（1）设计的主次空间关系稍微弱，设计没有紧扣主题，缺少“文化”内涵；（2）社区广场应满足户外人们的休闲娱乐与绿化，此设计的绿化上稍有欠缺，种植设计太单一；（3）主次入口明确，但各个入口均无入口景观的相关设计。

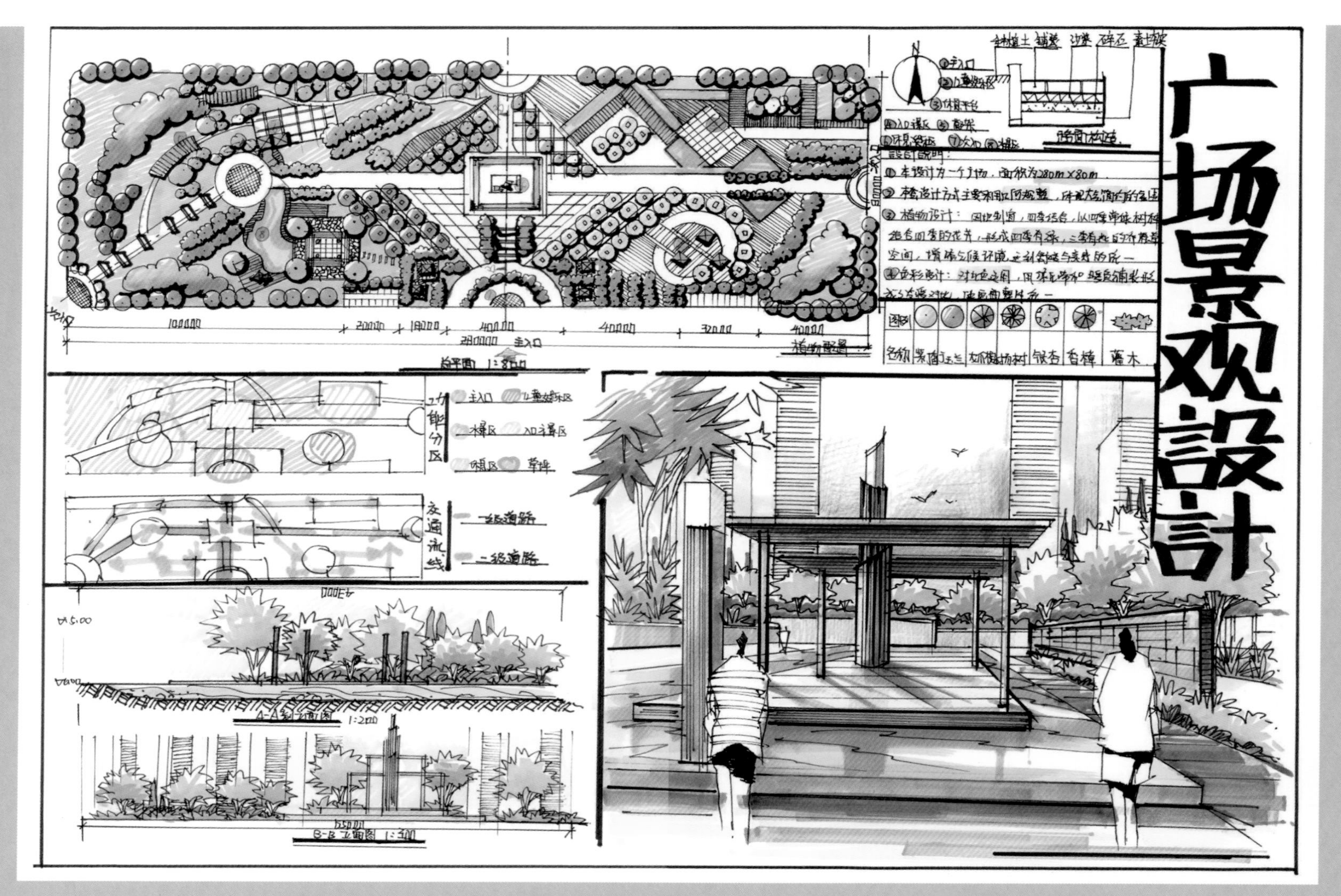

图6–10 学员：李昕

优点

（1）在各功能节点设计、主次道路的分布比较清晰明了；（2）场地绿化率达到广场设计的比率；（3）植物种植设计丰富。

缺点

（1）各个节点形式过多，导致画面比较混乱，应统一节点的形式感；（2）效果图的空间感比较弱，可选择空间层次丰富的效果图；（3）竖向设计上应注意高差设计，A–A剖面没有准确地反映出竖向设计的变化，应选择有代表性的地方进行剖面设计表达，不可避重就轻。

案例四：翠湖公园设计任务书（某大学某年硕士研究生入学考试）

1. 项目简介

某城市小型公园——翠湖公园，位于120m×86m的长方形地块上，占地面积10320m²，某东西两侧分别为翠湖小区A区和B区，A、B两区各有栅栏墙围合，但A、B两区各有一个行人出入口与公园相通。该园南临翠湖，北依人民路并与商业区隔街相望。该公园现状地形为平地，其标高为47.0m，人民路路面标高为46.6m，翠湖常水位标高为46.0m（详见附图）。

2. 设计目标

将翠湖公园设计成结合中国传统园林地形处理手法的、现代风格的开放型公园。

3. 公园主要内容及要求

现代风格小卖部1个（18~20m²），露天茶座1个（50~70m²），喷泉水池1个（30~60m²），雕塑1~2个，厕所1个（16~20m²），休憩广场2~3个（总面积300~500m²），主路宽4m，次路宽2m，小径路宽0.8~1.0m，园林植物选择考生所在地常用种类，此外，公园北部应设200~250m²自行车停车场（注：该公园南北两侧不设围墙，也不设园门）。

审题、解题：

关键词：公园、翠湖、住区、商业区、露天茶座、小卖部、休憩广场、自行车停车场

本题限制条件较多，需要设计者进行综合布局，用地为长方形地块，规模适中，南部湖面为可利用的景观资源。东侧、西侧被栅栏边界的城市住区限定，北侧为城市道路和商业区，整体外部环境对用地的干扰较大，需要较好地和外部环境相协调。北侧城市道路和商业区作为场地的主要噪声来源，设计应进行适当隔离缓冲。北侧界面为主要人流来源方向，场地布局应协调好北侧出入口以及东西两侧住区出入口，同时对住区栅栏景观进行障景。

用地三面临城市用地，单面临水，在总体用地格局分析上，设计地块应作为沟通城市环境与翠湖自然环境的纽带。方案应能够引导各个来源方向的游人到达湖滨休闲体验，在整体布局上，应重点处理好南北纵向的空间布局和景观结构，把握好节奏变化，营造良好的城市——自然体验序列。同时，鉴于周边的住区用地性质，场地应适当提供住区居民休闲活动的空间。南侧界面整体临湖，滨水景观的处理亦是重要考点。

题目中明确提出“结合中国传统园林地形处理手法”，因此地形处理也是本题考点之一，须结合传统园林对景、夹景、障景等手法，结合地形设计处理好场地的空间格局。此外，题干中的各类场地和设施应在设计中进行对应满足，场地的面积都不大，且考题定位为公园，故整体的功能定位不要跑偏，保证绿地率。

4. 图纸内容（表现技法不限）

（1）现状分析图1：500（占总分5%）。

（2）平面图1：200（图幅大小为1号图纸或2号图纸，占总分35%）。

（3）鸟瞰图（图幅大小为1号图纸或2号图纸）+主要景观节点效果图（两张，图纸幅度大小不限）（占总分35%）。

（4）立面图1张，剖面图1张（占总分15%）。

（5）设计要点说明（300~500字），并附主要植物中文名录（占总分10%）。

案例表现见图6-11~图6-14。

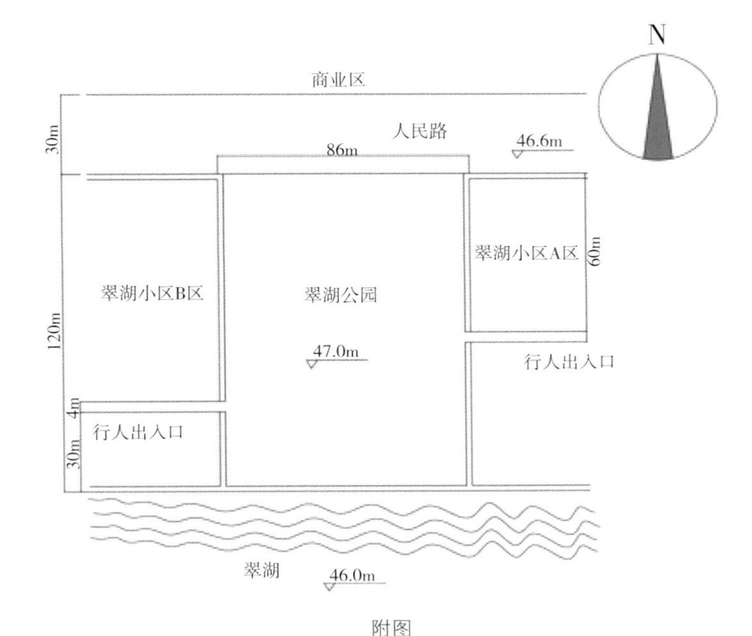

附图

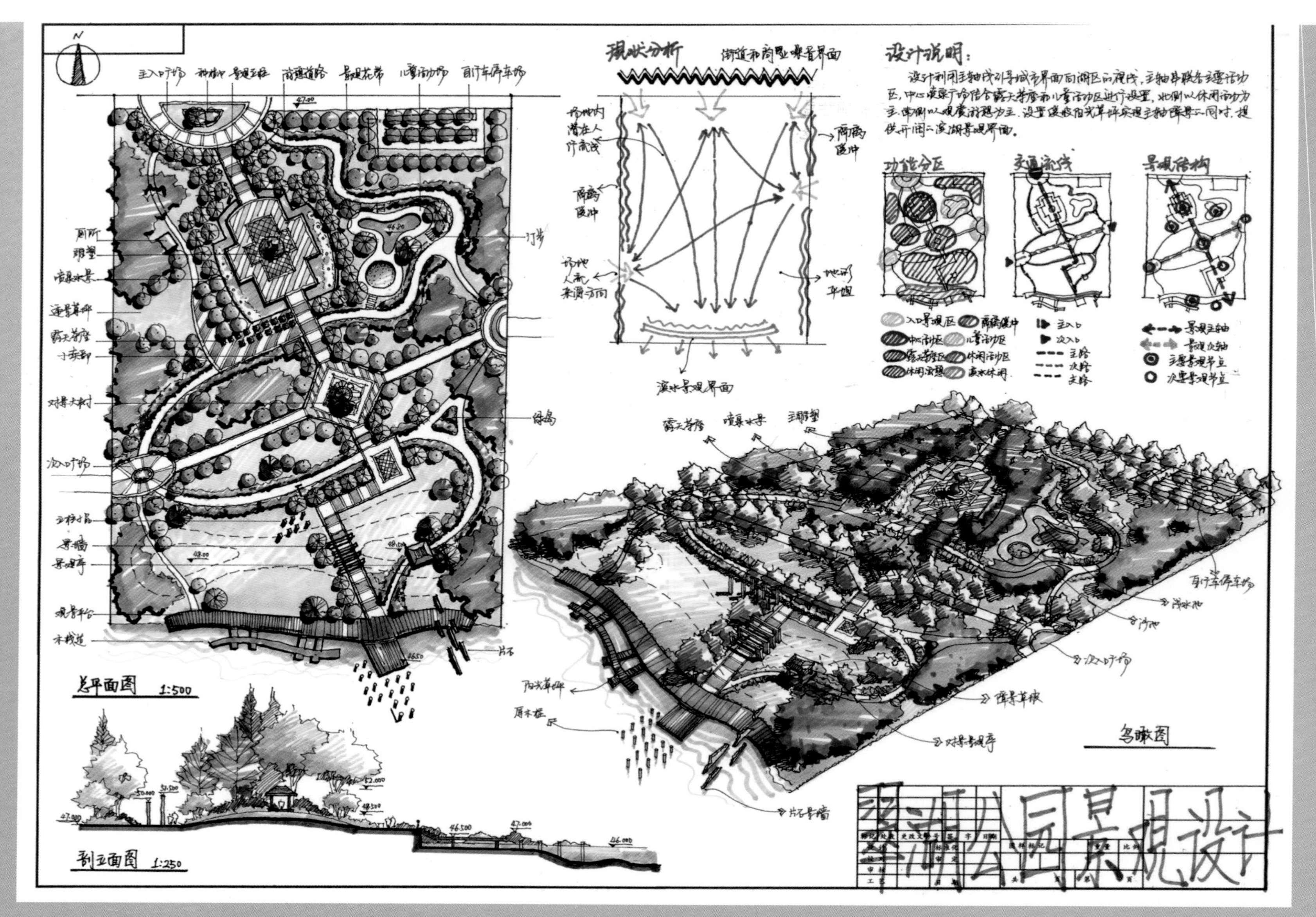

图6-11　学员：刘克华

评析：

该设计采用曲线环绕整体空间，中轴线功能节点节奏明确，布局合理。不足之处在于河岸线的形式过于单调，可以大胆采用适当夸张的手法来将整体造型表现得更具设计感。

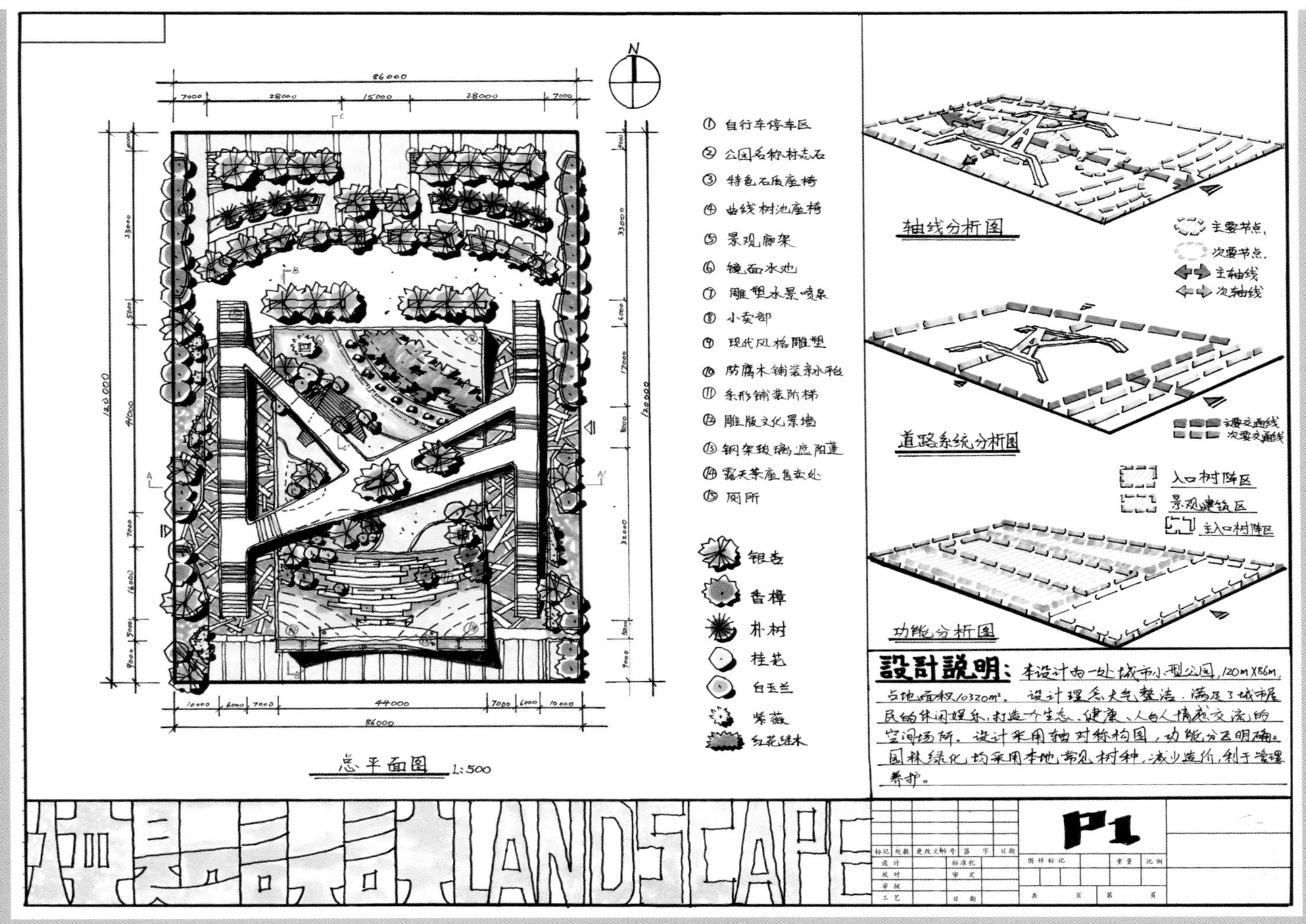

图6-12　学员：边导

评析：

方案简洁大气，整体构图简练，结构清晰，以景观廊架抬升立体观景系统，较有创意。铺装细节设计丰富，整体图面表现效果出色，但鸟瞰透视比例稍有偏差。方案临街一侧采用条带式种植树列划分空间，兼具入口与停车区的功能，中心景观区以立体廊架限定边界，中部以微地形结合设施设计，并组织游憩空间，构思较为巧妙。但对于考题而言，方案整体上存在较大硬伤，定位出现较大问题，整体硬质铺装过多，北侧沿街景观带被自行车停车区占据，景观效果不佳，且交叉分布的弧形种植带封闭了城市界面与自然界面的视线联系。方案东西两侧住区栅栏界面交接处理方式不合理，两个小区出入口之外的界面应进行适当障景隔离。中部主体廊架稍显孤立，且廊架底部的广场空间处理不当，厕所设于滨湖界面不合理，整体滨水界面为硬质驳岸，处理过于生硬呆板。

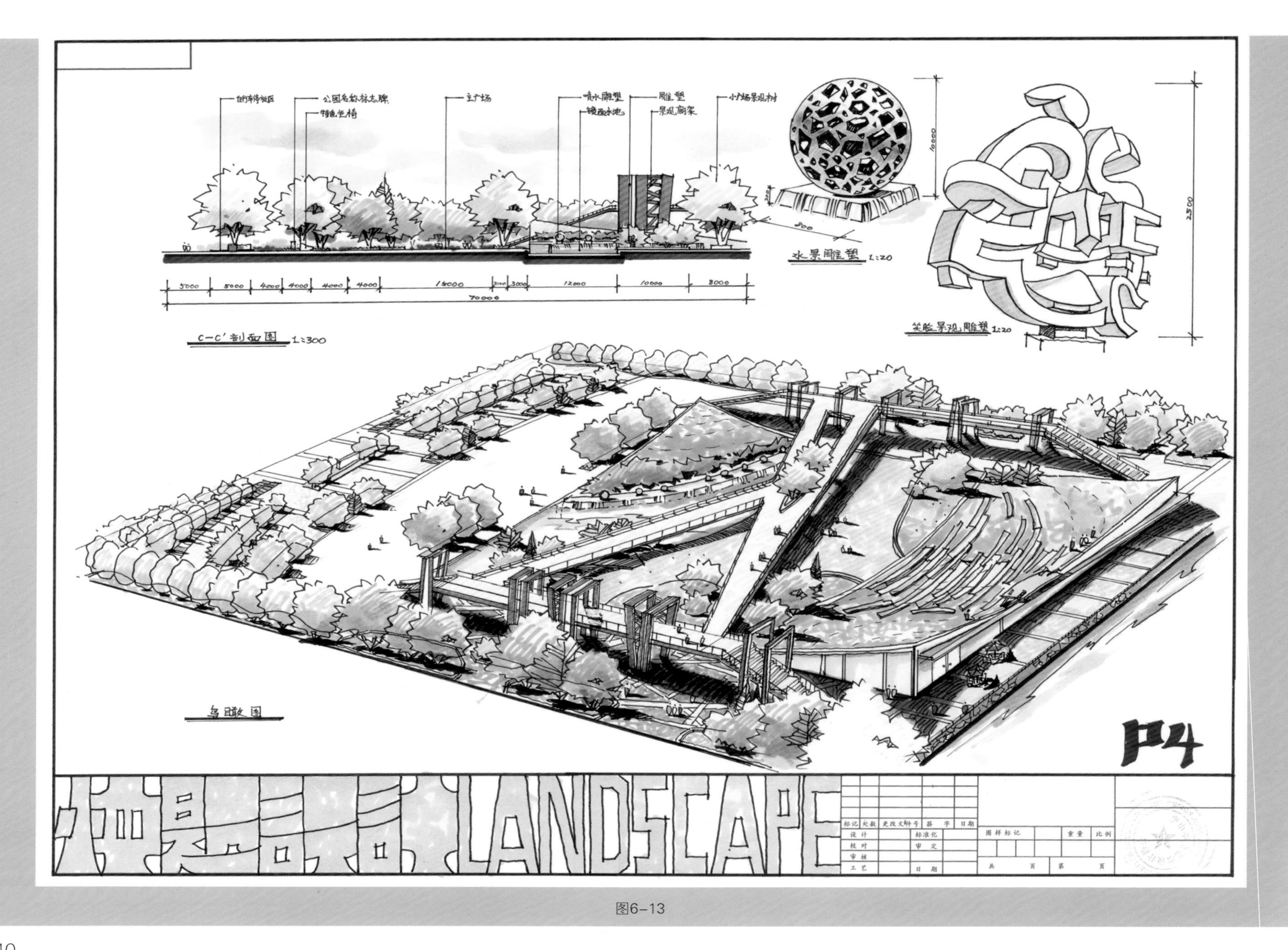

图6–13

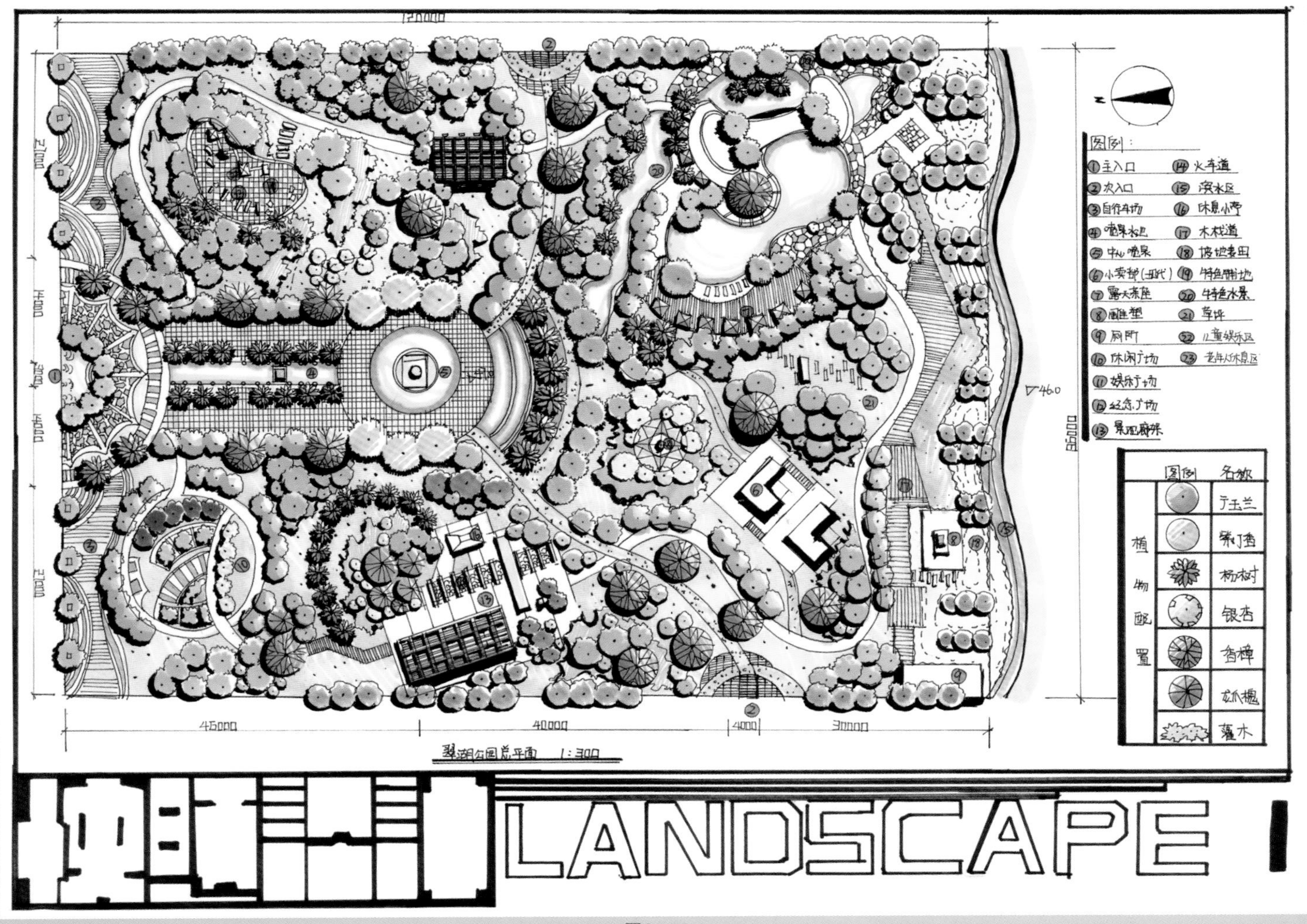

图6-14

评析：

方案规则式轴线与自然式游园相结合，造景手法多样，细部设计丰富细腻，图面表达层次鲜明，整体效果出色。方案以后工业元素作为局部设计，颇具特色。但对于考题而言，方案整体存在较大硬伤，整体结构较为散乱，路网体系没有分级，局部路网连通性不佳，路网结构不完整。北侧临街界面大部分被停车空间占据，过于空旷，景观效果欠佳，水体分布杂乱，未成体系，东、西两个住区入口空间处理过于类似。整体设计融合了后工业景观、欧式住区、旅游度假景观多种类型，过于杂糅。整体景观构筑、雕塑、铺装等景观元素运用得过于杂乱，基地现状没有工业遗迹，后工业元素运用不合理。小卖部体量过大，厕所位置不合理。滨水界面过于封闭，没有起到连通城市界面与自然界面的作用，滨水带的处理过于单调和呆板。种植设计整体过于散乱，没有空间对比。

案例五：某大学某年硕士研究生入学考试初试试题（满分：150分）

1. 题目：某商业广场景观规划设计

2. 现状描述

规划红线范围内为某商业广场，商业广场周边建筑为“达利”商住楼，一层为商铺，负一层为大型超市。整体建筑风格为现代主义，见附图。

3. 设计内容

（1）在规划红线范围内设计商业广场景观。

（2）合理利用现状。

（3）合理设计功能流线。

（4）景观细部设计体现艺术性。

（5）简要设计说明。

4. 设计要求

（1）绘制景观彩色平面图1张。

（2）绘制主要景点效果图1张。

（3）用文字对于设计方案进行阐述，文字写在2号图纸上。

（4）图纸规格：2号图纸1张。

（5）合理排版。

案例表现见图6-15～图6-21。

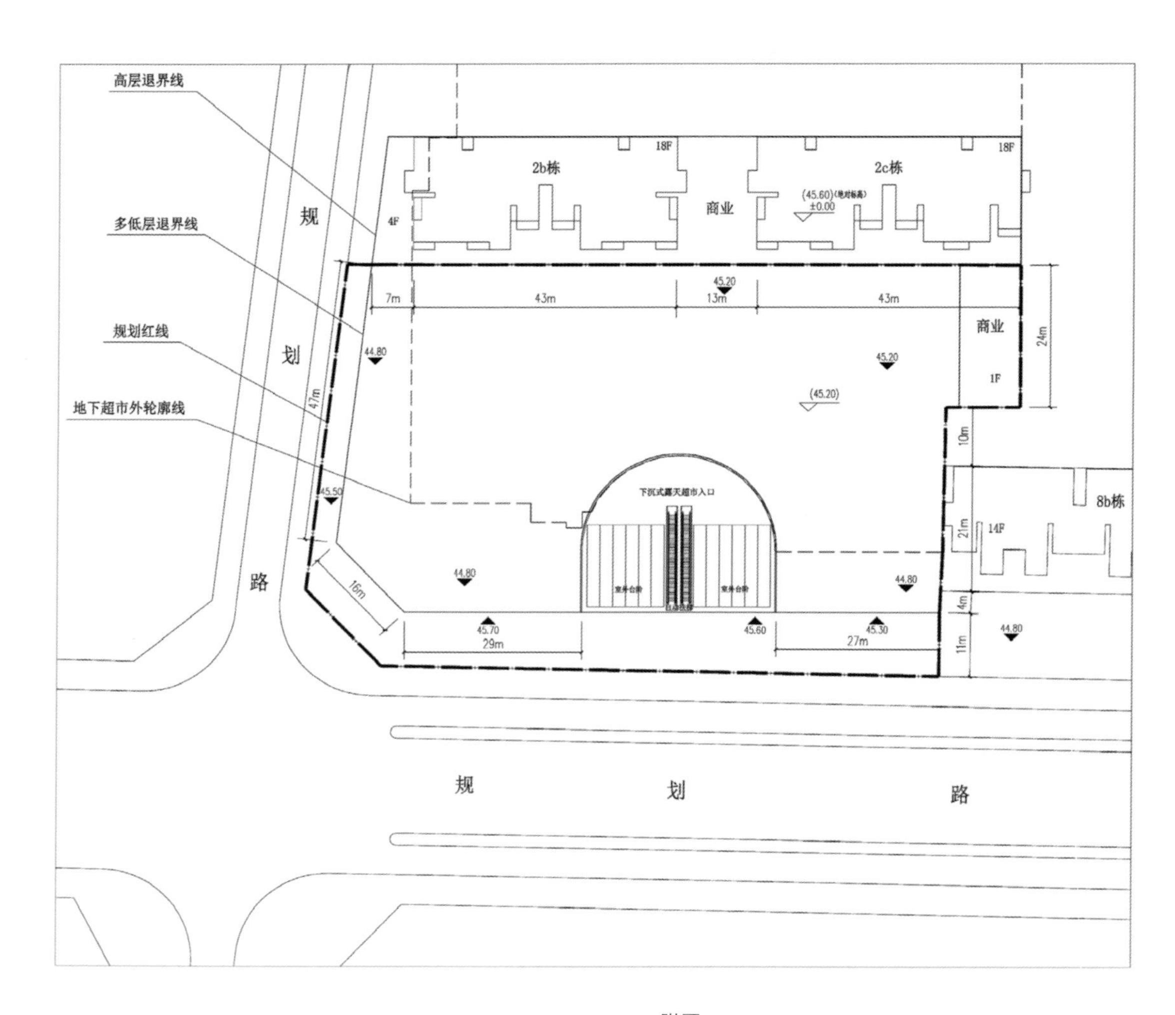

附图

审题、解题：

此题为“商业广场”，故定位绿化率和硬质时，注意绿化率不可高于50%，这是很多考生容易忽略的问题。此题中涉及很多建筑相关的术语，注意学习景观设计时要多学习室内、建筑的相关内容。本题中的建筑退界线是相对建筑而言，每个地区的退界尺度都不一样，需要看考题的用地情况，一般在5m左右。针对地下停车的问题，注意地下停车的位置靠近边界，不应在大型水池的下面，同时考生要特别注意停车场的主出入口问题以及行车道的尺寸。相对于靠近商业区的地段注意不应进行封闭设计，建议使用开敞设计来缓解来去人流量。场地内设计注意针对性人群，如儿童、青年人；功能如观景、休闲、娱乐、休息等。

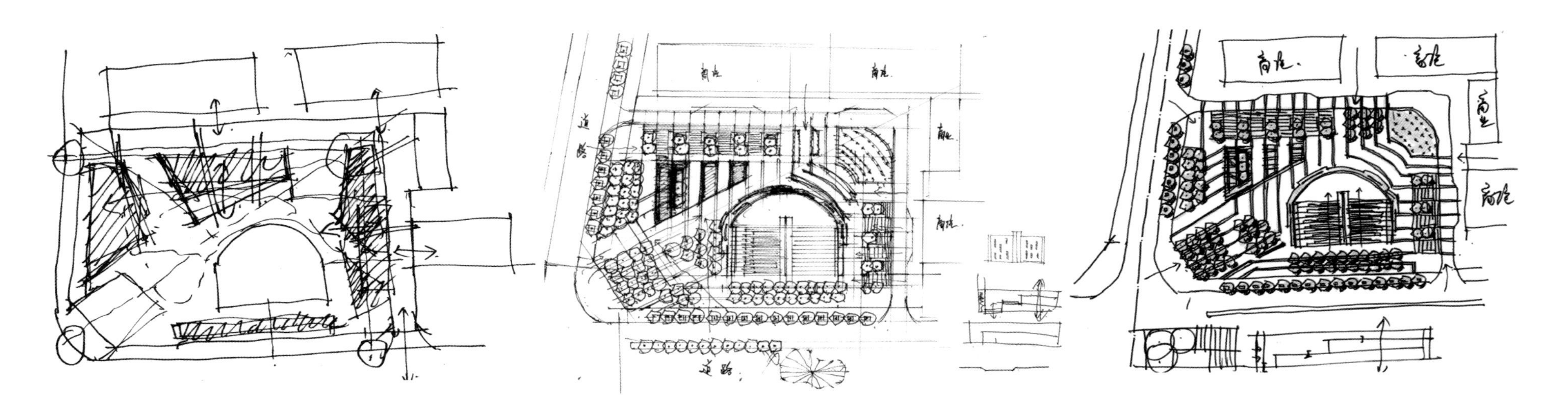

方案A构思草图：根据商业建筑的现有硬性条件设定，设立不同的交通节点及出入层次高差，运用现代的设计手法引导指示铺装，形成功能性与设计感相结合的实用代表

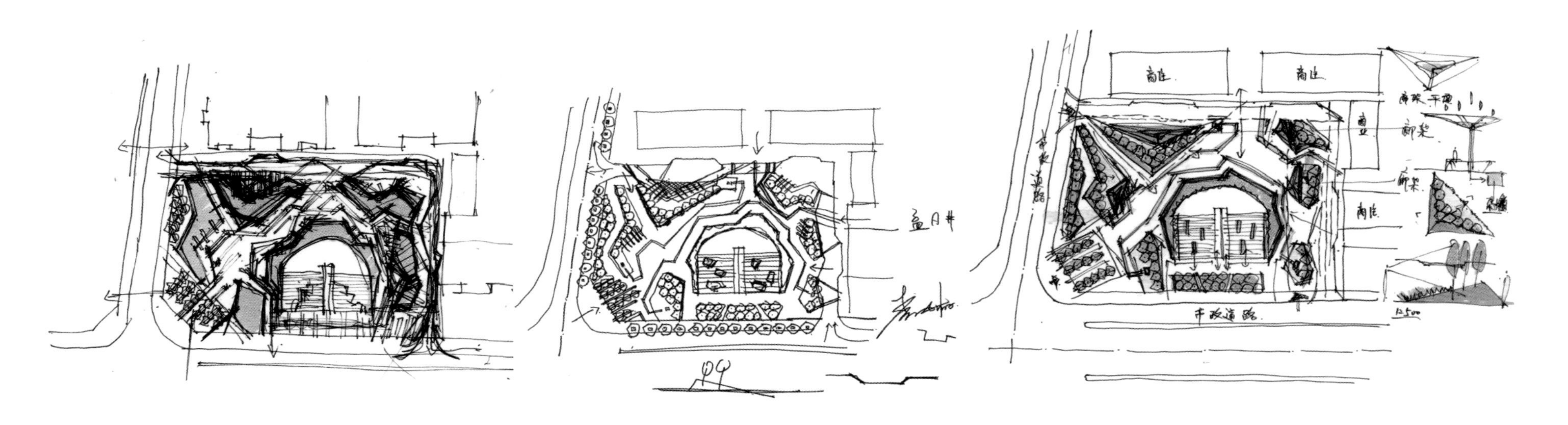

方案B构思草图：本设计采用菱形切割原有商业空间，根据建筑现有条件设计，营造出商业氛围浓郁的个性休闲空间

图6–15

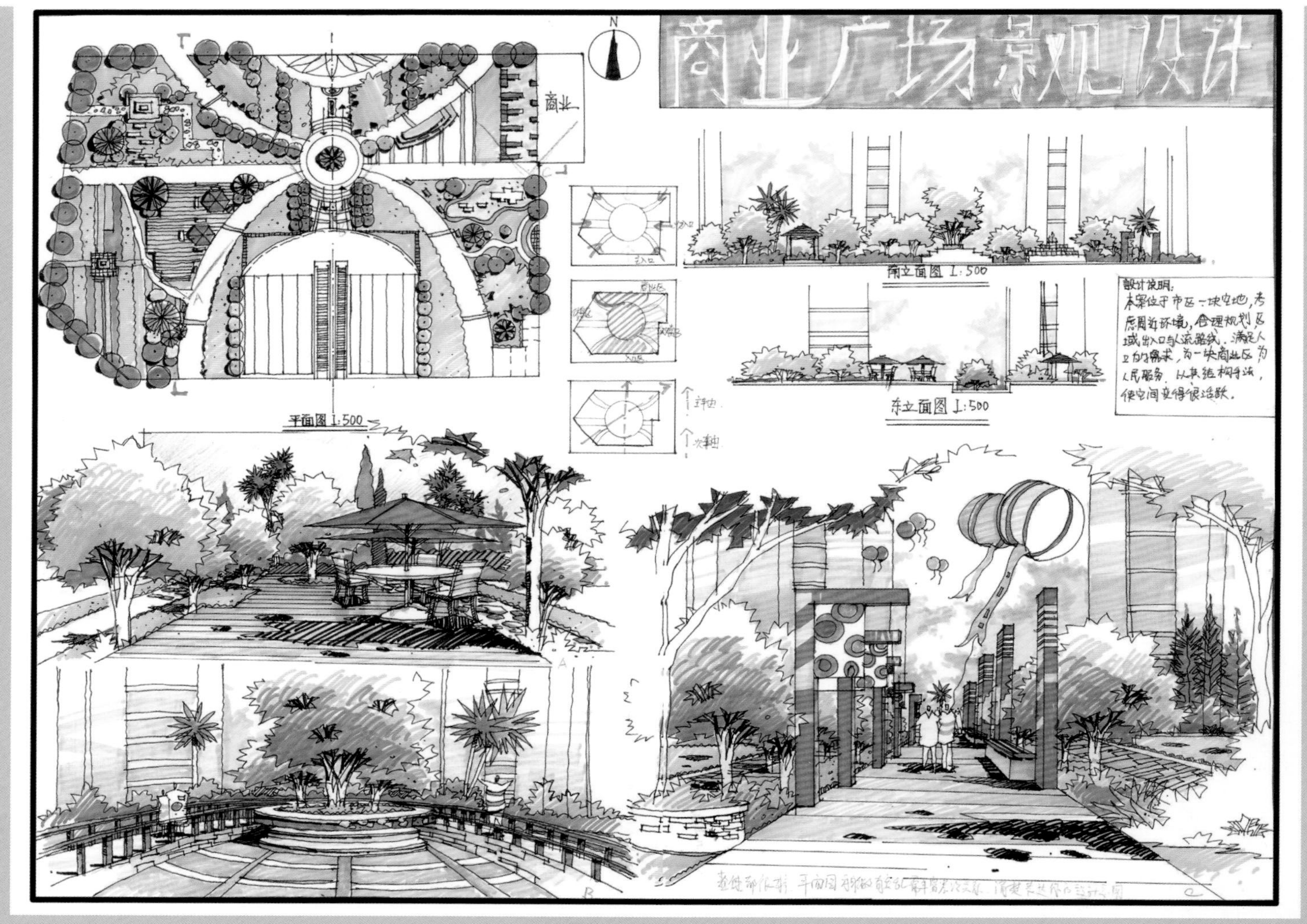

图6–16 学员：黄泽宇

优点

（1）本方案很好地运用了场地中的半圆形，运用了设计中最快捷的设计方式；（2）地下超市入口处的设计比较生态，同时能阻挡人群处于危险地段；（3）设计的出入口以及路网清晰。

缺点

（1）注意定位设计主题——“商业广场”，所以，相应的硬质铺装设计应适当多一些；（2）靠近商业区的地段应该开敞，人流量比较大，设计应满足商业区域人群的休闲娱乐需求；（3）设计中应考虑设计户外消防集散空间以及户外商业活动空间等。

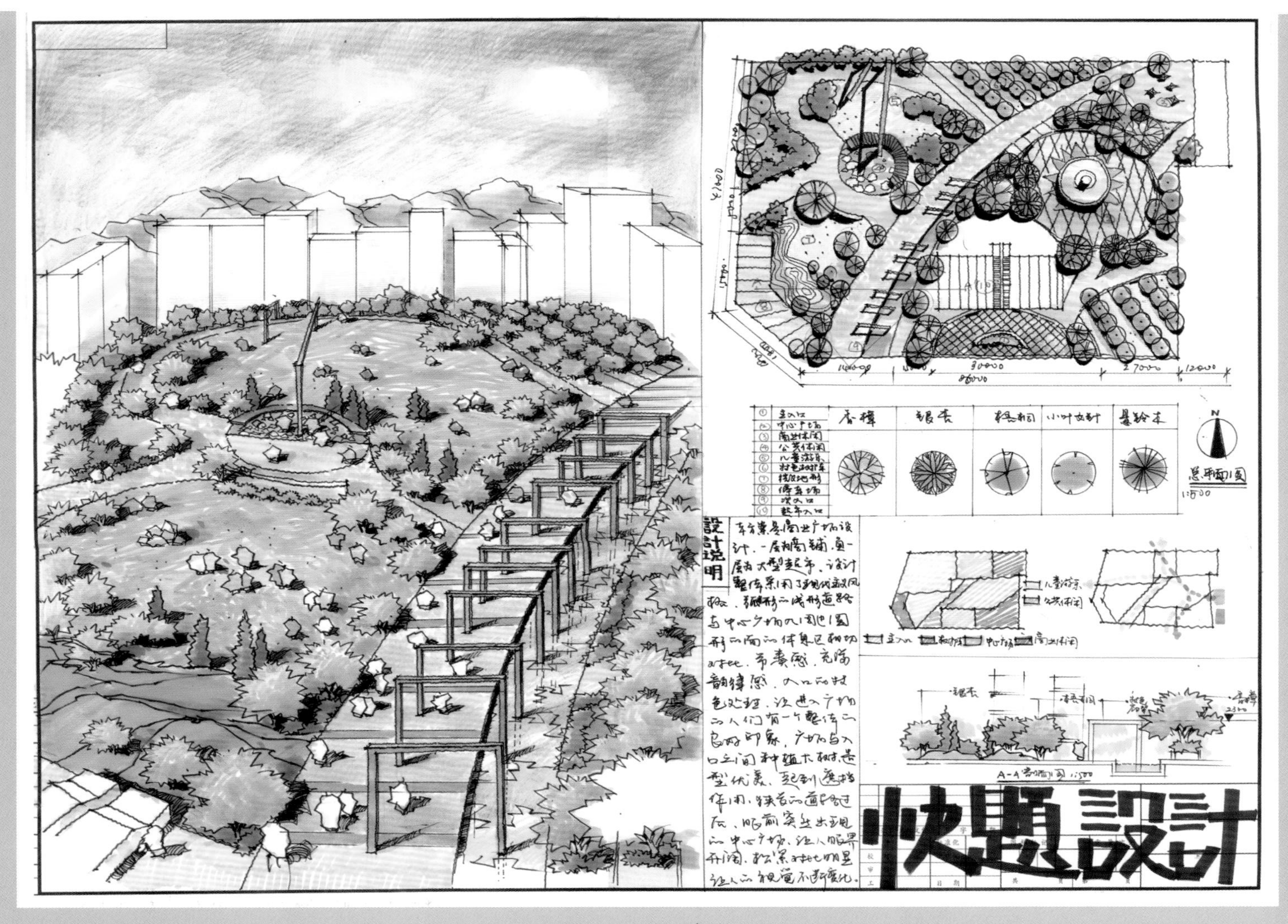

图6–17　学员：金星可

优点

（1）本方案主次入口设计明确，功能分区以及道路分区清晰；（2）整个图的布局排版完整；（3）图量的细节设计合理，设计中的高差丰富。

缺点

（1）该曲线形的路具有很强的指引性，对于此处广场设计“停留”是重点，同时注意若设计指引性比较强的路网，指引何处是关键；（2）场地设计的绿化率稍高；（3）停车场的设计还需改进。

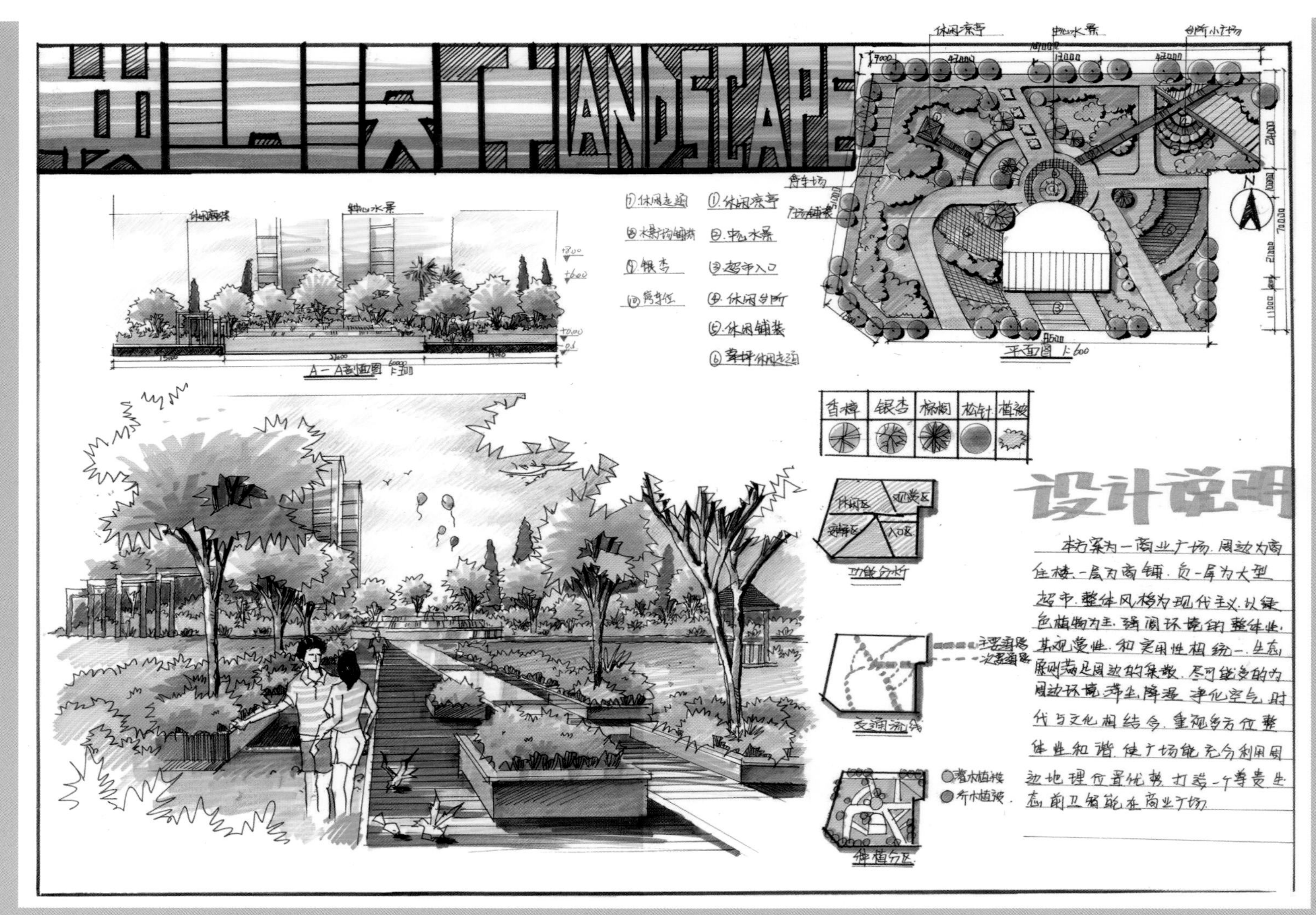

图6–18　学员：张曼

优点

（1）该方案的路网设计清晰流畅；（2）整体设计功能分区明确；（3）画面整体排版布局合理，图量完整。

缺点

（1）该生没有抓住商业街的主题，商业广场类的绿化率不应太高；（2）注意画面设计中入口的大小与位置，要满足人的行为习惯；（3）在效果图表现方面应当突出环境的商业气氛，让整体表现恰如其分。

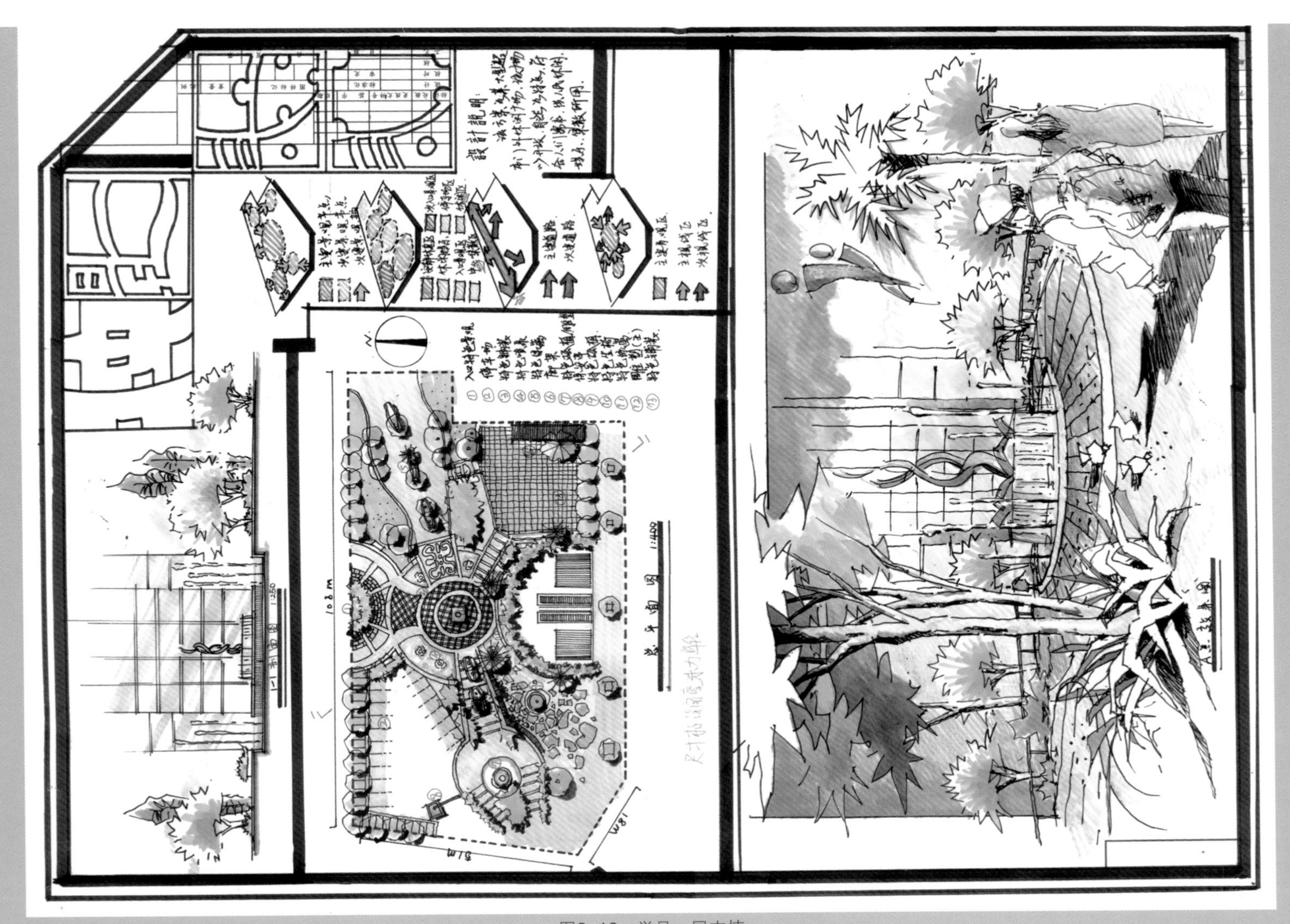

图6-19　学员：层志楠

优点

（1）该方案主题很符合商业广场，路网明确，主次入口清晰；（2）中心节点丰富，满足商业区域的休闲娱乐观赏功能；（3）整体画面设计具有设计感。

缺点

（1）注意停车场应该靠边，以此方式可节约空间；（2）平面设计中注意加以平面规范，是否有场地标高、竖向设计等；（3）快题中尽量少打边框，表现死板，大部分老师喜欢轻松自在的画面。

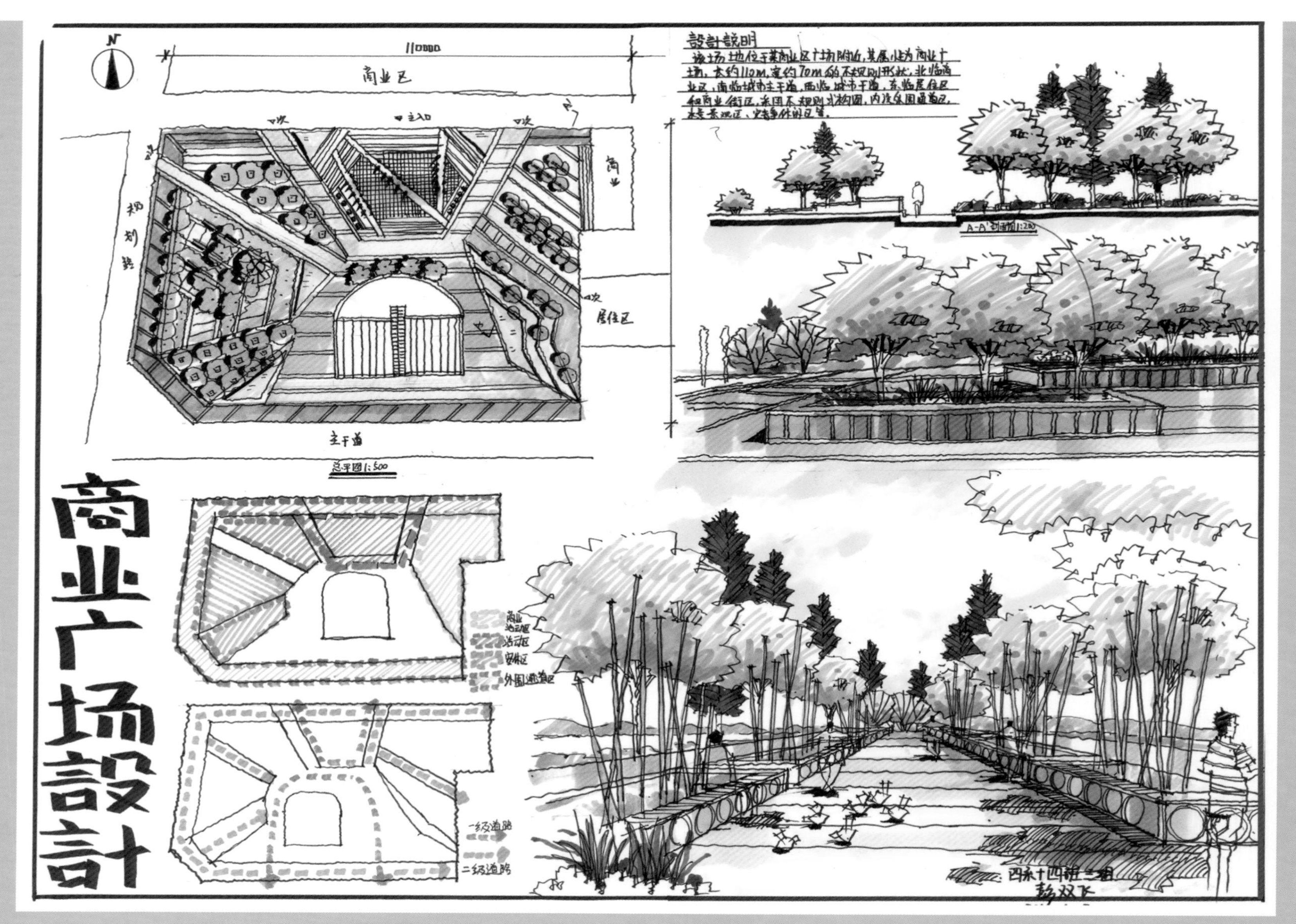

图6-20　学员：彭双飞

评析：

该商业广场采用现代设计手法，运用现代折线形式组合整体元素，交通空间合理。稍有不足的是手绘表现技法上略显生疏。

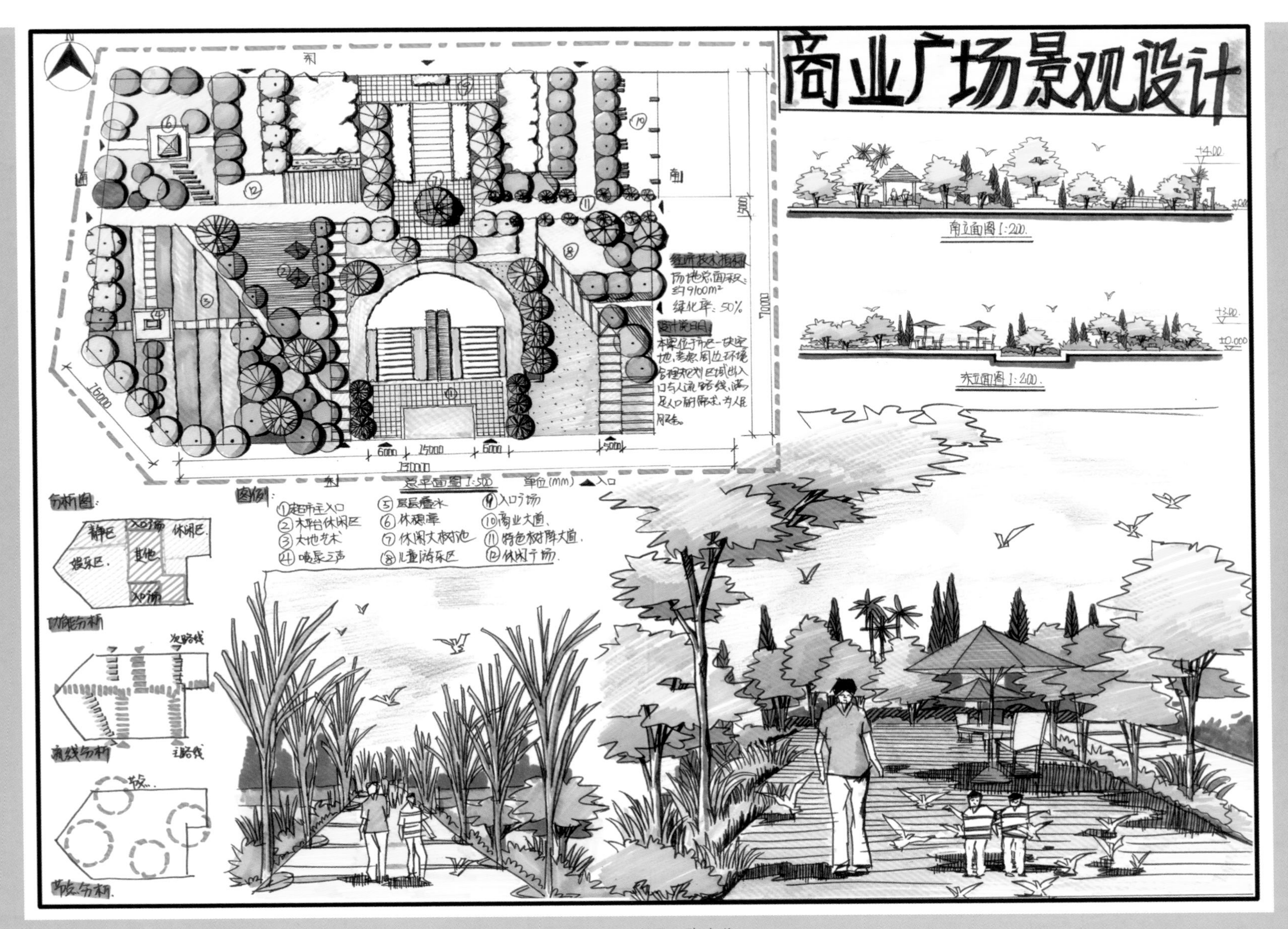

图6–21　学员：张小燕

评析：

该设计方案手法表现细致，整体功能布局合理。不足之处，植物设计上，行道树表现过于花哨。树形与颜色两种足够。

案例六：社区开放空间绿地设计

1. 基地概况

基地为中国某中型城市的一块1.5hm^{2}的公共场地，三面临城市道路，东、南、北三面均为居住小区，西面为商业区，基地西北角有一栋15m×30m的建筑，见附图。

2. 设计要求

（1）将基地设计成为可提供周边居民休闲娱乐的社区去开放绿地空间；

（2）对原有建筑进行保留，并合理利用进行造景；

（3）和周边环境相协调，注重周边区域的流线与功能的互动；

（4）绿地率不低于30%。

3. 成果要求

（1）平面图1张，比例1：200；

（2）分析图若干；功能要求、空间组织、种植分析；

（3）设计说明不少于200字。

4. 时间要求

设计时间为3小时。

案例见图6-22～图6-32。

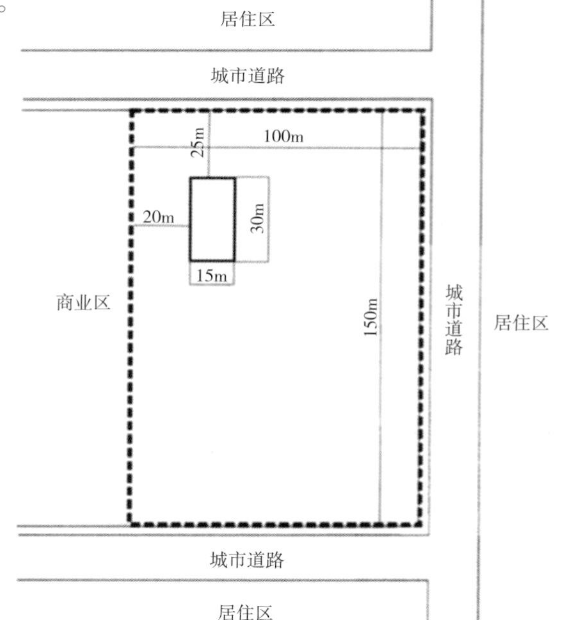

附图

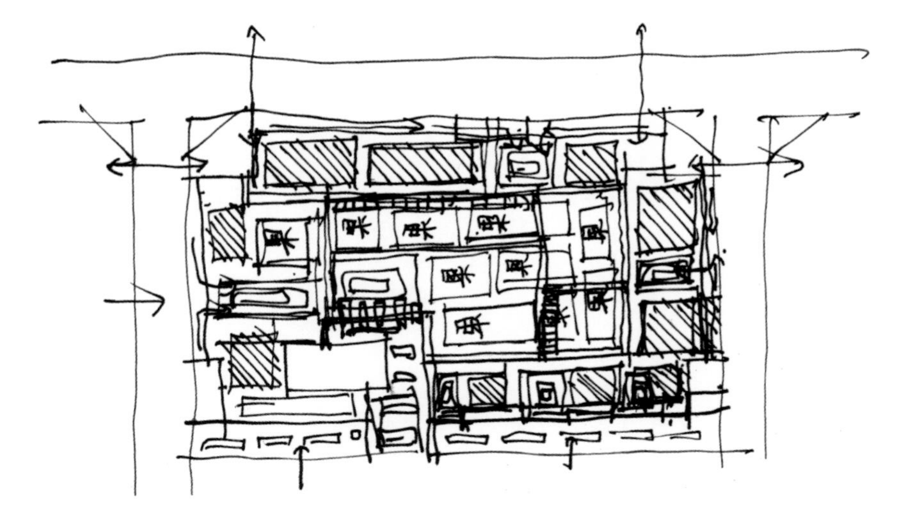

图6-22a　分析图

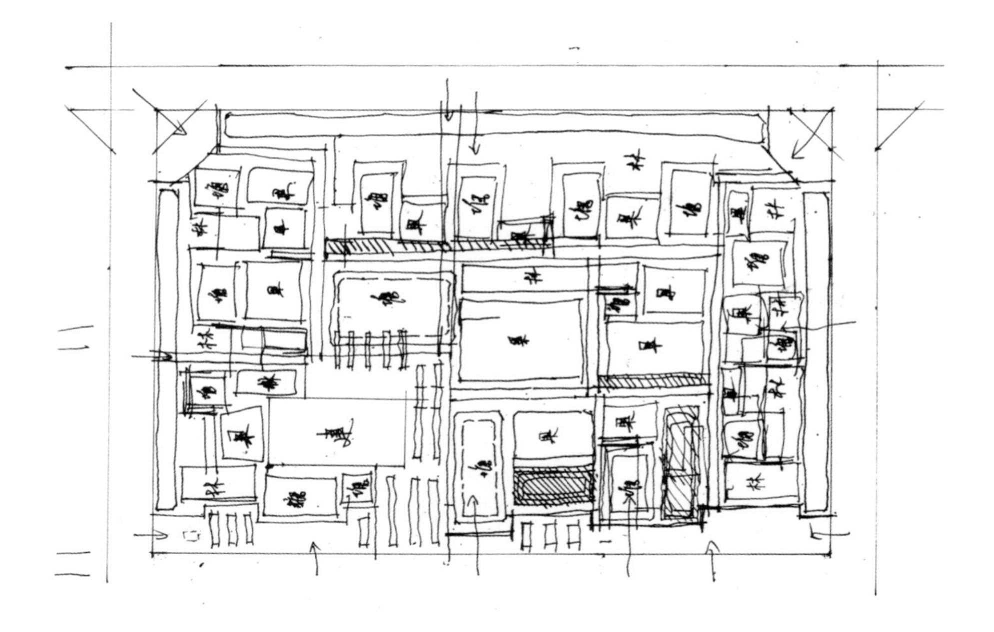

图6-22b　分析图

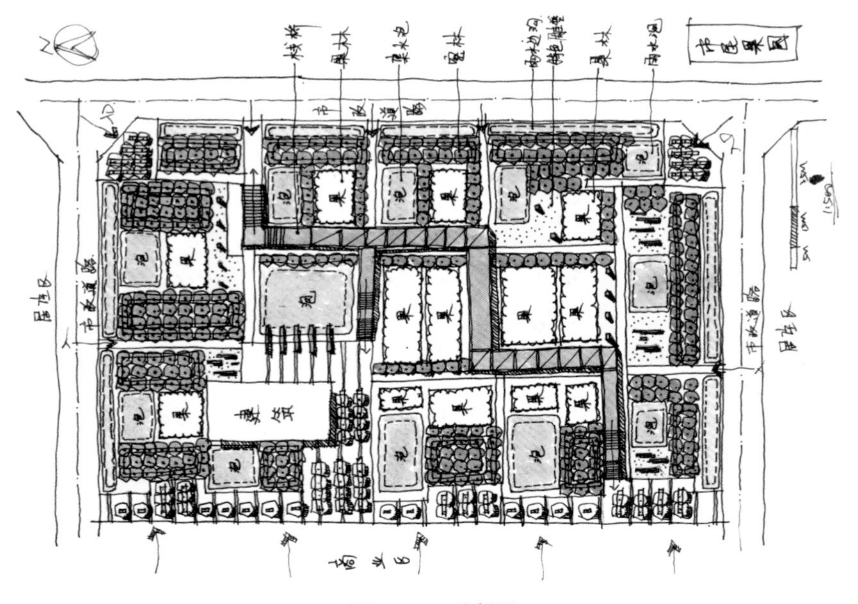

图6-22c　分析图

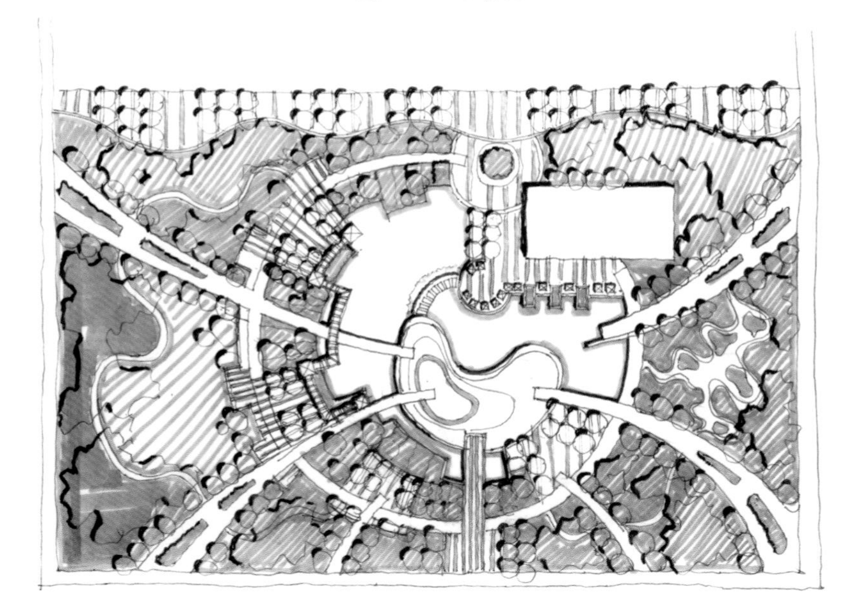

图6-22d　分析图

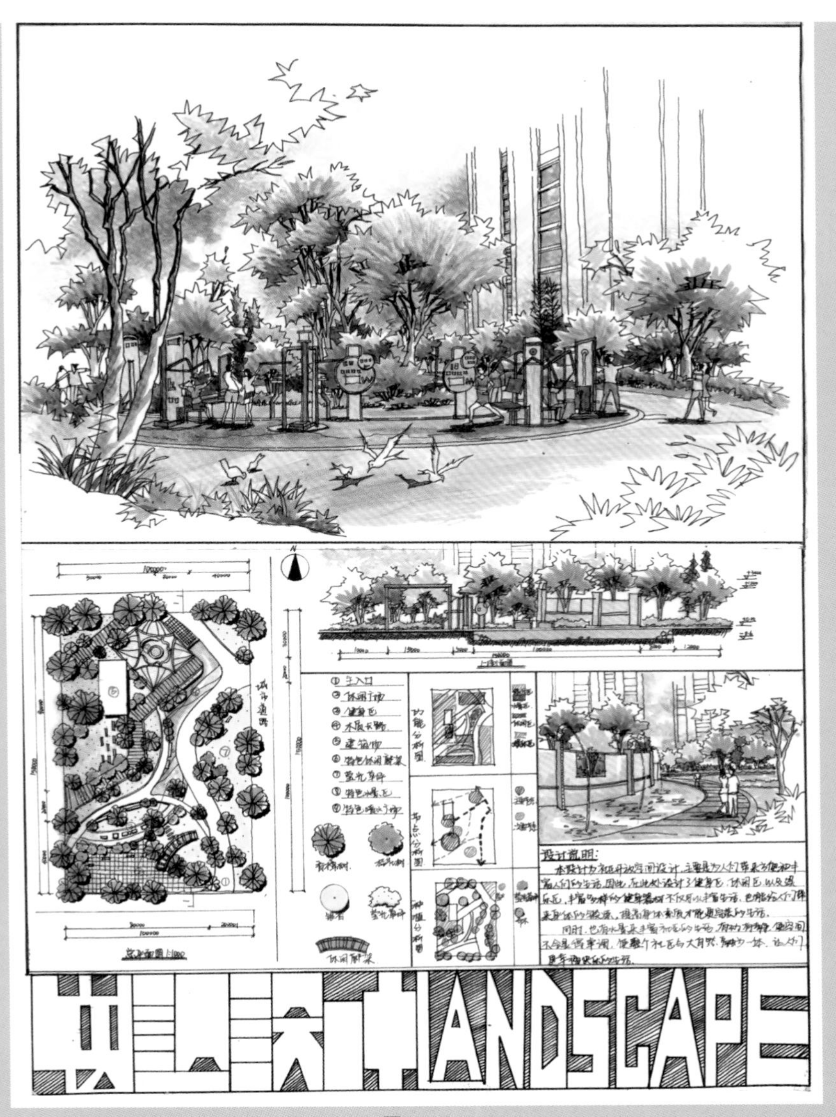

图6-23

评析：

该设计整体功能布局合理，流线形的设计很好地诠释了现代设计风格。不足之处在于整体植物设计上缺少中层次灌木群体，点缀主景树过多，显得杂乱。还要注意整体树阵的围合。

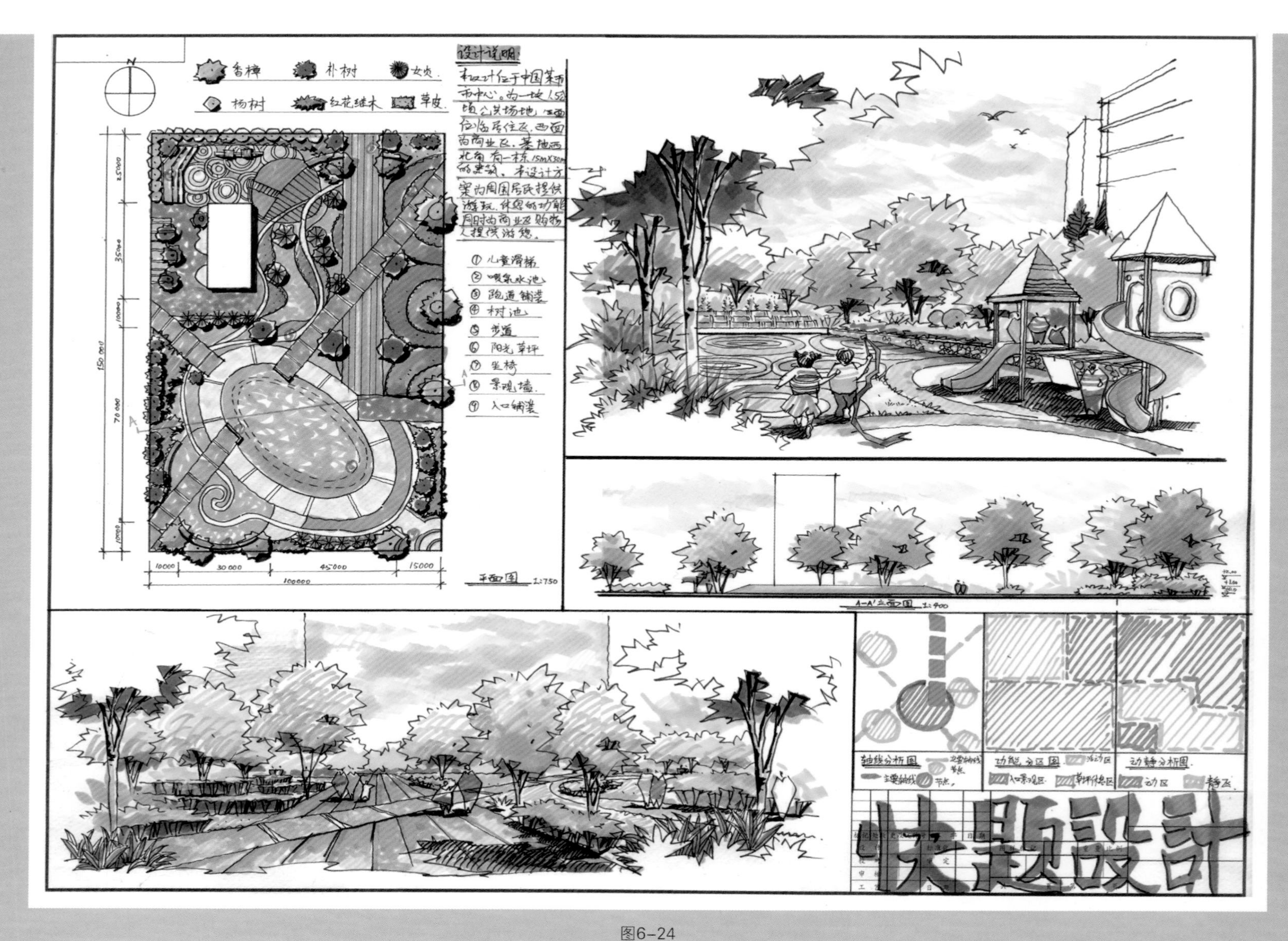

图6-24

评析：
该方案设计轴线关系明确，功能布局合理。但要注意画面比例，例如图中15m×30m盒子比例来看，主干道道路已经达到15m，这样尺寸的道路不应该出现在居住区的绿地中，植物表达行道树尺寸以5m为宜。

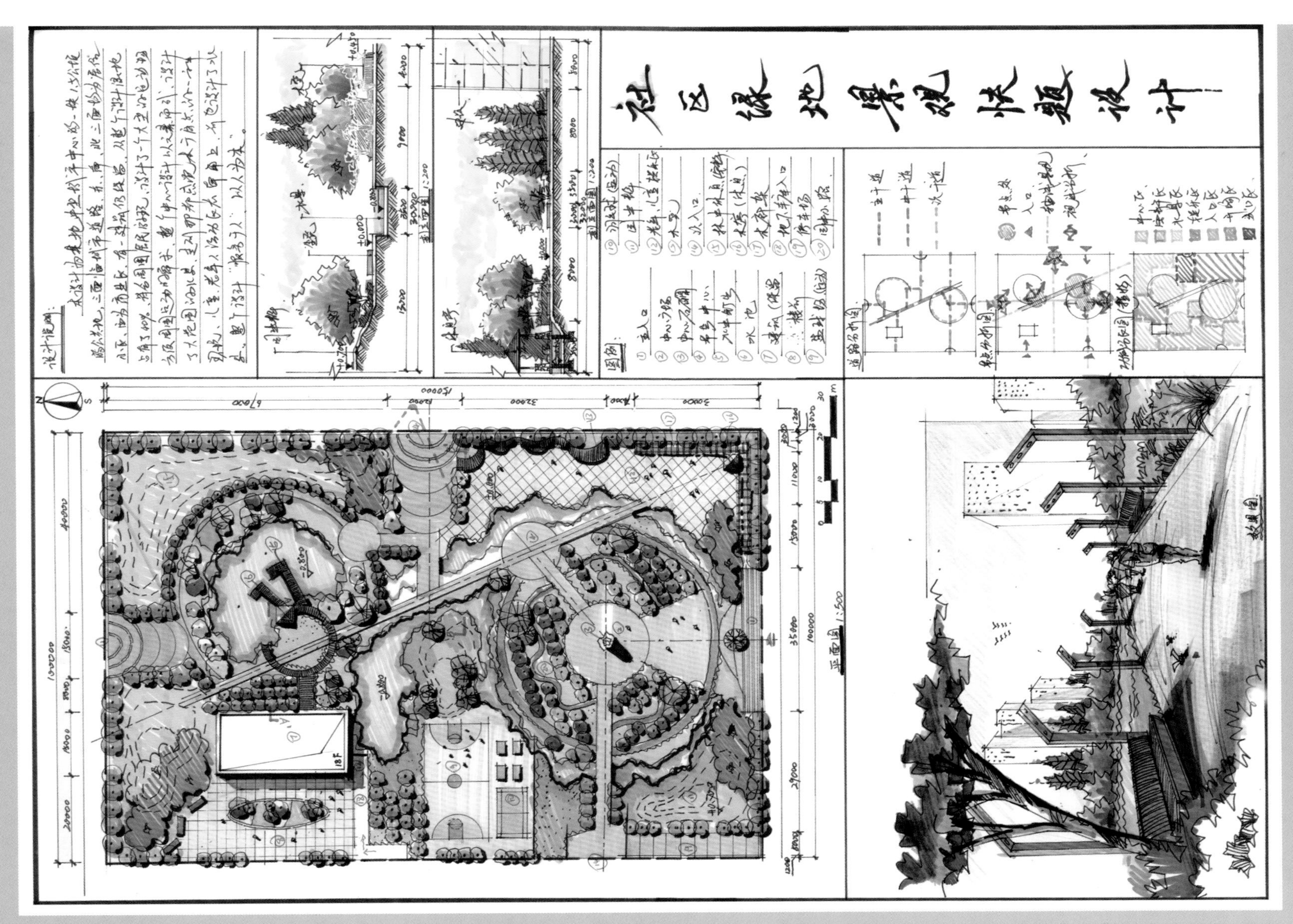

图6-25

评析：

该方案将现有地形进行简单的功能分割，使得整体功能区域明显，功能交通空间合理。不足之处在于水景驳岸细节处理上略显生疏。

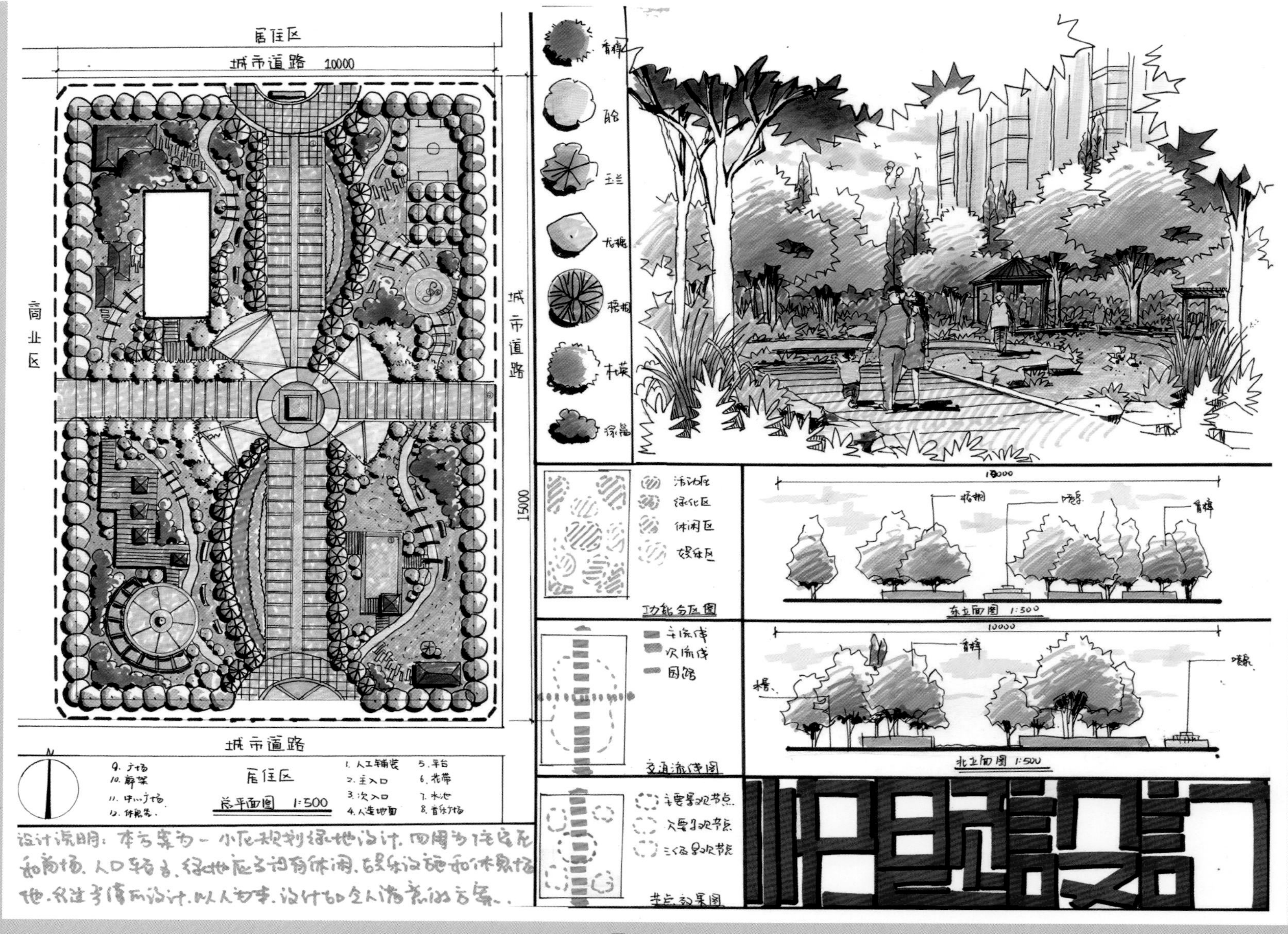

图6-26

评析：

该方案设计与之前方案出现相似的问题，即整体比例过大，主干道过宽。在植物设计表现上还算稳定，层次主次分明。

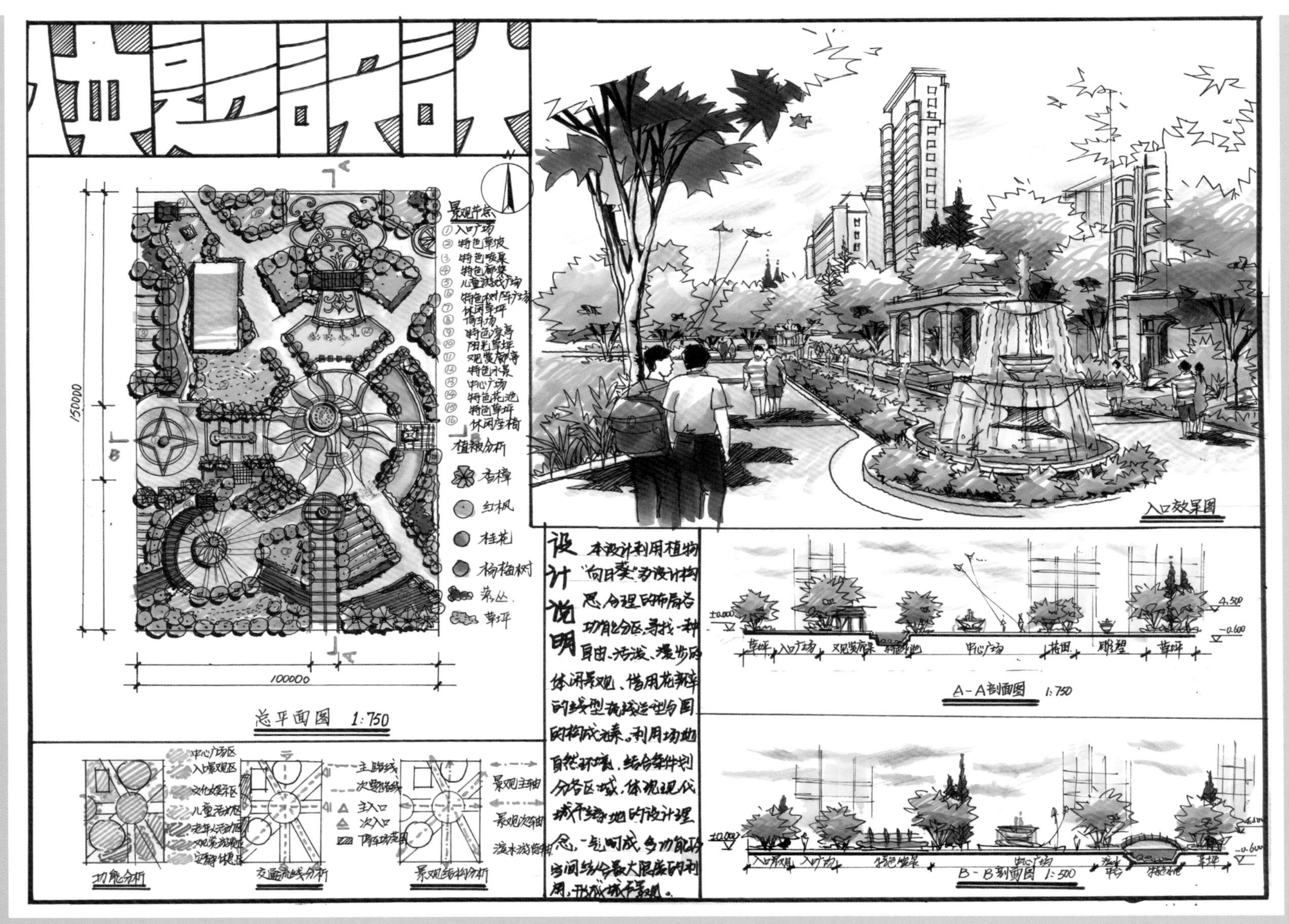

图6–27

评析：

该设计主题突出，应用合理，功能布局空间分明。不足之处在于场地切割得过于零碎。注意整体形式的把控。

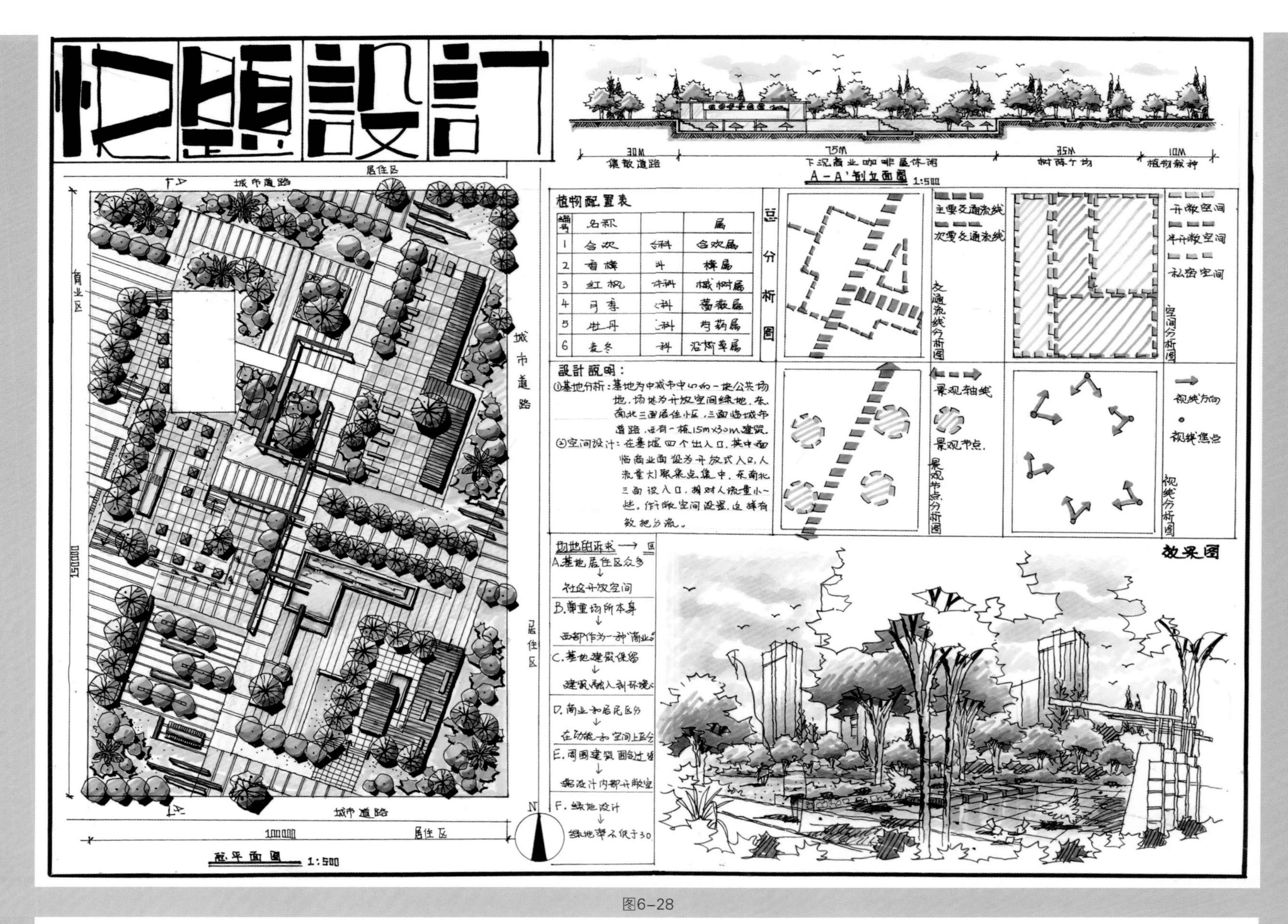

图6-28

评析：

该方案运用直线整体形式分割整体区域功能景观，设计简约大气，在细节刻画上也比较合理。不足之处在于四周植物与铺装结合过于零碎，稍有破坏整体之感。

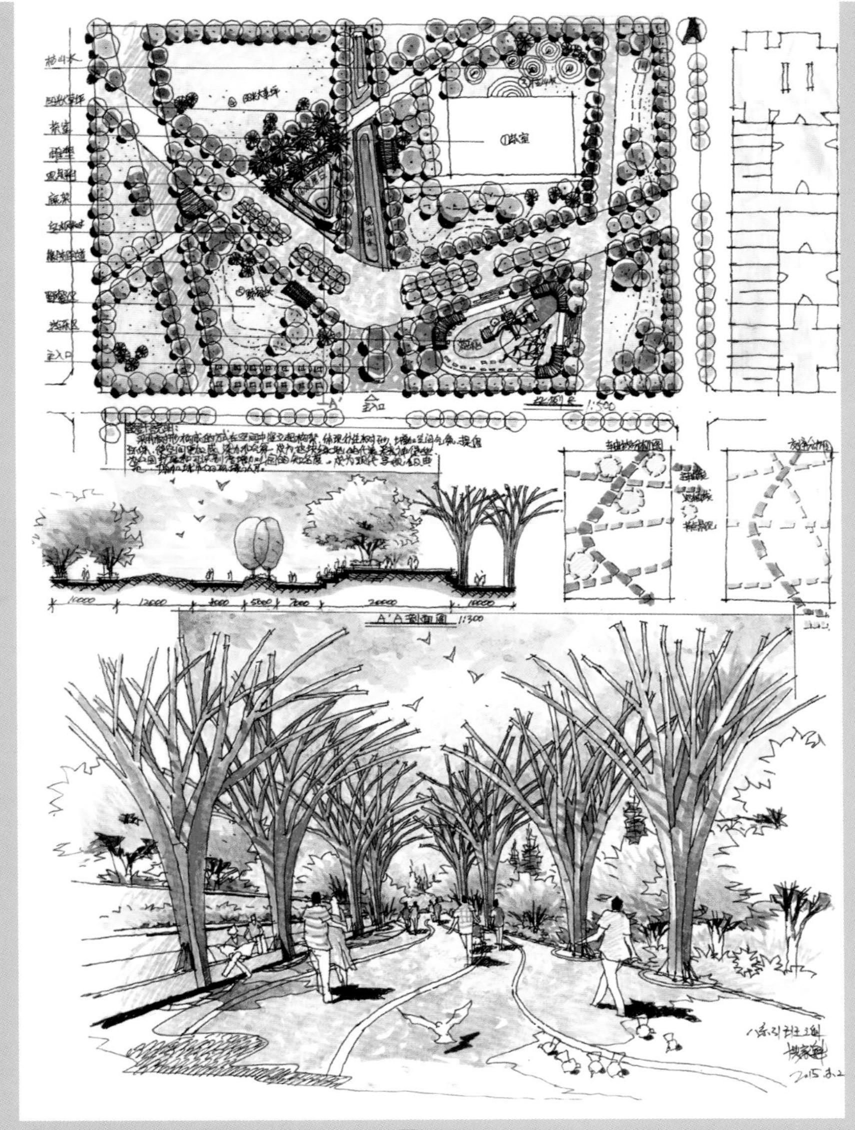

图6-29

评析：
该方案设计手法娴熟，整体空间关系清晰明了，设计简约不失细节。如能在中心位置设有一个交流停留空间，将会更好地满足日常活动需求。

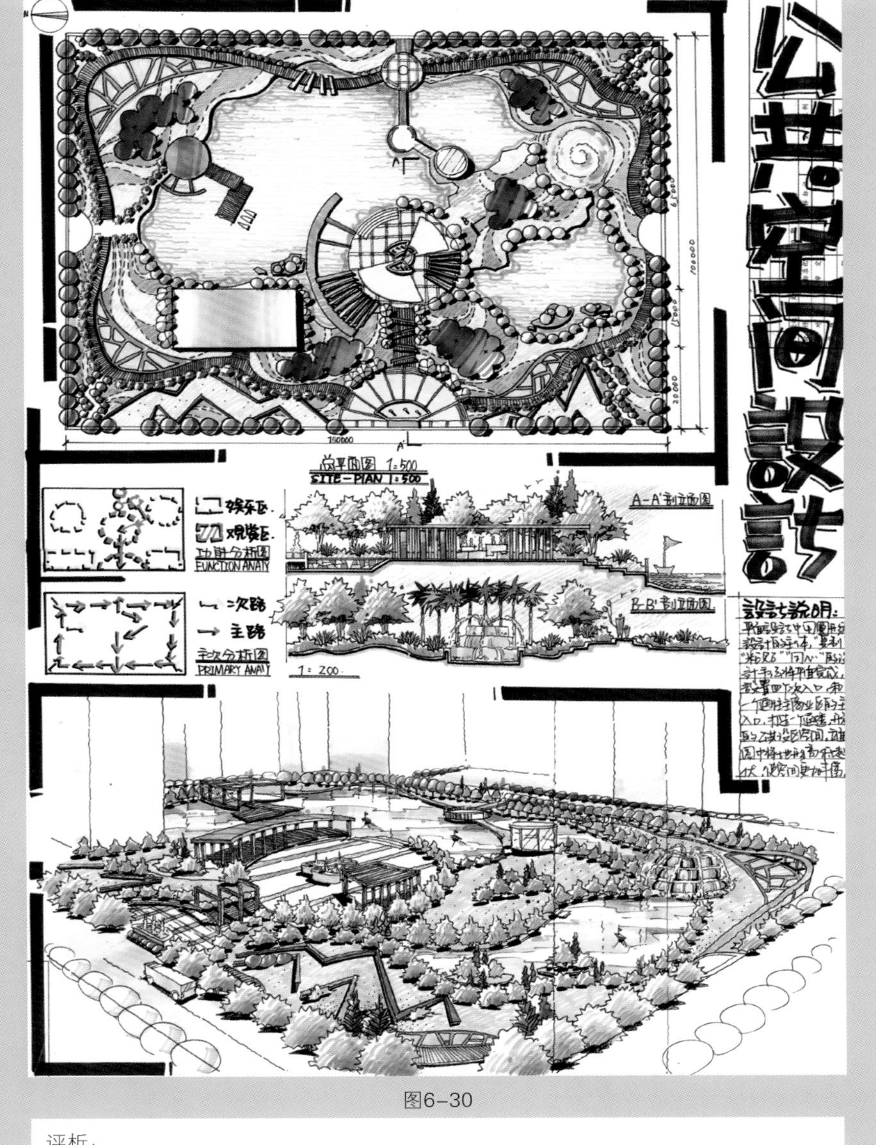

图6-30

评析：
整体方案运用大量水景设计成休闲滨水区域，整体空间合理。不足之处在于交通路网过于杂乱，在整体空间有限的地形中无法整体堆积在图面中，应适当做减法，去掉不必要的分割线与小路。

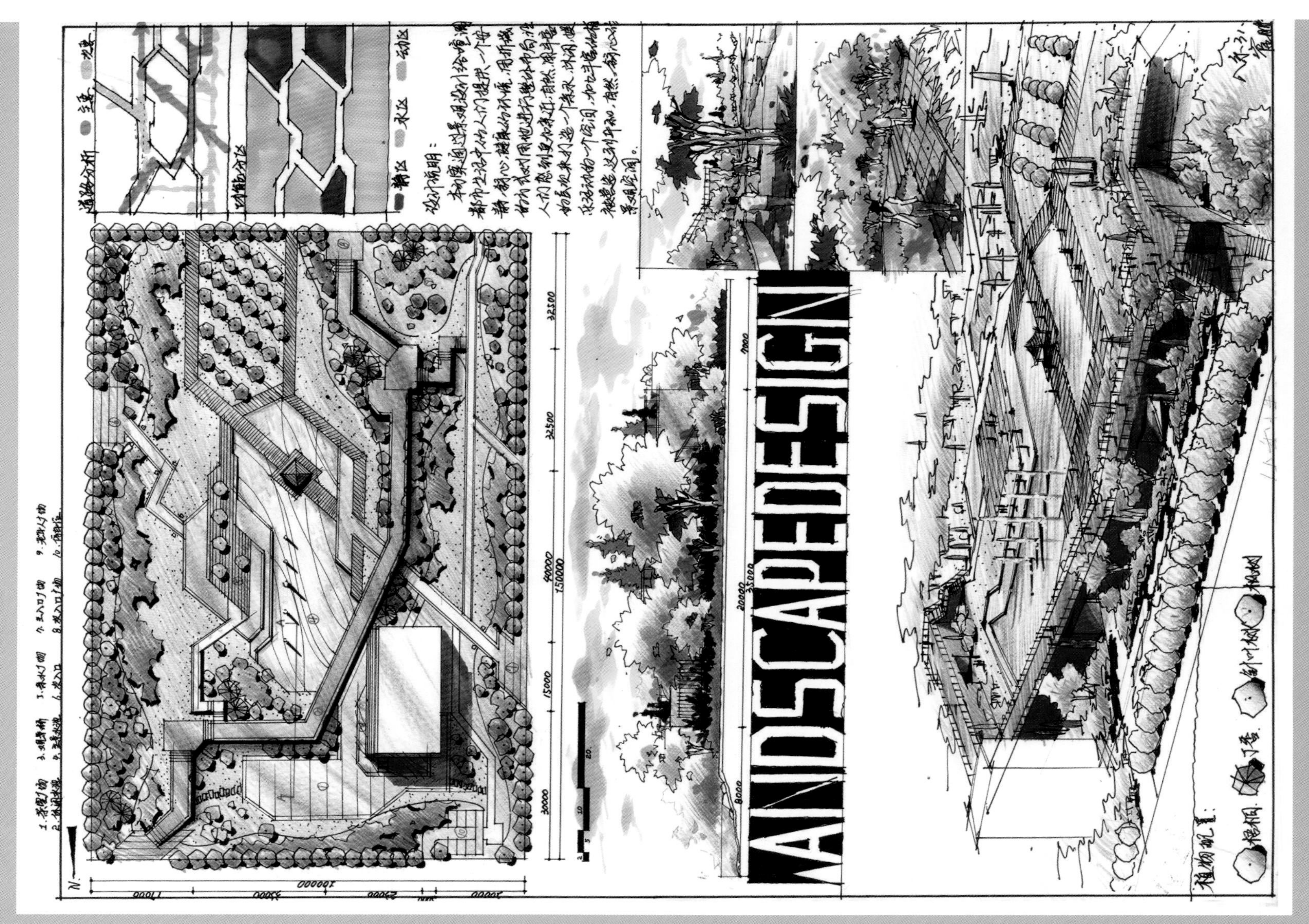

图6-31

评析：

该方案将原有地形进行了大胆的调整，整体采用折线形式组成现代风格景观。不足之处在于整体风格是现代，而景观亭子却是中国古典风格，需要注意整体风格的统一协调。

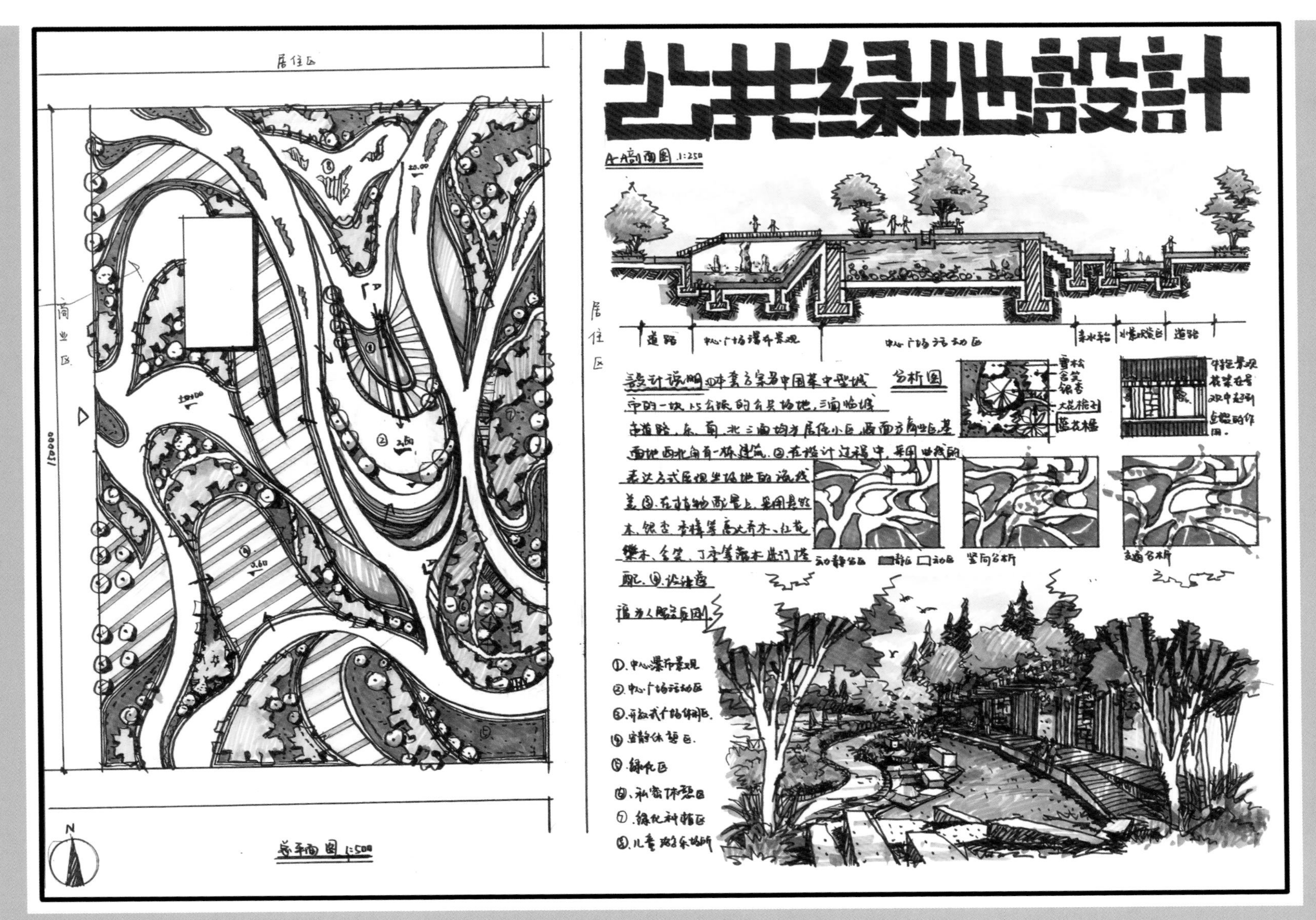

图6–32　作者：陈蓝迪

评析：

该方案采用曲线形式组合，营造自然浪漫的景观体验空间，层次空间布局合理恰当。不足之处在于整体方案空间相对较小，但在该方案中堆坡高度较高，在狭小的空间中设立太高的堆坡显得有些压抑。

案例七：小型城市公共绿地设计

1. 基地状况

基地西北、西南面为商业区，东北和东南面为居住区，地块大小为200m×200m，见附图。

2. 设计要求

（1）基地设计符合周边道路交通要求；

（2）注重与周边区域的功能互动；

（3）绿地要满足周边使用人群的休闲游憩功能。

3. 成果要求

（1）总平面图1张，比例1∶500；

（2）剖面图两张，比例1∶1000或1∶500；

（3）其他透视效果图、分析图若干；

（4）相关分析图若干；

（5）设计说明不少于150字。

4. 时间要求

设计时间为3小时。

案例表现见图6–33～图6–39。

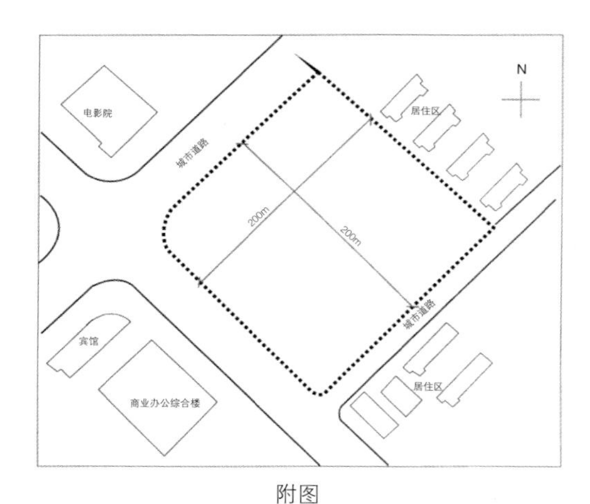

附图

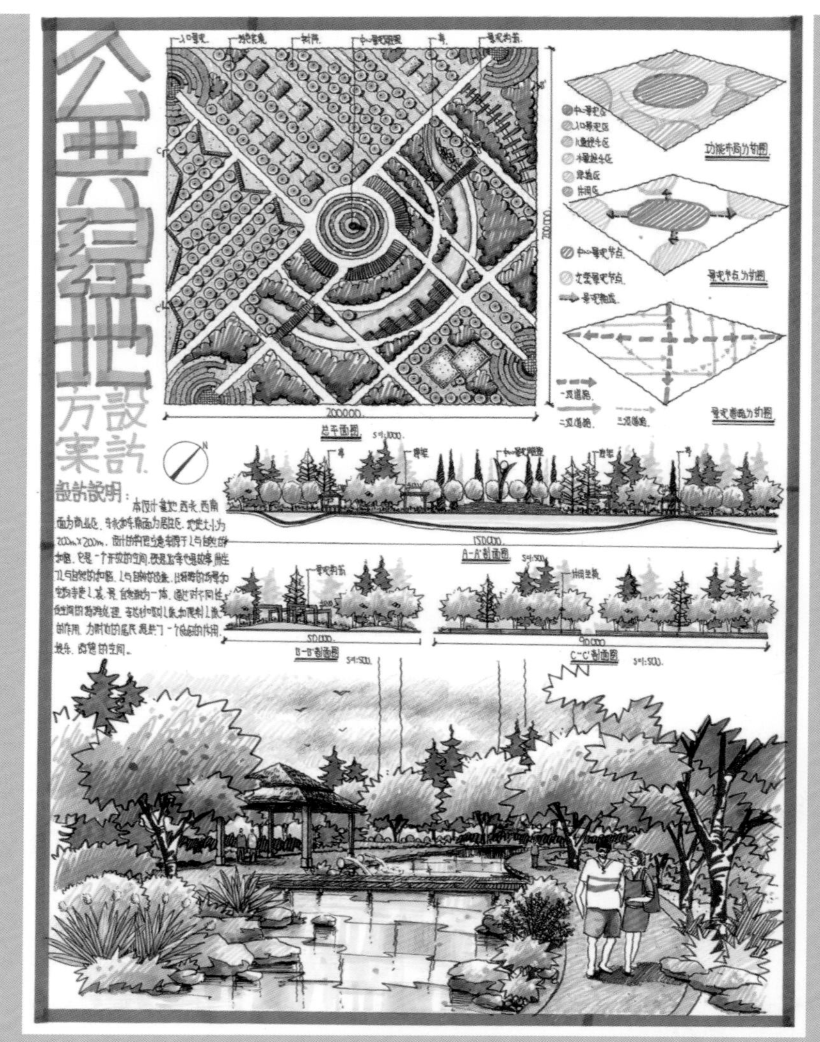

图6–33　学员：邓杰

优点

画面整体设计比较完整，设计的路网以及体块比较清晰，植物造景体块分明。整体画面的排版以及细节表达上比较完善，设计成果表现比较强。

缺点

该设计的绿化率过高，设计的功能上应多方面考虑，需要加强设计理论方面的知识，平面中应体现大众活动区域、儿童游乐区域等，满足多种人群的户外景观需求。

审题、解题：

该方案属于比较简单的快题考试类型，无任何高差和地形变化，也无多种周边干扰因素。主要注意靠近商业区域的出入口稍微开敞，同时要考虑停车场的问题，靠近商业区域主要是动区，设计公共活动区域比较符合主题；靠近居住区首先是出入口不宜设计过大，同时居住区的周围应该会有隔离空间，设计场地中应考虑符合居民区居住休闲的场所。

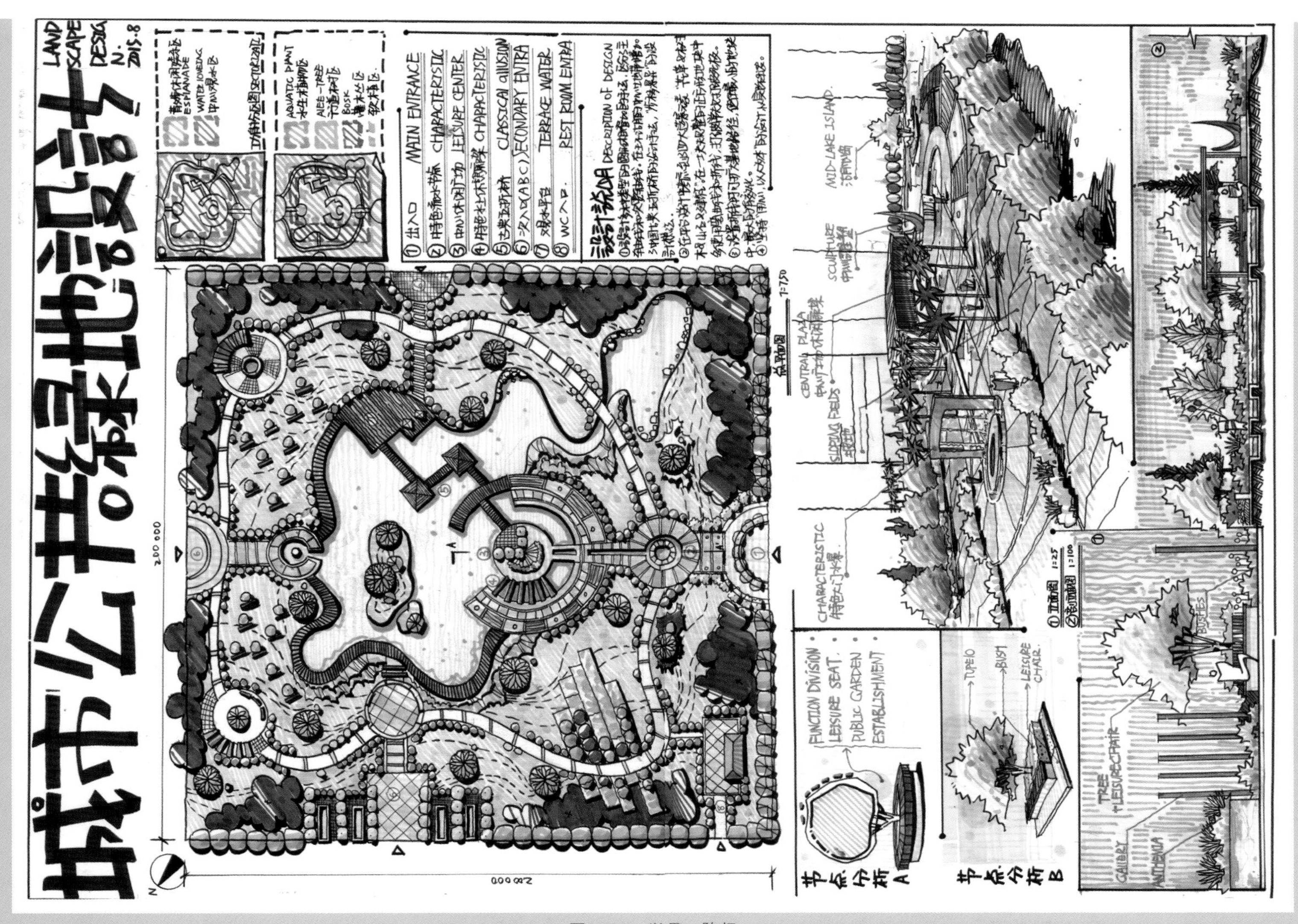

图6–34　学员：陈杨

优点

整体的设计路网比较清晰，功能较完善，整体画面的形式美感较强，整体画面排版完整，色彩表达与设计成果展示能力比较强。

缺点

此题定位有偏差，主题为城市公共绿地设计，同时两边均临商业区域，商业区域的入口景观可以稍微开敞，同时能够与周围商业区域进行呼应。整体设计中的绿化率过高，商业地段人群过多，要求的公共活动中心需求较大。此设计方案有待考量，分析题意尤为重要。

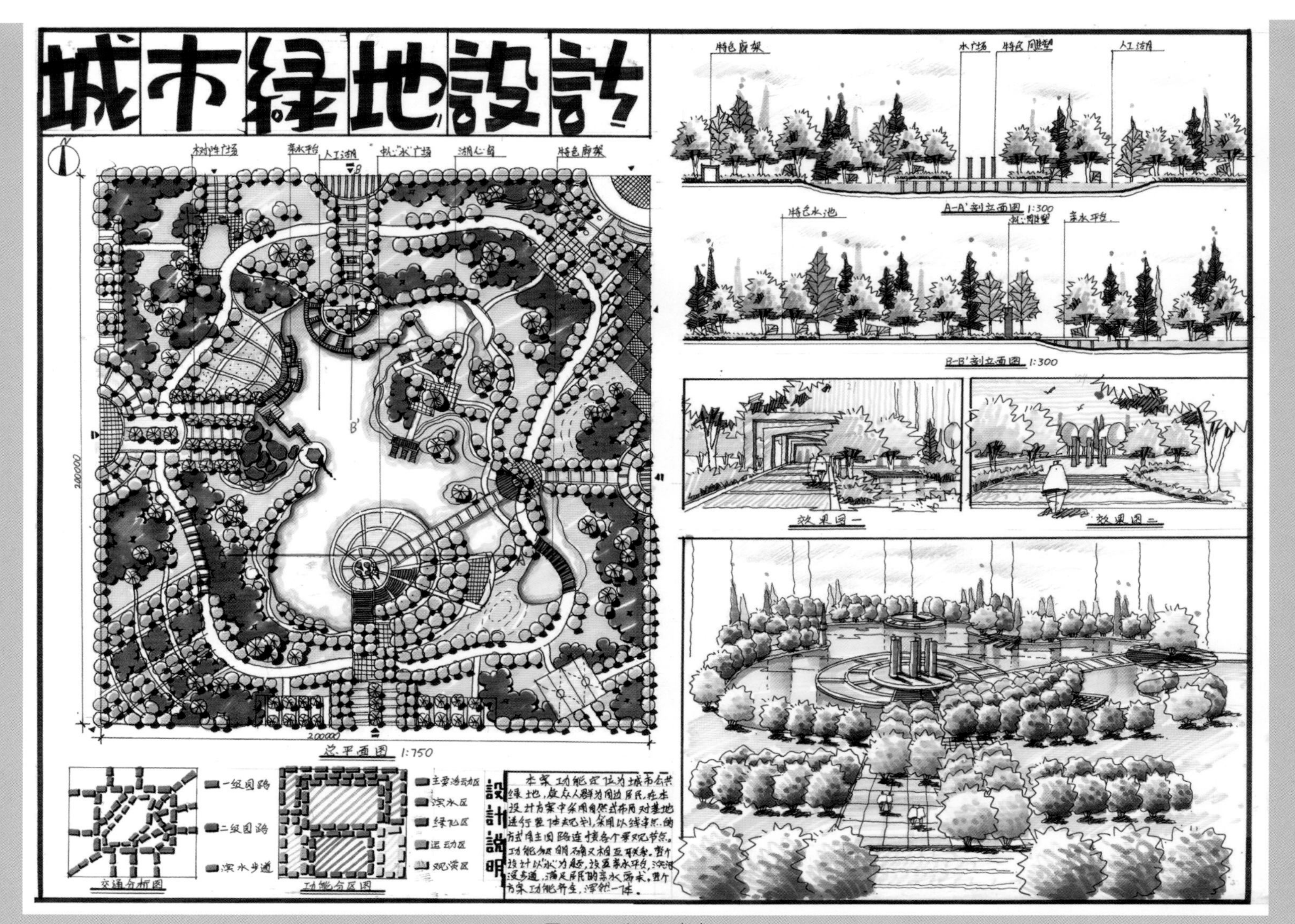

图6-35　学员：秦晓亚

优点

该快题设计感比较强，主出入口清晰明了，整体主次干道主次分明，网路较清晰；景观节点分布比较合理，有古典园林“移步异景”的景观体验。

缺点

细节处理稍有偏差，指北针的方向指示有误，导致考官看图不清。平面图中出现多处高差变化，应标注高差标注或者微地形的变化。

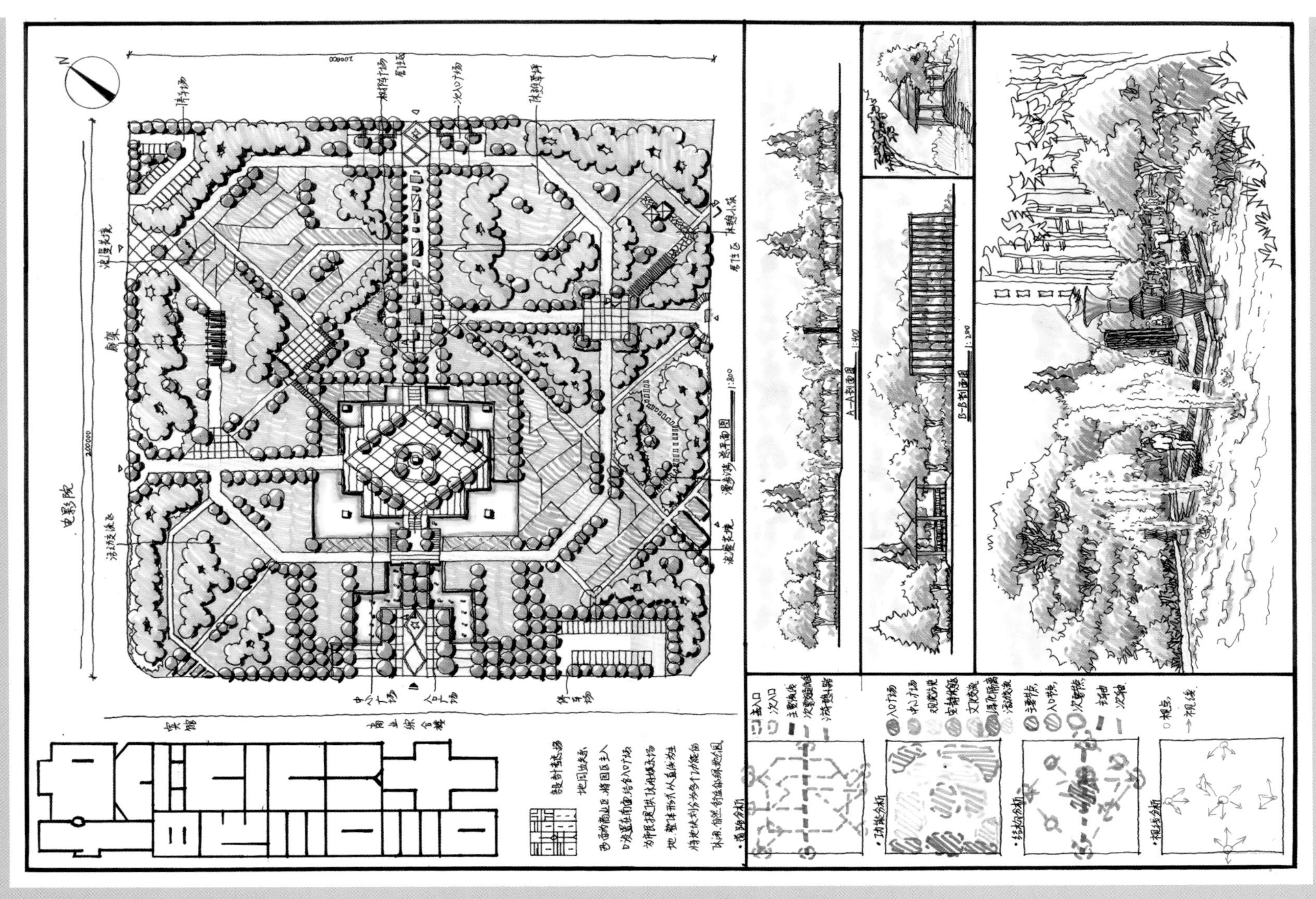

图6-36　学员：罗钦卿

优点

该方案画面的整体色调以及画面排版均较完整，设计的中轴线比较明确，设计的主次道路清晰，是本设计的亮点。

缺点

本设计的功能分区不够完善，此地段不仅要满足居住区人群休闲居住的户外需求，同时要为商业区域提供户外公共休闲娱乐集散活动空间。

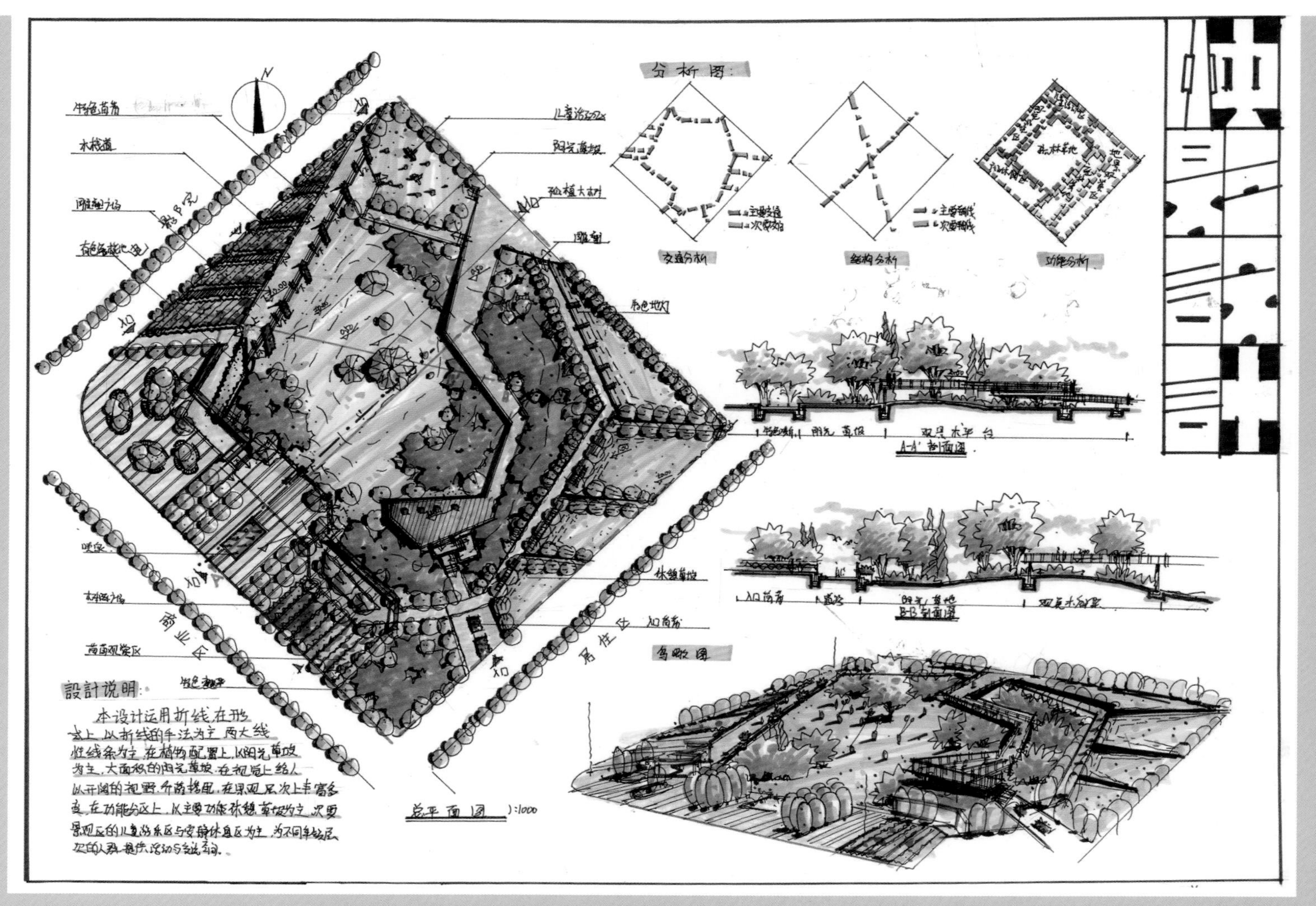

图6-37 学员：徐凯利

优点

该快题形式感很强，比较大胆新颖，整体构图与美感均良好。临商业地带的设计形式合理，开敞的入口设计，疏散人流同时为商业区的人群提供合理的户外休闲交流的空间，同时提供了一个休息的画外空间。整体的画面路网清晰明了，植物设计层次丰富，树种丰富，高差变化有所表示，是一套很优秀的快题。

缺点

设计细节不够细心，指北针、标注不标准，立面比例尺均无，这是快题设计中的大忌。可以再加个植物设计分析的图量，会使快题设计表现更加专业。

图6–38　学员：肖锋

优点

该方案主出入口设计清晰，景观节点与功能分布比较明确，整体的路网结构清楚明了；立面处理高差分明，结构清晰；色彩感觉比较和谐，整体设计较完善。

缺点

该方案道路路网的连接比较混乱，分支过多；周边景观围合过于封闭，同时周边景观比较单一，整体感觉比较呆板。可以多采取不同的边界处理方式来丰富画面。

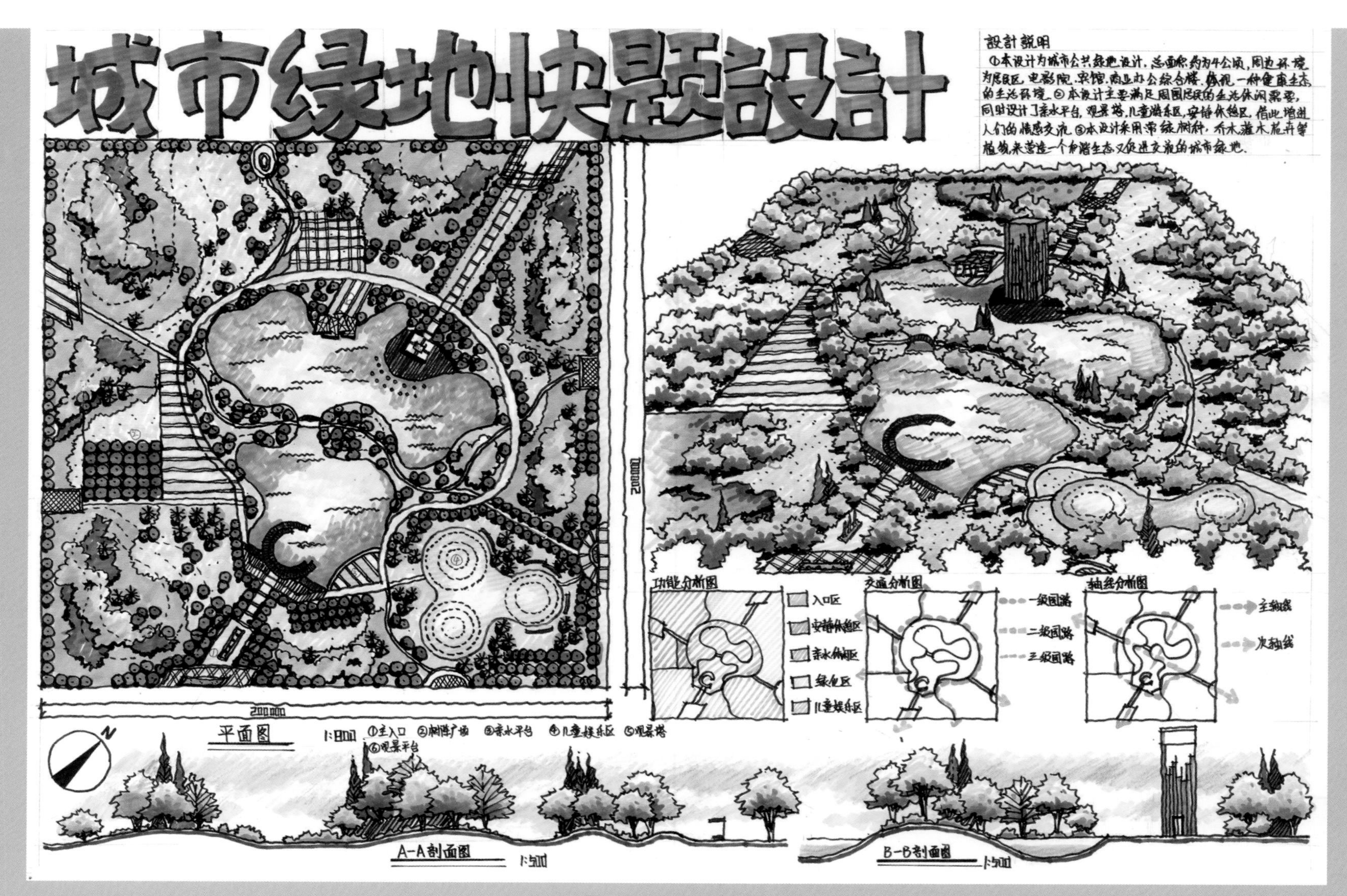

图6-39 学员：尹青青

优点

整体设计的色彩感觉和整体性比较强，景观功能主次分明，竖向设计层次丰富，整体快题图量饱满，是一套比较完整的快题。

缺点

该方案主题定位有误差，设计成类似公园的场地，主次入口大小过于平均，致使无法识别主次之分；邻近商业区的入口设计应开敞空间，中心应考虑公共集散广场空间。

案例八：某校某年考研复试景观规划设计快题

1. 用地现状与环境

（1）城市背景。

基地位于海口市，该市地处低纬度热带北缘。属于热带海洋性季风气候。全年日照时间长，辐射能最大，年平均气温23.8℃，最高平均气温23℃，最低平均气温18℃左右；年平均降水量1664mm，年平均蒸发量1834mm，平均相对湿度85%。常年以东北风和东南风为主，年平均风速3.4m/s。海口自北宋以来，已有近千年的历史，2007年入选国家级历史文化名城名录。2010底，该市常住人口204万。

（2）基地情况。

基地位于海口市中心滨河区域，总面积1.16hm²。基地南临城市主干道宝隆路（红线宽度48m，双向6车道），宝隆路南为骑楼老街区，是该市一处最具特色的街道景观，现已开辟为标志性旅游景点。其中最古老的建筑建于南宋，至今有600多年历史。这些骑楼建筑具有浓郁的欧亚混交叉化特征，建筑风格也呈现多元化的特点，既有浓厚的中国古代传统建筑风格，又有对西方建筑的模仿，还有南洋文化的建筑及装饰风格。基地北为同舟河，该河宽度约为180m，河北岸为高层住宅区。同舟河一舱水位为3.0m，枯水期水位为2.0m。规划按照100年一遇标准进行防汛，水位高程控制标准为45m（不需考虑每日的潮汐变化）。基地东侧为共济路，道路红线宽度22m（双向4车道）。城市次干道基地内西侧有20世纪20年代灯塔，高度约为3m，东侧有几棵大树，其余均为一般性自然植被或空地，见附图。

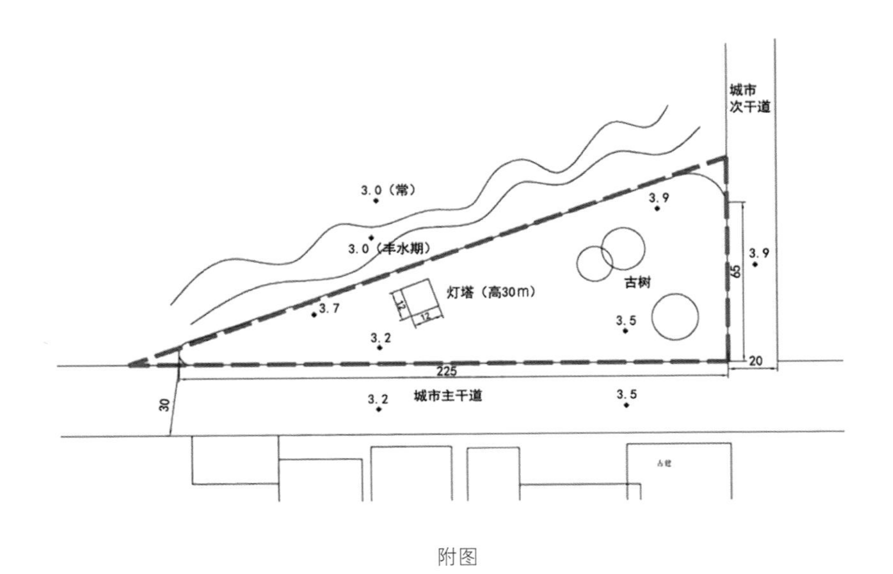

附图

2. 规划设计内容与要求

基地要求规划设计为滨河休闲广场，满足居民日常游憩、聚会及游客集散所需，要求既考虑到城市防汛安全，又能保证一定的亲水性，需满足的具体要求如下：

（1）需规划地下小汽车标准停车位不少于50个，地面旅游（巴士45座）临时停车位3个，自行车停车位200个。地下停车区域需在总平面图上用虚线注明，地上车位需明确标出。

（2）需布置一处满足节庆集会场地，能容纳不少于500人集会所需，作为海口市一年一度的骑楼文化旅游节开幕式所在地。

（3）规划设计参照执行规范为《城市绿地设计规范》及《公园设计规范》，请根据上述规范进行公共服务设置的配置校核。

3. 成果要求

（1）平面图（彩色1：500，需注明要设计的内容及关键竖向控制）。

（2）剖立面图（1：200，要求必须垂直河岸，具体位置根据设计自选，表现形式自定。

（3）能设计意图的分析图或者透视图（比例不限、表现形式自定）。

（4）规划设计说明（字数不限）。

（5）将上述成果组织在A1图堆上（需直接画在1张A1图纸上，不允许剪裁拼接）。

案例表现见图6-40～图6-45。

审题、解题：

首先对题目了解，该题为休闲广场规划设计。

此题主要考查学生对于滨水空间的处理，如何处理滨水的高差；其二，此地位于海口地段，此地段的植物设计应为热带，同时设计考虑周边建筑的文化内涵，如何将灯塔表现更具特色是此处的亮点，设计中考虑灯塔周边的集散空间；古树是此地段可以发挥的景观空间，古树可开发古树研究价值、古树观赏价值、古树科研空间等；对于此地段交通是其设计难点，注意出入口的设计，考虑车行道的单双、停车位的大小，停车空间如何设计才会有更好的利用空间。此快题能将这几个问题解决，注意节点轴线的路网结构，表达效果不错的情况下，应该是优秀的作品。

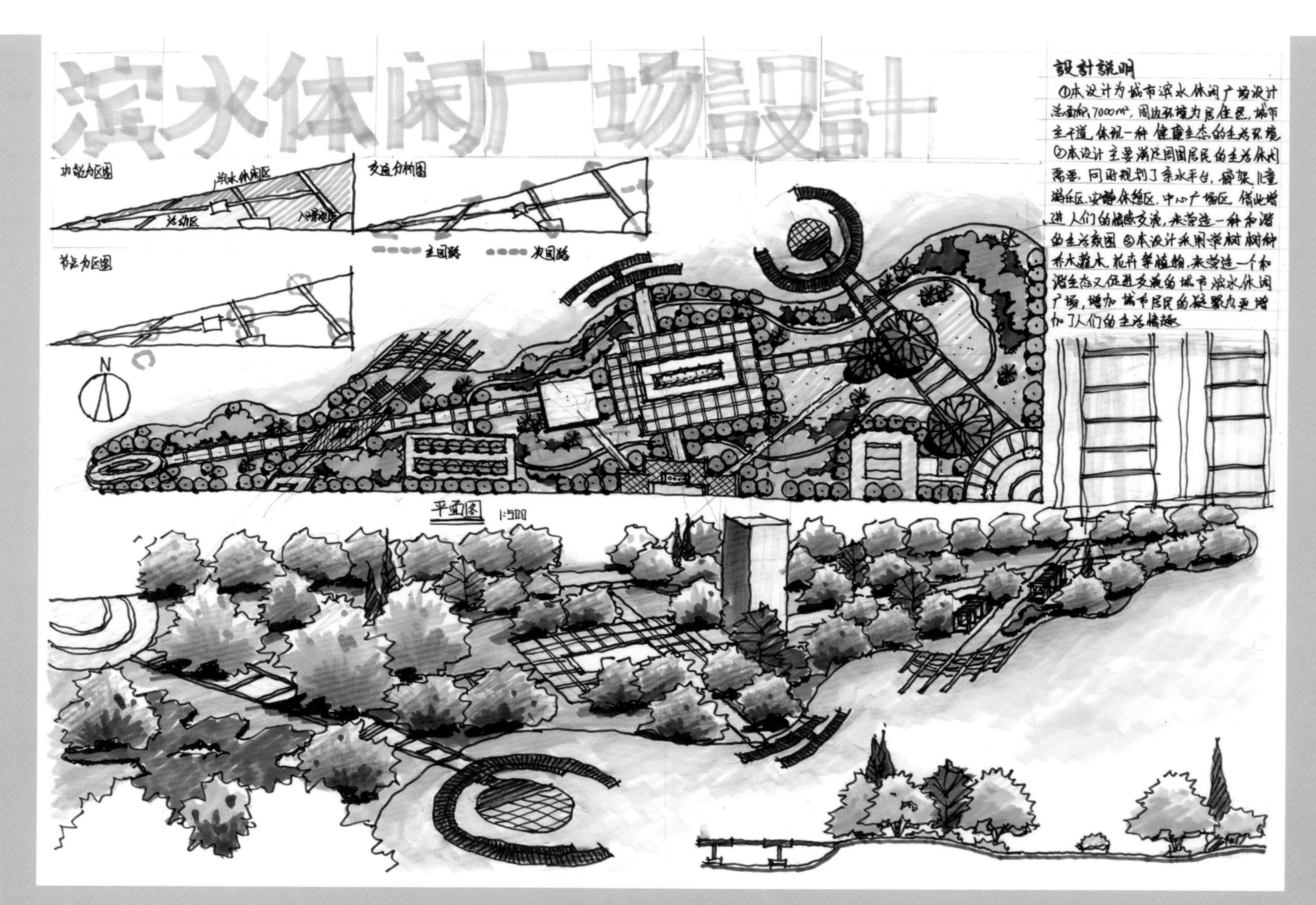

图6-40　学员：尹青青

优点

（1）该方案抓住了带状形场地，运用明确的轴线感去设计，表达出的节点和功能比较明确；（2）入口处均设计相对应的入口景观；（3）驳岸设计形式丰富。

缺点

该方案最大的问题在于十字路口设计广场的入口，此为人流较多的空间，设计此处比较混乱，应考虑往道路旁边靠。

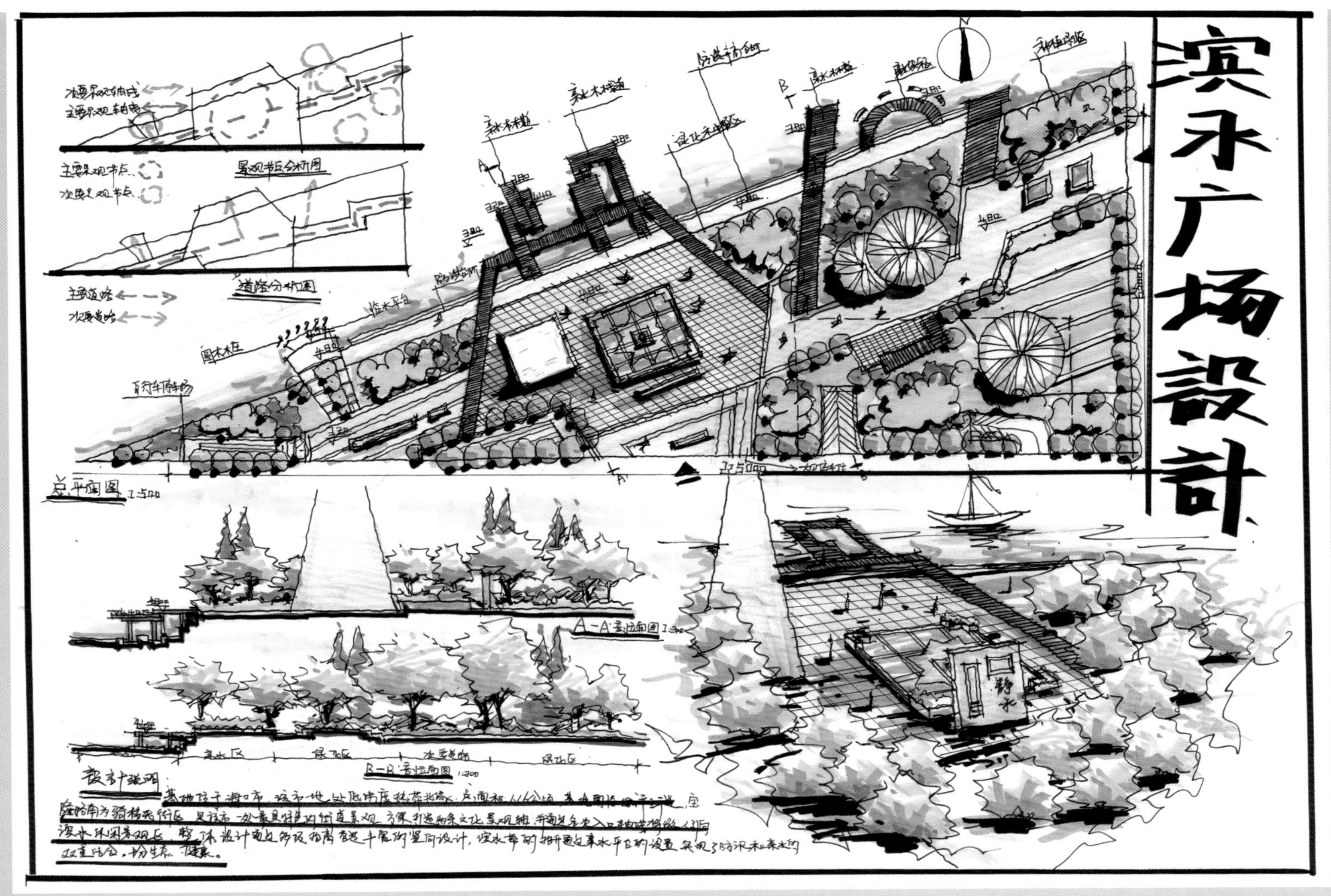

图6-41　学员：尚哲

优点

该方案设计方式比较现代化，功能分区明确，尤其古树的功能利用很具有价值，灯塔周围的集散空间设计、驳岸设计考虑了高差设计问题，运用台阶的形式设计亲水空间，某些设计问题上处理合理。

缺点

该方案在停车场的设计上稍有欠缺，不论是大巴、自行车和地下停车的情况，都应考虑出入口的设计、车行驶的通道、停车场的尺寸问题（轿车的尺寸、大巴车的尺寸、自行车的尺寸），同时还应该考虑周围的建筑风格，在设计的广场中有与之相呼应的设计元素。

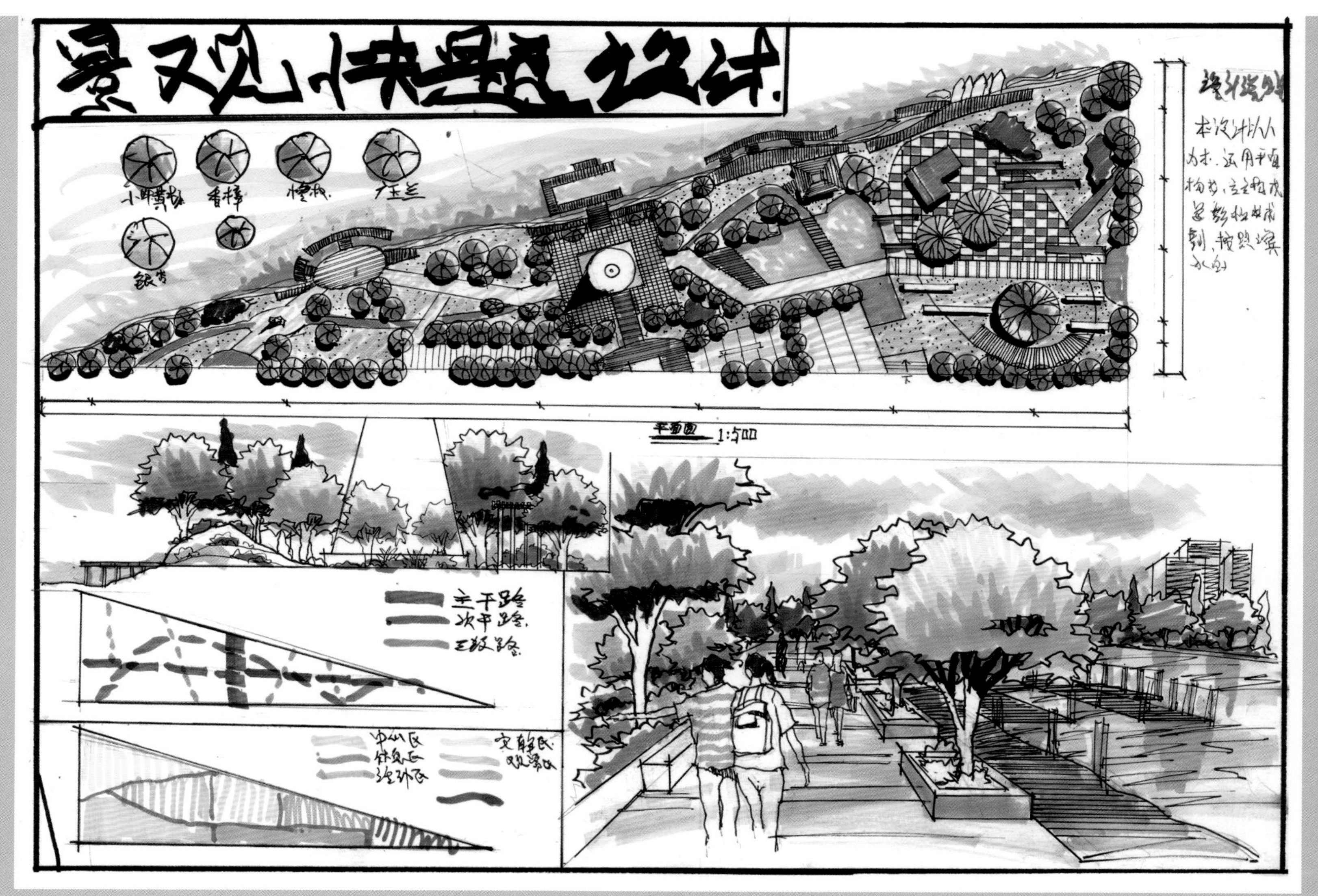

图6-42　学员：肖峰

优点

该方案设计的功能节点比较明确，设计的形式比较丰富，植物种植设计简单统一，灯塔周围的集散空间设计比较合理。

缺点

（1）该方案亲水平台的形式过于丰富；（2）停车场的车位、车道（双行、单行）、出入口不明确；（3）图面左边的路网比较凌乱；（4）路口景观欠缺。

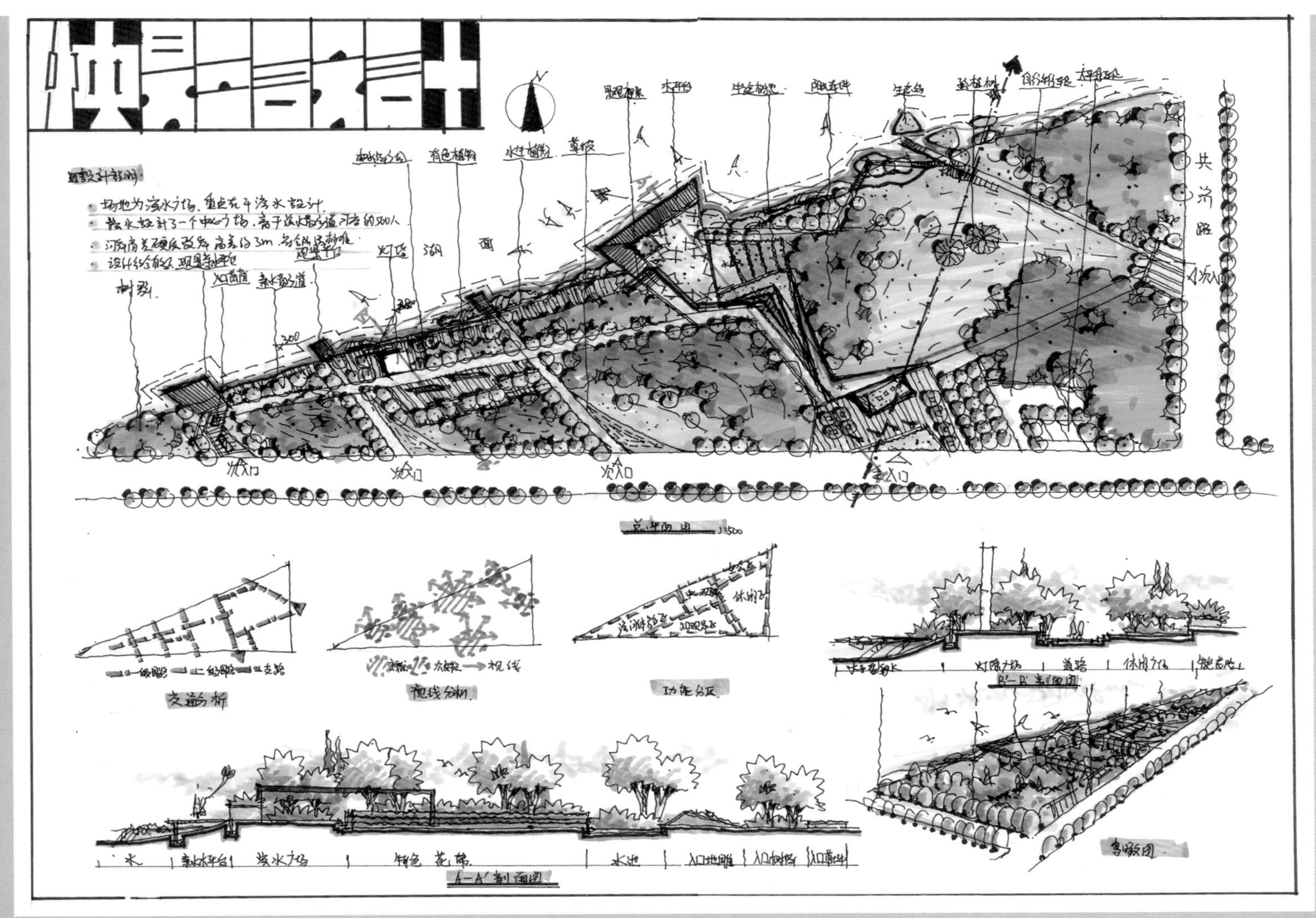

图6–43　学员：徐凯利

优点

（1）整体设计形式比较现代，运用多变的折线形式来分区绿化和功能；（2）驳岸设计形式多变，有生态湿地植物、多种形式的亲水平台；（3）整体设计的手法和形式比较轻松，这是大部分老师愿意看到的。

缺点

（1）本场地面积比较大，仅仅一个主入口过少，且次入口的尺度应该不一样；（2）整体设计绿化面积过大，抓住主题“休闲广场”；（3）场地中公共活动空间少，集散休闲空间欠缺。

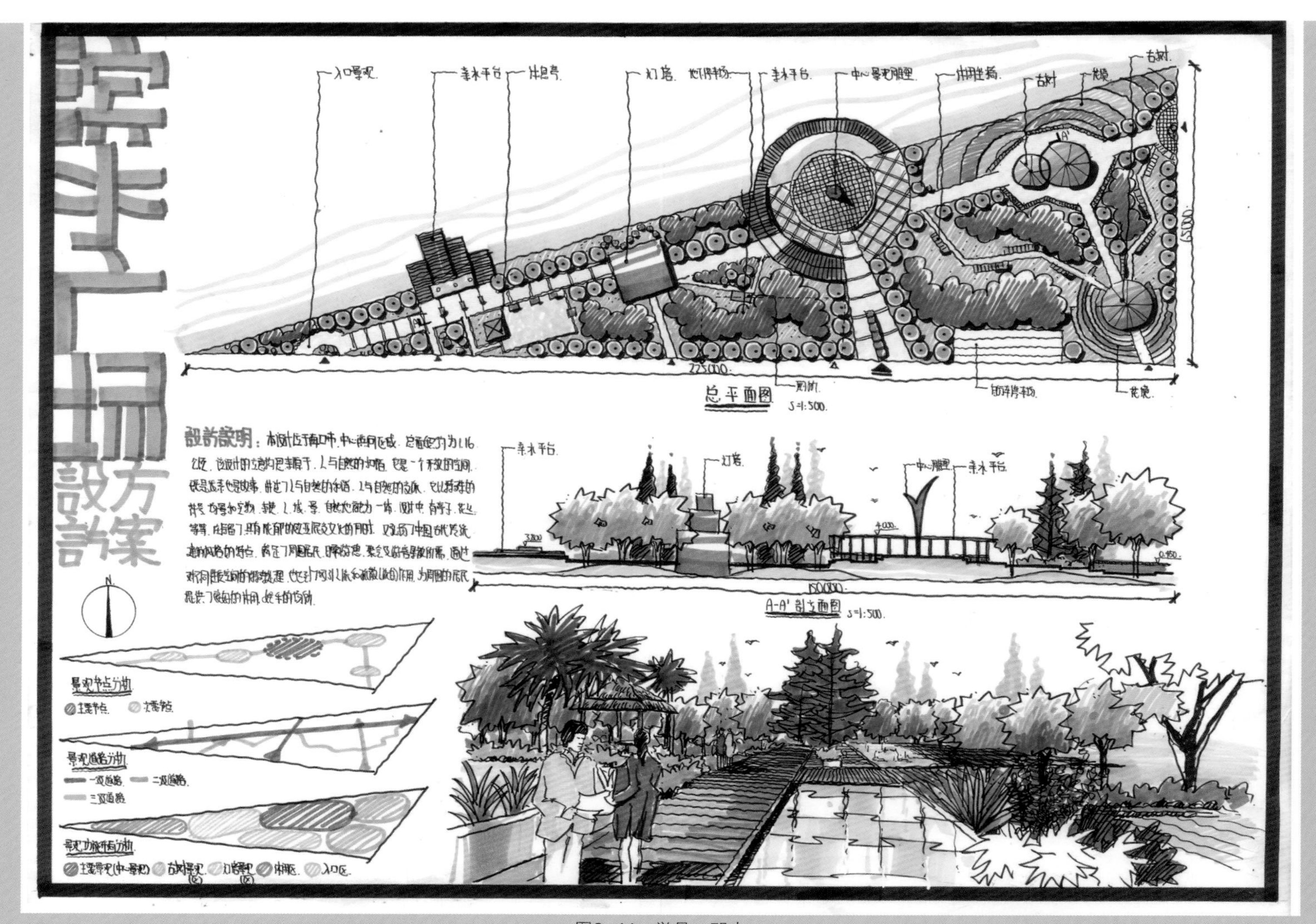

图6-44 学员：邓杰

优点

整体设计路网比较清晰，功能节点明确，整体绿化面积满足此场地的绿化率，快题的效果图和剖立面图效果表达清晰。

缺点

设计中忽视任务书中的几个点：（1）首先是停车的问题，地下停车场出入口的设置与范围，地面停车场出入口、尺寸、如何倒车等问题，自行车的出入、摆放等；（2）沿河驳岸的问题，应该考虑高差的问题，驳岸的设计应该高于丰水期的水位，应有相应的设计措施，特别是高差的设计；（3）灯塔周围需要设计集散休闲广场，便于突发事件人群集散。

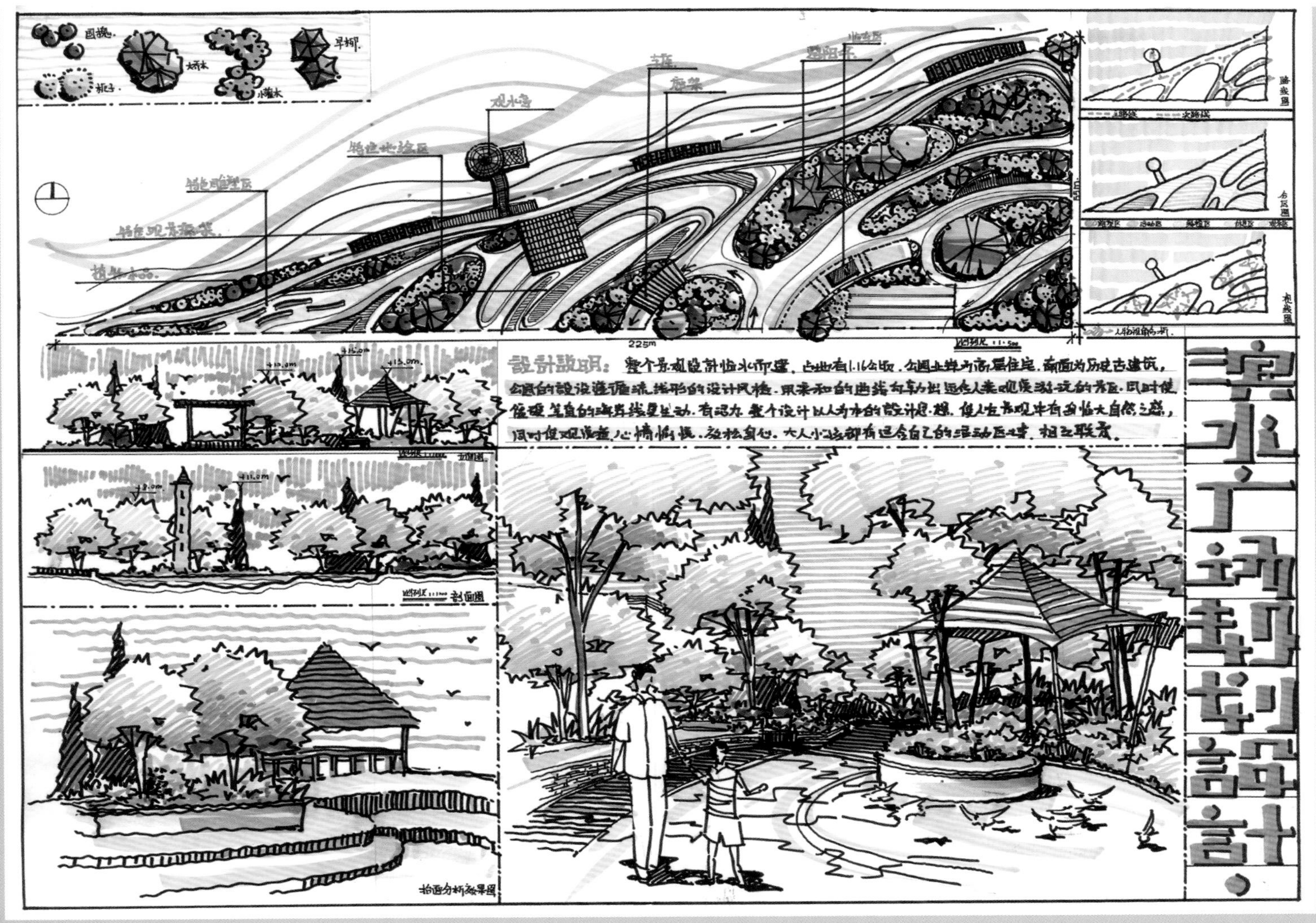

图6-45　学员：贾雪茹

优点

（1）该方案大胆地运用曲线的形式表示设计，运用曲线分割空间；（2）整体快题画面完整，排版清晰，层次分明；（3）设计中开敞空间、绿化区，以及半私密区分布分明。

缺点

（1）在驳岸设计中应该考虑高差的层次，平面图中应标明丰富的高差数据；（2）大巴停车场倒车的缓冲空间需要设计，停车位设计应该再明确单双行通道，车行方向用箭头表示清楚；（3）效果图可以再选择视角广的效果图。

案例九：城市中心区公共空间设计

1. 基地背景

具有优美空间环境、良好生态条件和充分社会服务设施的城市空间，不但使土地地块本身价值上升，而且还将带动周围土地潜在价值的提升，吸引潜在投资，增加城市潜在收益。因此，越来越多的城市在加入了CBD（中央商务中心）的建设浪潮的同时，同样十分关注其内部环境的建设。

本题假设我国某北方城市正在规划建设一个CBD，地块内部环境根据发展需求进行合理的建设，见附图。

2. 环境条件

本次需要进行设计的场地，位于规划CBD的核心区域，面积约0.65hm^2。该地块的南部区域为购物中心、银行和IT商城；北部为大型企业商务办公区和证券交易所、餐饮、酒店等服务设施；西部为会展中心；东部为电影院。四周规划有城市干道，地块内所有建筑均为现代风格。

3. 设计要求

（1）创造优美的空间形象，满足人们对于高品质环境的需求。

（2）提供良好的户外休闲、交流空间。

4. 成果要求

（1）平面图：在户外空间总体规划的基础上，完成设计范围内户外景观设计，设计应充分体现商务文化特征，并满足多功能使用要求，图纸比例1：500。

（2）典型剖面图，比例自定，数量不限。

（3）分析图，数量不限。

（4）鸟瞰图1张或局部透视图两张。

注：已规划地下停车场，地面不需设计停车场。

案例表现见图6-46～图6-51。

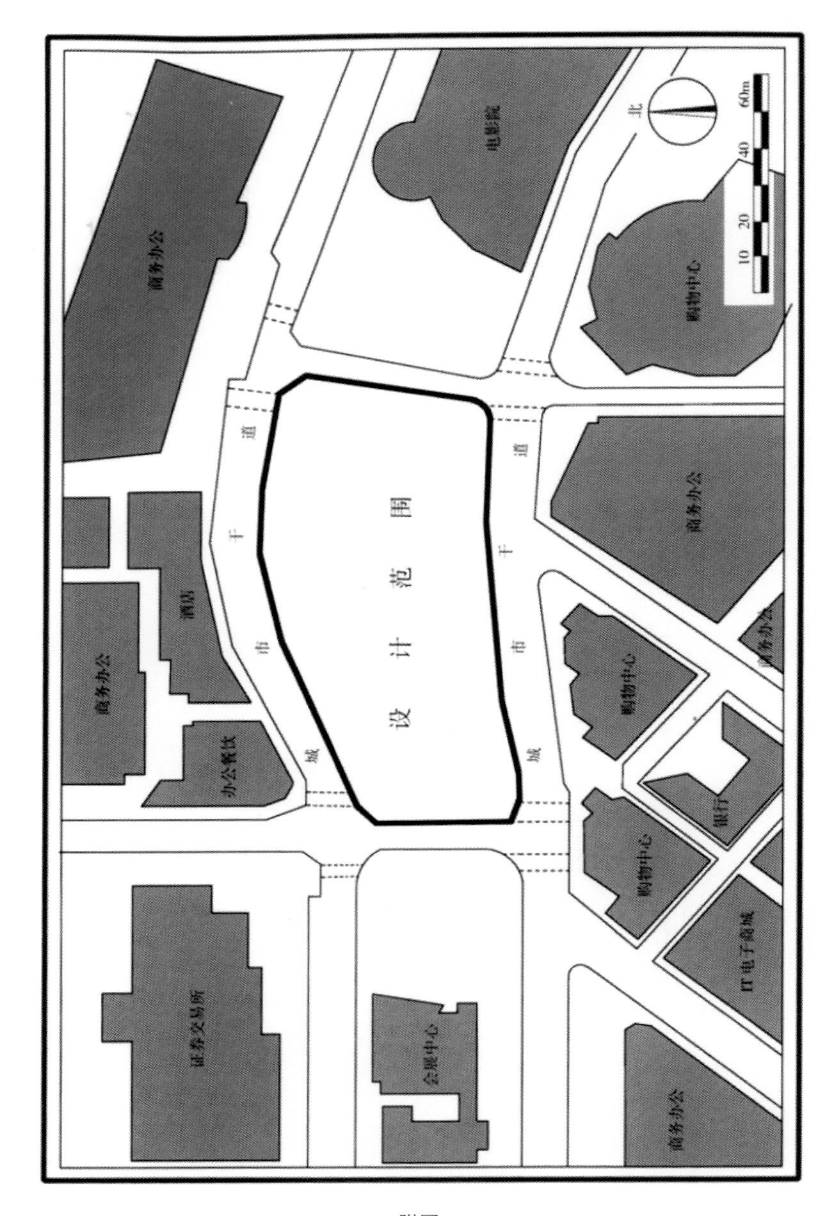

附图

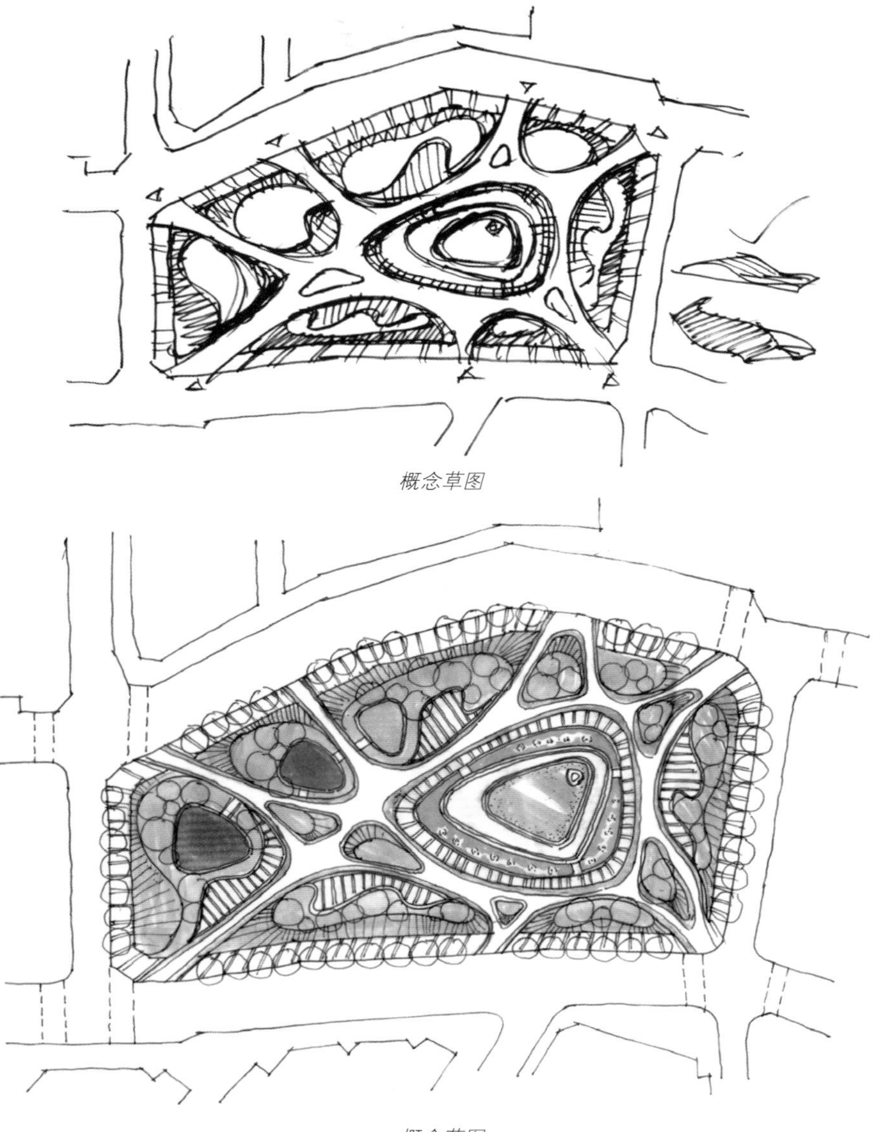

概念草图

概念草图

设计思路解析：该设计采用大胆的现代设计手法，流线形的设计符合现代都市的尊贵气息，交通流线功能合理

图6-46　作者：刘克华

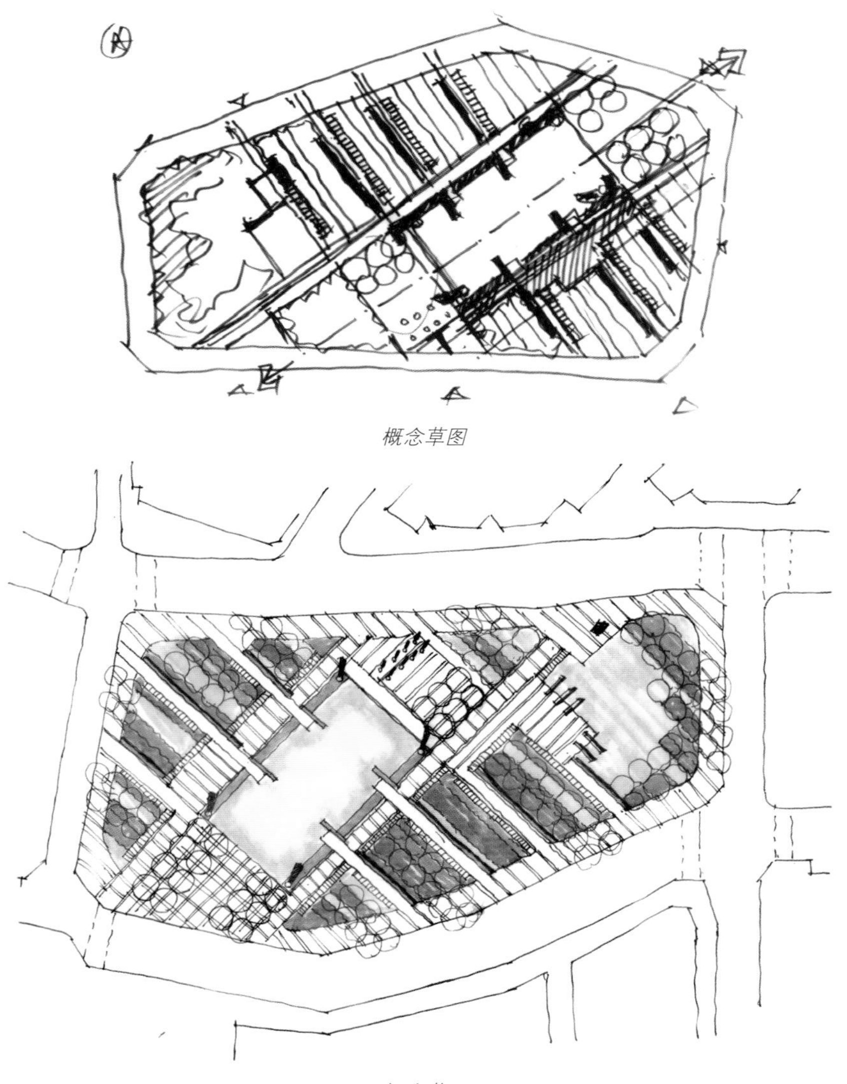

概念草图

概念草图

设计思路解析：本设计采用直线形元素组合整体空间布局，交通关系明确，简洁大方

图6-47　作者：刘克华

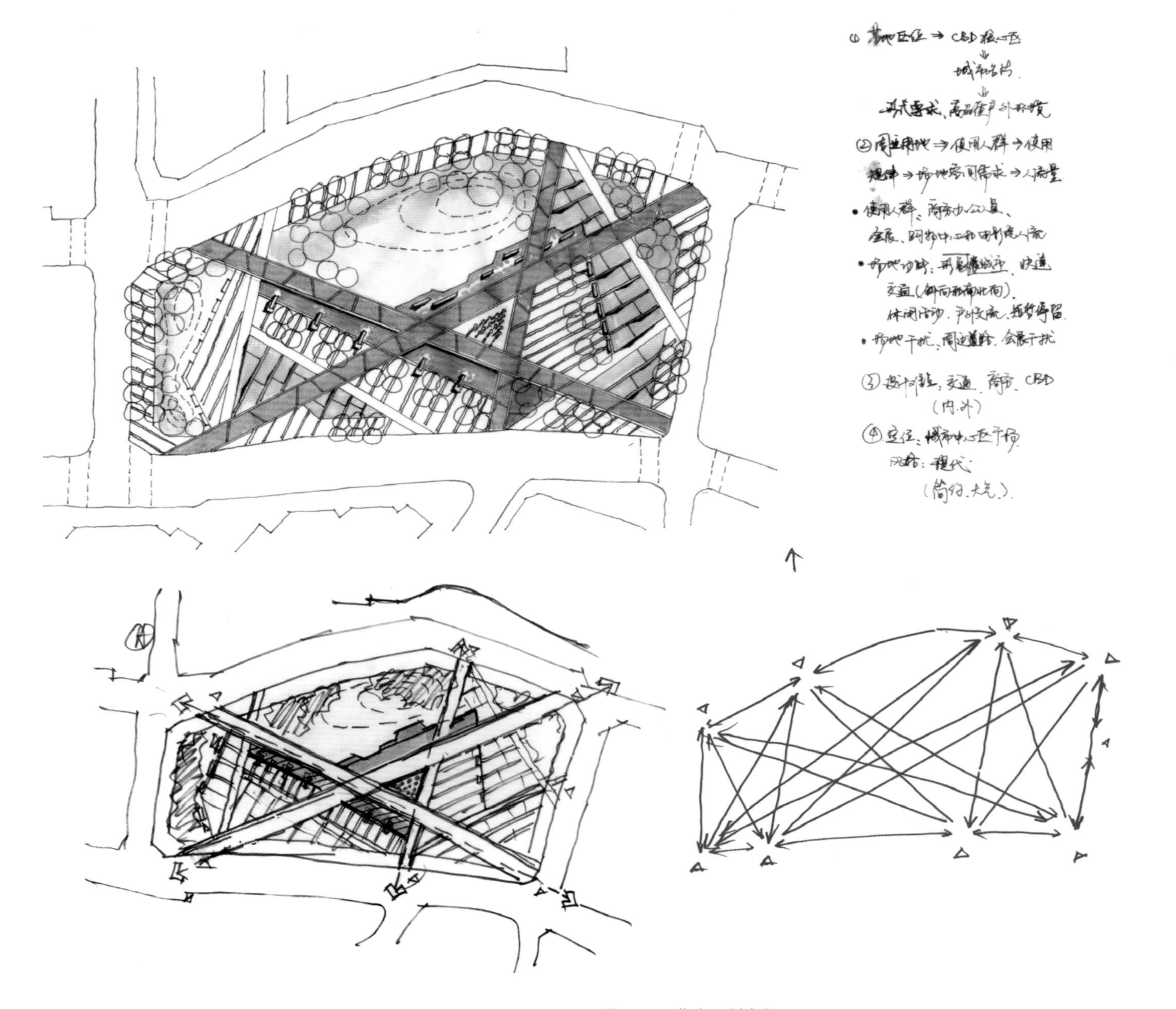
① 基地区位 → CBD核心区
城市名片
② 周边用地 ⇒ 使用人群 ⇒ 使用规律 ⇒ 场地空间需求 ⇒ 人流量
• 使用人群：商务办公人员、会展、购物中心和电影院人流
• 场地功能：快速交通（斜向和南北向）、休闲活动、户外交流、短暂停留
• 场地干扰：周边道路、会展干扰
③ 设计关键：交通、商务、CBD
（内、外）
④ 定位：城市中心区广场
风格：现代
（简约、大气）
① 基地区位
核心区、CBD
城市名片
② 周边用地性质
• 使用人群：
商务办公人员、
会展、购物中心、电影院人流
• 商务：上下班快速通行
• 户外休闲活动、交流
• 短暂停留

图6-48　作者：刘克华

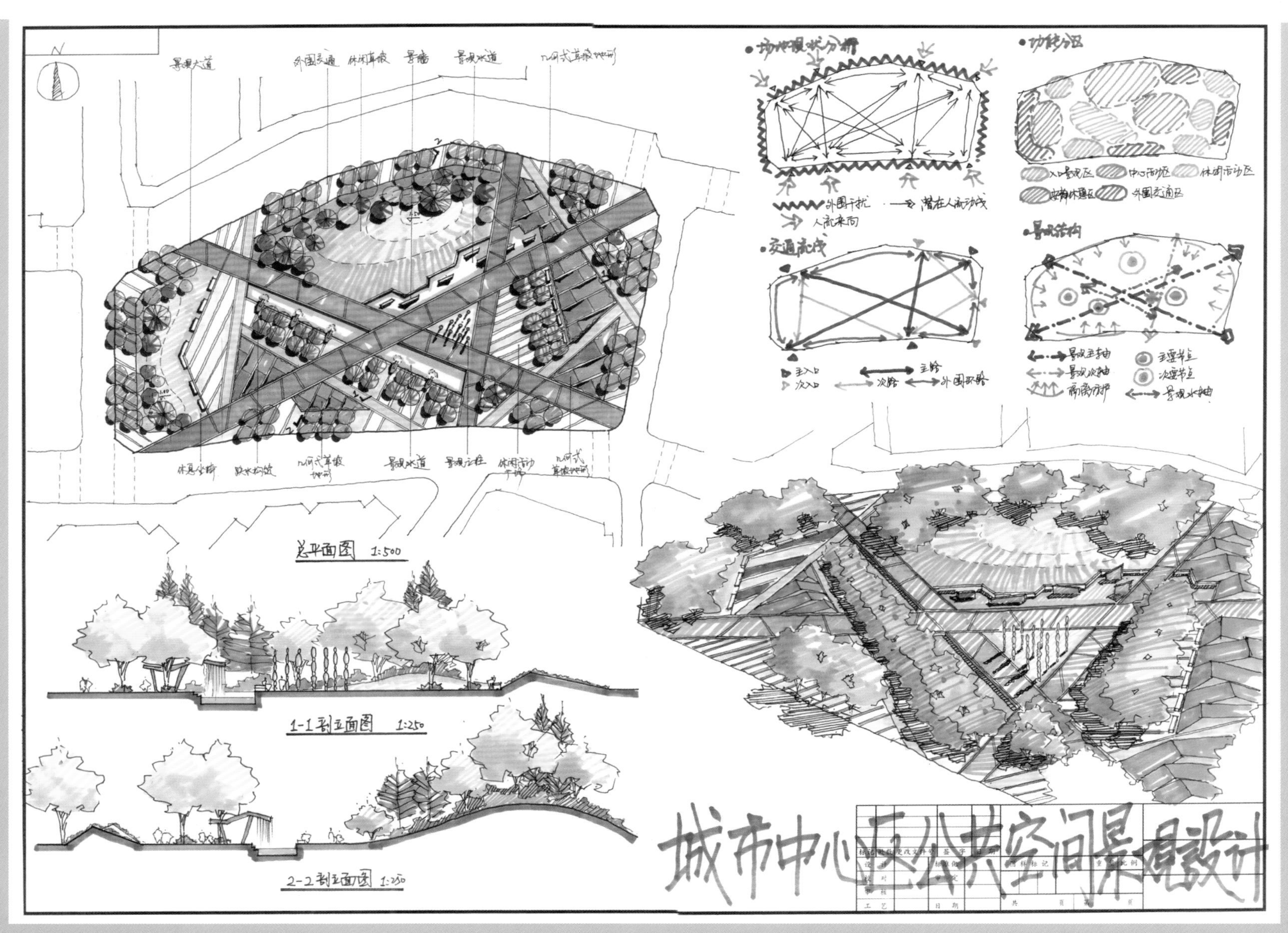

该设计采用斜线形式切割整体广场空间，使其整体形式多样变化，空间布局合理，在满足功能需求的同时也体现出设计者在设计思想上有清晰的方案布局能力

图6-49　作者：刘克华

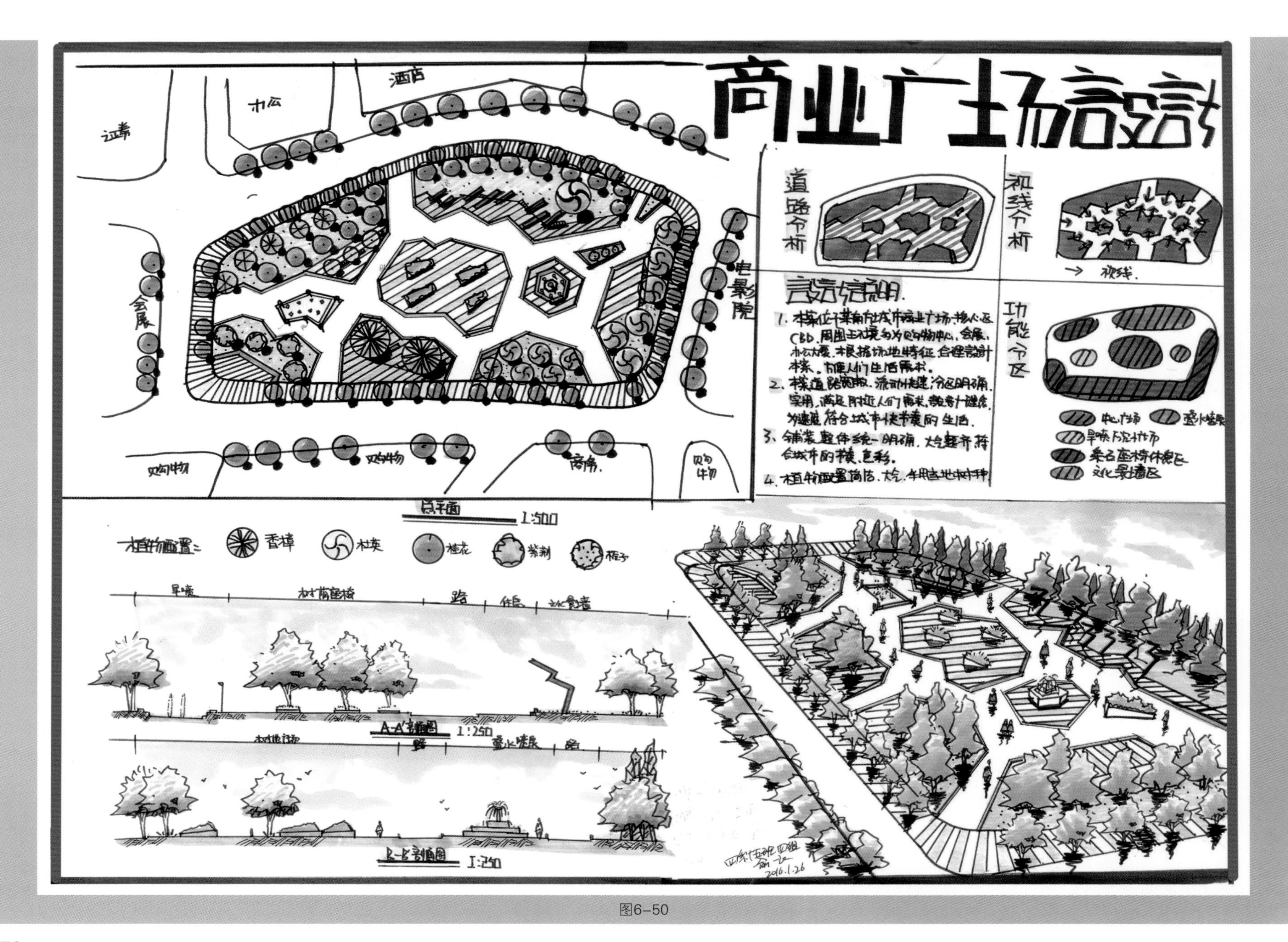

图6-50

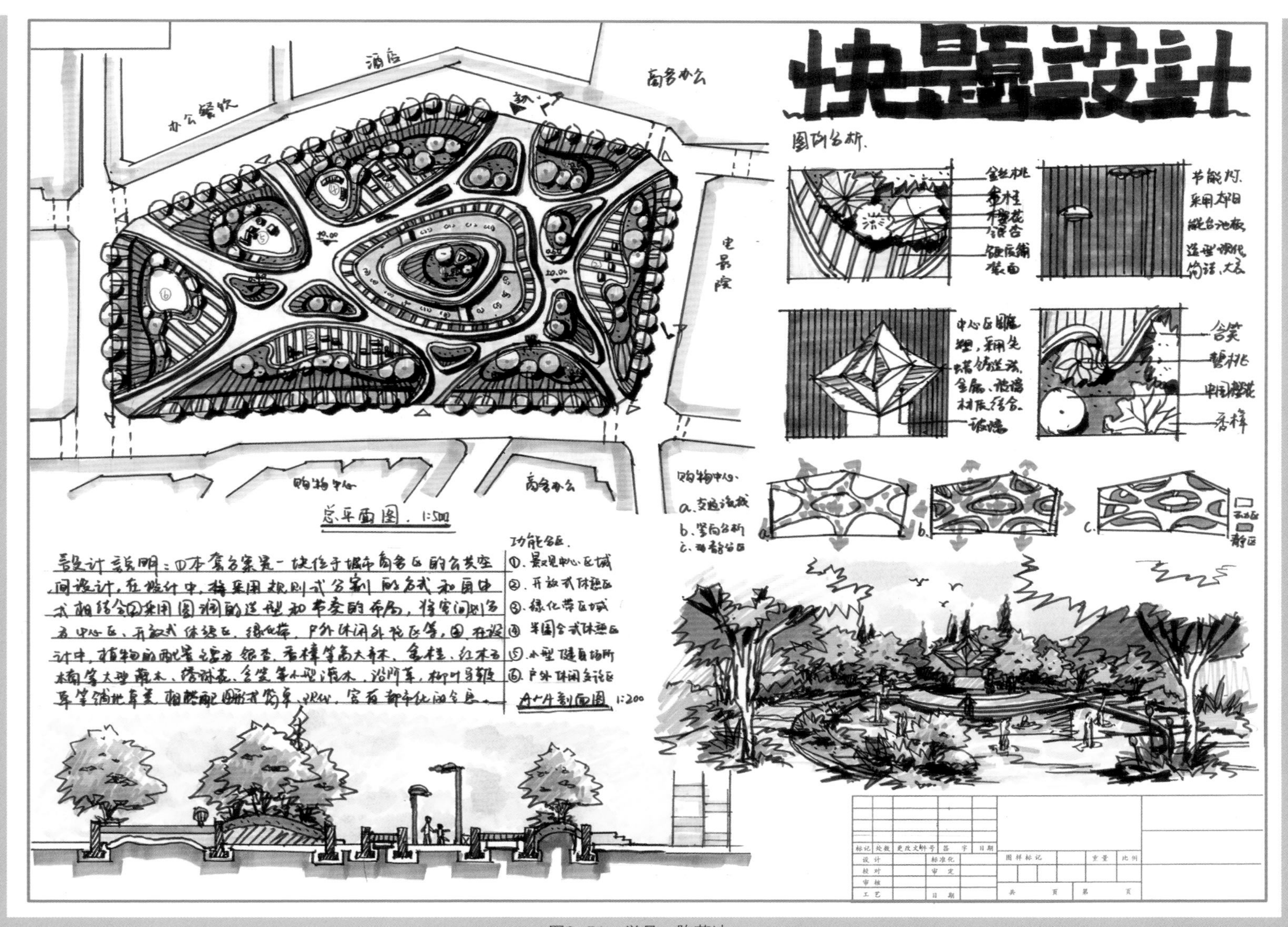

图6-51　学员：陈落迪

优点

本方案采用现代折线形式，形成开放的景观空间，道路组织合理通透。

缺点

注意植物配置的表达，在自由组合的形式下少用树阵形式，植物表达缺乏层次关系，注意乔木、灌木之间的关系与组织。